JN274697

数学書房選書 1

力学と微分方程式

山本義隆 著

桂 利行・栗原将人・堤 誉志雄・深谷賢治 編集

数学書房

編集

桂 利行
東京大学

栗原将人
慶應義塾大学

堤 誉志雄
京都大学

深谷賢治
京都大学

選書刊行にあたって

　数学は体系的な学問である．基礎から最先端まで論理的に順を追って組み立てられていて，順序正しくゆっくり学んでいけば，自然に理解できるようになっている反面，途中をとばしていきなり先を学ぼうとしても，多くの場合，どこかで分からなくなって進めなくなる．バラバラの知識・話題の寄せ集めでは，数学を学ぶことは決してできない．数学の本，特に教科書のたぐいは，この数学の体系的な性格を反映していて，がっちりと一歩一歩進むよう書かれている．

　一方，現在研究されている数学，あるいは，過去においても，それぞれそのときに研究されていた数学は，一本道でできあがってきたわけではない．大学の数学科の図書室に行くと，膨大な数の数学の本がおいてあるが，書いてあることはどれも異なっている．その膨大な数学の内容の中から，100 年後の教科書に載るようになることはほんの一部である．教科書に載るような，次のステップのための必須の事柄ではないけれど，十分面白く，意味深い数学の話題はいっぱいあって，それぞれが魅力的な世界を作っている．

　数学を勉強するには，必要最低限のことを能率よく勉強するだけでなく，時には，個性に富んだトピックにもふれて，数学の多様性を感じるのも大切なのではないだろうか．

　このシリーズでは，それぞれが独立して読めるまとまった話題で，高校生の知識でも十分理解できるものについての解説が収められている．書いてあるのは数学だから，自分で考えないで，気楽に読めるというわけではないが，これが分からなければ先には一歩も進めない，というようなものでもない．

　読者が一緒に楽しんでいただければ，編集委員である私たちも大変うれしい．

2008 年 9 月

編者

まえがき

　私は予備校で30年あまり物理学を教えてきました．物理学といっても大学受験のためのもの，通常「受験物理」と言われているもので，そこにはいくつかの制約——教える側からすればなんとも窮屈な制約——があります．たとえば変位に比例した復元力をうけた錘の振動周期を問うというような問題が大学入試では頻繁に出ていますが，しかし本来それは微分方程式を解かなければわからない事柄なのです．速度に比例した空気抵抗のあるなかでの物体の落下で，最終的に速度はいくらになるかという比較的ポピュラーな問題も同様です．ところが大学入試の物理学では微分方程式はおろか，微積分学さえ使わない範囲に限られています．そもそもが力学の原理としての運動方程式がまぎれもない微分方程式であることを鑑みれば，これがいかに不自然な制約であるかはあらためて強調するまでもないことでしょう．

　もちろん「数学を知らないからその範囲で」というのであれば，それはそれで止むをえないとして了解することも可能です．

　しかしおなじ大学入試でも，数学では，すくなくとも理科系の学部では，初等的にせよ解析学が課せられているのであり，多くの受験生は微積分の計算にそれなりに習熟しているはずだと思われます．実際，数学の先生への質問やそれにたいする数学の先生からの説明などを横で聞いていると，やれ置換積分がどうであるかとか，部分積分を使えばうまくゆくだとかが語られていて，結構レベルの高いことも教えられているようです．入学試験の数学の問題にも，かなり込み入った計算の要求されるものが実際に出されています．にもかかわらず，それが物理学にまったくと言っていいほど生かされていません．実際，力学の説明でほんの少し初等的な微分演算や積分計算を使えば，それだけで受け付けない諸君が少なくありません．

　高等学校や大学の教養課程では，すくなくとも理系の進学希望者や理科系の学部では，ほとんど百パーセントの諸君が数学を選択していると思います．しかしそのなかで将来数学者になるのはきわめて少数で，大部分の諸君は数学を道具と

して使用する立場になるでしょう．にもかかわらずかなりの時間をかけて学習している数学が自然科学や工学に使えないのでは，いったいなんのためなのかと言いたくなります．やはり，現実のさまざまな学問に使用されている道具としての数学の側面を，初期の段階から数学教育にとりいれ，そのようなものとしての数学になじませることも重要なのではないでしょうか．解析学を学んでいるはずの諸君が，ごく初等的な微積分計算を物理学で使用したらそれだけで拒絶反応をおこすというのは，やはりその学習に欠陥があると言わざるをえないでしょう．

　逆のことも言えます．もともと微積分や微分方程式は，具体的な問題を解くための手段として生み出され発展してきたのであり，それゆえ，ときには物理学や工学の問題にそくして語るほうが，数学そのものの理解と学習にとっても有効だと思われます．速度や加速度の概念は，本来的に瞬間的変化率として考え出されたものであり，それこそが微分法の出発点であったと言えるでしょう．「自然という書物は数学の言葉で書かれている」と言った17世紀のガリレオ・ガリレイ以来，数学と力学は手をたずさえて発展してきたのです．それどころか，多くの局面で力学は数学に先行し，数学とりわけ解析学を先導してきたのです．

　実際，数学史家である近藤洋逸氏は次のように言っておられます．

> 　曲線の接線の決定の問題に由来する微分法は，まったく近代の産物である．接線を割線の極限としてとらえる動的な方法がギリシャにはなかったからである．こうして，微分法は接線法として，積分法は求積法として，16世紀から17世紀中葉にかけて……着実に成長していった．……18世紀の数学は17世紀のそれの延長線上を進んでいく．天文学や力学の提起する問題と取り組みながら微積分法は成長し，微分方程式や変分法を産みだし，こうしていわゆる解析学が形成されたのである．「科学革命における数学の役割」(日本科学史学会編『科学革命』森北出版，1961　所収)

　とすれば，導関数の概念や積分計算の手法，さらには微分方程式の解法や解の振る舞いも力学にそくして語るのが教育的ではないでしょうか．

　ところで受験の世界では，数学はこのように物理学とまったく無関係に論じられているわけですが，多くの大学では，その傾向は大学教育にも引き継がれているようです．実際，数学科の現状について，お茶の水女子大学の数学科の先生が書かれた書籍には「カリキュラム上の制約で数学科の人は（ある程度以上の内容

の）物理の講義をとるのは難しい，……こういう大学はほかにも少なからずあるようである」と書かれています．これは武部尚志氏の『数学で物理を』という書物の前書きの一節ですが，氏は「数学科で物理をまったく勉強しないというのは，ちょっとしたカルチャーショックだった」と率直に記しておられます．数学者の立場から見ても，それはやはり不自然なようです．

そんな次第で本書は，一方では，解析学と微分方程式論をこれから学ぼうという諸君のために，その入門を力学にそくして，つまり力学を素材にとり，力学の具体例にもとづいて語ったものでありますが，それと同時に，他方では，力学をこれから学ぼうという諸君のために，その入門をそれに必要とされる解析学と微分方程式論の説明をまじえて展開した書物です．

それゆえ本書では，平均変化率の極限としての速度概念から導関数を説明し，逆に，瞬間的変化率としての速度による無限小変位を積み立てることによって有限の変位が得られることをふまえて，積分を区分求積法で定義するという行きかたをとっています．これは積分を原始関数にもとづく不定積分として先に定義している昨今の高校数学の行きかたとは異なります．しかしこれは，接線法としての微分法と求積法としての積分法という，微積分学形成の歴史的経緯にそったものであり，数学者の見解はともかく，物理屋の私には，このほうが教育的だと思われます．こうすれば，すくなくとも数学で学んだはずのことを力学には使えないのというような奇妙なことはなくなるでしょうし，また微分方程式の説明にも入って行きやすいと思われます．

微分方程式の部分では，数学の書籍にほとんど必ず記されている解の存在定理には立ち入りませんでした．それよりも，実際に個々の微分方程式が解けるようになること，そのためのいくつかの手法に習熟すること，そして明示的な解が求まらないケースでも，解の大域的な振る舞いや性格が見通しうることが，より重要と考えたからです．それゆえ，典型的な力学の問題を，さまざまな手法で実際に解き，またその解の振る舞いをくわしく説明することに重点をおきました．テーマは初等力学のさまざまな問題から採ってきました．いずれにせよ，解の存在定理のようなベーシックな問題は，微分方程式の実際的計算にある程度なじんで，全体的な見通しがそれなりにできた段階で学べばよいことだと思います．

なお力学は，初等的とは言え，初期解析学の最大の成果であるケプラー問題の解，さらには，相空間にまたがる大きな対称性とそれにともなう保存量（第1積分）の存在までそれなりに丁寧に説明しておきました．

読者対象としては，高校の高学年から大学の教養課程の学生を想定しています．高校生にとっては少々難しいかもしれませんが，しかし丁寧に読めばわかるように書いたつもりです．すくなくとも学校で学んでいる数学以上に特別な予備知識を必要とはしません．ただし，本書は受験のための書物ではありません．本書は，これを読んで後，興味をもった諸君がさらに力学なり微分方程式論なりの進んだ学習に意欲的にチャレンジしてもらいたいと思って書いたものです．この点について若干の所感を語らしてください．最近，受験生や大学生で，勉強と言えば受験のための勉強，単位をとるための勉強しか知らない諸君が少なくないように見受けられます．「ゆとり教育」の結果であるのかどうかはわかりませんが，ともあれ「ゆとり教育」が何年か続いたのちに「ゆとり」をなくしてしまった諸君が大量に生み出されたのだとすれば，笑えません．数学や物理学の学習は，たとえ目の前の試験には役に立たなくとも，それ自体が面白いのだということが若い諸君にわかっていただければ，それだけで本書を書いた目的が達成されたと思っています．

　数学については，私は素人なので，一応の原稿が出来上がった段階で，数学者の長崎憲一氏と堤誉志雄氏に目を通していただき，いくつかの有益な指摘をいただき，私の思い違いを訂正していただきました．もっともその後，大幅に手を加えたので，思いもよらないミスが紛れ込んでいるかもしれませんが，それはすべて私の責任です．

　なお，本書の執筆から校正の終了にいたるまで，数学書房の横山伸氏に大変にお世話になりました．この場をかりて，御礼を述べさせていただきます．

2008 年 8 月

山本義隆

目次

第 1 章　運動の記述と微積分入門　1
- 1.1　速度の定義と導関数 1
- 1.2　速度から位置を求める：区分求積法 9
- 1.3　加速度の導入 18

第 2 章　微分法と積分法の一般的な話　22
- 2.1　微分法 22
  - 2.1.1　微分法の諸定理 22
  - 2.1.2　導関数と関数の増減 26
  - 2.1.3　微分法の諸公式 29
- 2.2　冪関数・指数関数・対数関数・三角関数 32
- 2.3　定積分と不定積分 46

第 3 章　力学と微分方程式入門　55
- 3.1　運動方程式とその積分形 (1 次元の場合) 55
- 3.2　地表での物体の落下運動 59
- 3.3　微分方程式との出会い 64
- 3.4　仕事とエネルギー 76
- 3.5　保存力とエネルギー積分 79
- 3.6　相空間上での記述 85

第 4 章　調和振動, 減衰振動, 強制振動　91
- 4.1　調和振動の方程式とその解 91
- 4.2　不動点とその近傍の運動 102
- 4.3　減衰振動 119
- 4.4　テーラー展開とオイラーの公式 127
- 4.5　強制振動 133

第5章　2次元・3次元の運動　143

- 5.1　ベクトルの導入 143
- 5.2　速度と加速度——2次元・3次元への拡張 150
- 5.3　偏微分と方向微分 152
- 5.4　力学原理 159
  - 5.4.1　運動の第1法則と第2法則 159
  - 5.4.2　運動の第3法則と運動量の保存 162
  - 5.4.3　仕事と位置エネルギー 166
- 5.5　円運動 170
  - 5.5.1　円運動の方程式 170
  - 5.5.2　見かけの力としての「遠心力」 172
  - 5.5.3　鉛直面内の円運動 173
  - 5.5.4　相空間 $(\theta, \dot{\theta})$ での記述 176
- 5.6　回転する円周にそった運動 179
- 5.7　電磁場中での荷電粒子の運動 184
  - 5.7.1　一様な磁場中の運動 184
  - 5.7.2　直交する電場と磁場の中での運動 190

第6章　ケプラー運動と等方調和振動　195

- 6.1　中心力のもとでの運動 195
  - 6.1.1　角運動量とエネルギーの保存則 195
  - 6.1.2　2次元極座標の導入 200
- 6.2　2次元等方調和振動 204
- 6.3　ケプラー運動 211
- 6.4　双曲線軌道について 222
- 6.5　2次元等方調和振動とケプラー運動をめぐる不思議な物語 227

索引　238

第1章
運動の記述と微積分入門

1.1 速度の定義と導関数

　「物体の運動」とは，物体の空間内の移動 (位置変化)，おなじ位置での向きの変化 (回転)，部分の相対的位置関係の変化 (変形)，さらにはこれらの組み合わせを言う．しかし本書では，話を単純にするために，回転や変形は扱わない．そうすれば大きさをもつ物体のすべての点はおなじように動くので，代表点ひとつでその運動を記述できる．そのことは物体を事実上大きさの無視できる質点のように見なすことに相当する．あるいは物体の重心のみに着目すれば，後章で見るように，その物体の全質量と物体の各部分に外から働くすべての力が重心に集中した場合の質点の運動のように扱いうるので [*)]，物体の代表点として重心の運動のみに着目したものと考えてもよい．

　　　　　　　　　　　　　　　　　　　　　　　*) p.165 参照

　はじめに力学にとって必要な数学を導入し説明するため，第1章から第4章までは，話を単純化して1次元の運動 (すなわち1直線上の運動) に話を限定する．それでもベクトルについての議論をのぞいて，必要な数学はほぼ展開でき，力学にとっても重要で興味深い話題をかなり採りあげることができる．

1次元の運動 (1直線上の運動) としては，たとえば陸上競技の 100 メートル走，あるいは東海道新幹線と山陽新幹線が直線で繋がっているとして，その上の列車の運動などが考えられる．100 メートル走では，競技者の途中の位置は，スタート・ラインからの距離 x で指定できる．この x はスタート・ラインを原点にとり，コースにそってゴールの方向を正方向とする x 軸をとったときの座標と考えることができる．この場合は x は 0 と 100 メートル以下の正の値しかとれない．

新幹線の場合，山陽新幹線と東海道新幹線の継ぎ目の新大阪駅を原点，線路にそって東向き (東京方向) を正方向とする x 軸をとったしよう．列車の位置は，やはり座標 x で指定される．列車が東海道新幹線上にあるときには $x > 0$．このとき列車は新大阪駅から東向きに距離 x の位置にある．列車が山陽新幹線上にあるときには $x < 0$．このことは列車が新大阪駅から西向きに距離 $|x|$ の位置にあることを表している．

このように 1 次元の運動では，物体の位置はひとつの座標成分 x で指定される．

そして物体が運動する (位置が時々刻々変化する) ということは，この座標 x が時刻 t とともに変わってゆくことで，数学的には「x が t の関数である」と表され，そのことを通常 $x(t)$ と記している．「x が t の関数である」ということは，数学の本では，ある範囲の値をとる変数 t のそれぞれの値に x の値が対応することとある (図 1.1a)．そうには違いないが，$x(\ )$ という関数 (function) は ( ) の中に変数 t のある値をインプットすると，それに対応した x の値がアウトプットされる機能 (function) だと考えるほうがわかり易いかもしれない[*]．

なお，変数 t を**独立変数**，それに対応する x を**従属変数**と呼び，$x(t)$ が定義される t の範囲をその関数の

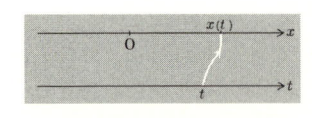

図 1.1a

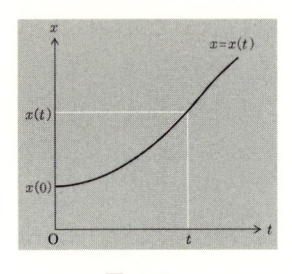

図 1.1b

[*] その意味では関数 $x(t)$ とそれがとる値 x を区別して，$x = \varphi(t)$ という書き方のほうがベターであるが，それを簡単に $x = x(t)$ と記しても間違うことはないだろう．あるいはもっと簡単に，関数そのものもその値も区別なく x と記しても，前後の文脈で区別できるであろう．

定義域と言う．また，横軸に独立変数 t をとり，縦軸に従属変数 x をとって，その対応関係を図に示したもの (図 1.1b) を関数 $x(t)$ のグラフと言う．

はじめに運動を記述するための物理量として，運動をする物体の速度を定義しよう．

たとえばオリンピックの男子 100 メートル決勝で優勝者の記録が 10 秒フラットであったとする．このとき，その優勝者の平均の速度は

$$100\,\mathrm{m} \div 10.0\,\mathrm{s} = 10.0\,\mathrm{m/s},$$

すなわち秒速 10.0 メートルと計算される [*]．つまり，移動距離をその移動に要した時間で割ったものがその間の平均速度を与える．

[*] m (メートル) は長さの単位，s (セコンド; 秒) は時間の単位，m/s は速度の単位で，「メートル・パー・セコンド」と読む．10 m/s は秒速 10 メートルを表す．

おなじことを新幹線の例でもう少し数学的に説明するために，新幹線にそって東向きに x 軸をとり，線路上の位置を x で記すとしよう．

位置 x_A にある A 駅を列車が時刻 a に通過し，その後，位置 x_B にある B 駅を時刻 b に通過したとすれば，この列車は距離 $x_\mathrm{B} - x_\mathrm{A}$ を時間 $b - a$ で移動したことになる．このとき，$x_\mathrm{B} - x_\mathrm{A}$ を時刻 $t = a$ から $t = b$ までの間の列車の**変位**と言う．そしてその間の列車の**平均速度**は，変位を要した時間で割ったもの，つまり

$$\overline{v(a,b)} = \frac{x_\mathrm{B} - x_\mathrm{A}}{b - a} \tag{1.1}$$

で定義される (ここで v の後の (a, b) は時刻 a から b まで，そして v の上の横棒は「平均」を表す)．しかしこれはあくまで平均速度である．

実際には，先に述べた 100 メートル走の例でも初めから終りまで 10.0m/s で走っているわけではない．スタート直後から次第に速くなり，ある時点で秒速 10

メートルを越える最高速度に達して，その後，ほぼその速度を維持してゴールに飛び込むというのが現実のレースの様子である．それゆえ，スタートから 1 秒目までの平均速度，1 秒目と 2 秒目の間の平均速度，2 秒目と 3 秒目の間の平均速度，……，9 秒目とゴールまでの平均速度は一般にはすべて異なる．スタート・ダッシュの様子を知りたければ，スタートから 0.1 秒までの平均速度，0.1 秒から 0.2 秒までの平均速度，……というもっと細かい速度変化の知識が必要になるだろう．そのように平均速度の計算にあたって時間間隔をより短くとれば，運動のより詳細な様子——速度の時間的変動の詳細——を知ることができる．

そうして，このように平均速度の時間間隔を短くしていった極限として，各時刻ごとに瞬間瞬間の速度を考えることができるであろう．

一般的に言うならば，x 軸上を動く物体 P が時刻 t に位置 $x(t)$ を通過し，時刻 $t' = t + \Delta t$ に位置 $x(t') = x(t + \Delta t)$ に達したとすれば，その間の変位 ($x(t)$ の増分) は

$$\Delta x(t) = x(t') - x(t) = x(t + \Delta t) - x(t),$$

したがって，時刻 t と $t' = t + \Delta t$ の間の P の平均速度は，関数 $x(t)$ の平均変化率

$$\overline{v(t, t')} = \frac{x(t') - x(t)}{t' - t},$$

すなわち

$$\overline{v(t, t + \Delta t)} = \frac{\Delta x(t)}{\Delta t} = \frac{x(t + \Delta t) - x(t)}{\Delta t} \quad (1.2)$$

で与えられる [*]．そして時間間隔 $\Delta t = t' - t$ を 0 に近づけたときのこの比の極限を時刻 t における瞬間速度——または簡単に **速度** (velocity)——と言う．すな

---

[*] Δt や Δx は $\Delta \times t$ や $\Delta \times x$ ではなく，それぞれ Δt, Δx というひとつの量を表す．

わち

$$v(t) = \lim_{\Delta t \to 0} \frac{\Delta x(t)}{\Delta t} = \lim_{\Delta t \to 0} \frac{x(t+\Delta t) - x(t)}{\Delta t}. \tag{1.3}$$

このように，平均速度は位置 $x(t)$ の平均変化率により，他方，速度は位置の瞬間的な変化率により定義される．

ところで，物理学では，現在までのところ時間が連続な実数で表されるという事実に反する現象は見られないので，時間変数 t は連続な実数であるとする[1]．

同様に，古典力学では物体が有限距離はなれた点に瞬時に移動することはないので，$x(t)$ も t の連続関数であるとする．

時刻 t において関数 $x(t)$ が連続であるということは，数学の言葉では，どれほど小さな正の値 ε をとっても，$|t' - t| < \delta$ の範囲のすべての t' にたいして $|x(t') - x(t)| < \varepsilon$ となる正数 δ を見いだしうることだと表現される．もうすこし物理的にわかりやすく言えば，ε がどれほど小さい距離であっても，時刻 t に

---

[1] 実数が連続ということは，図 1.1a の時間軸に隙間がないことを言う．このような軸を数直線と言うが，数直線上で整数は飛び飛びの位置を占める．整数に整数の分数で表される数を含めた数を有理数と言う．有理数は数直線上でいたるところ稠密である．つまり「数直線上のどのように短い区間をとっても，その中には有理数が入り込んでくるのである」(遠山啓『数学入門』(上) p.184)．それゆえそれぞれの有理数のどれだけ近くにも別の有理数を見いだすことができる．それでも有理数だけでは数直線は埋まらず，$\pi = 3.1415\cdots$ や $\sqrt{2} = 1.4142\cdots$ のような無理数 (分数で表されない数) の位置に隙間が残る．しかし無理数まで含めると数直線に隙間はなくなる．この有理数と無理数の全体を実数と言っている．

ともあれ，実数が連続であるということの厳密な議論は，それはそれで大変であり，ここでは事実として受け入れる．

十分近い時刻には $x(t)$ から ε の距離に収まってしまうということである．そして $x(t)$ が t のとりうる全区間 (関数 $x(t)$ の定義域) で連続であるとき，$x(t)$ は t の連続関数であると言われる．

したがって $\Delta t \to 0$ とする (Δt をかぎりなく 0 に近づける) 極限で $x(t)$ の増分 (力学的には変位) $\Delta x = x(t+\Delta t) - x(t)$ もかぎりなく 0 に近づく．しかしこの二つの量の比の極限 (つまり先に比をとってからその後に $\Delta t \to 0$ としたもの) は有限の値に収束する．その極限を時刻 t の瞬間速度と定義したのである．

図で表すと，

$$\text{平均速度} = \overline{v(t, t+\Delta t)} = \frac{x(t+\Delta t) - x(t)}{\Delta t}$$

$$= \frac{\overline{\text{QS}}}{\overline{\text{PS}}} = \text{図 1.2 の直線 PQ の傾き},$$

$$\text{瞬間速度} = v(t) = \lim_{\Delta t \to 0} \frac{x(t+\Delta t) - x(t)}{\Delta t}$$

$$= \frac{\overline{\text{RS}}}{\overline{\text{PS}}} = \text{図 1.2 の直線 PR の傾き}.$$

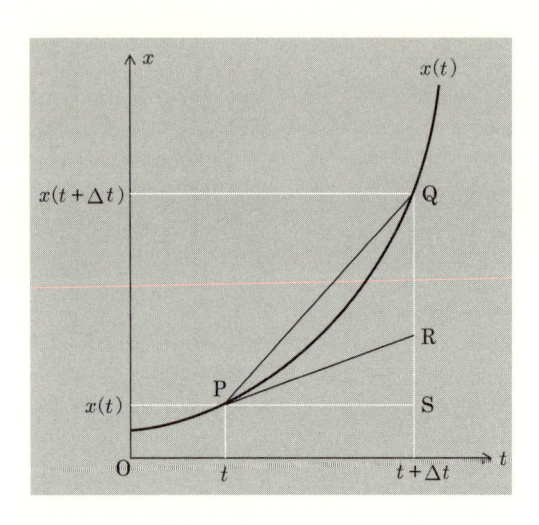

図 1.2

ただし (1.3) および上の瞬間速度の式で「$\Delta t \to 0$ とする (Δt をかぎりなく 0 に近づける) 極限」の意味は, Δt を正の値から 0 に近づけても負の値から 0 に近づけても $\Delta x/\Delta t$ はおなじ極限値をとり, その値が $v(t)$ だと言うことである *).

それゆえ, たとえ $x(t)$ が連続であっても, $x(t)$ のグラフがある t で折れ曲がっていれば, Δt を正方向から 0 に近づけた場合と, 負方向から 0 に近づけた場合で, 上式の極限値が異なり, $v(t)$ は定義できないことになる. 実際には, 古典力学では, 有限の質量を有する物体の速度が不連続に変化することはありえないので, $x(t)$ のグラフがそのように折れ曲がることはなく, (1.3) の極限は存在する. また, 速度が無限大になることもないので, 上記の極限値は有限の値をとる.

数学の言葉では, 時刻 t において (1.3) の極限値が存在するとき (つまり $x(t)$ のグラフが折れ曲がっていないとき), 関数 $x(t)$ は t において**微分可能**, その極限値は**微分係数 (微分商)** と言われる. さらに t のとりうるすべての区間 ($x(t)$ の定義域) において微分可能のとき, $x(t)$ は**微分可能な関数**と言われる. そしてそのとき, (1.3) の極限値 $v(t)$ は各時刻 t 毎にきまった値をとるので, それ自体をその区間での t の関数と見なすことができ, それを $x(t)$ の**導関数**と言い

$$\frac{dx(t)}{dt} \quad \text{または} \quad \dot{x}(t)$$

と表す #). ただし, 通常は時刻 t における微分係数も t を変数とする導関数も区別なく $dx(t)/dt$ ないし $\dot{x}(t)$ あるいは簡単に dx/dt ないし $\dot{x}$ と表される.

なお, かぎりなく 0 に近づけられるものとしての Δt を dt, またそれに対応する $x(t)$ の増分 $\Delta x = x(t+\Delta t) - x(t)$ を dx と書き, それぞれを t の微

*) このことは, 曲線上の 2 点 PQ を通る直線において, Q を曲線にそって P に近づけたとき, その直線 PQ が一定の直線に近づいてゆくことを意味する. この直線を曲線の P での接線と言う. 言いかえれば点 P をとおる傾き $\dot{x}(t)$ の直線を P 点での接線と定義する. すなわち, 点 $(a, x(a))$ での接線は
$$x = \dot{x}(a)(t-a) + x(a)$$
で与えられる.

#) $\dfrac{dx}{dt}$ はライプニッツの表記法, $\dot{x}(t)$ はニュートンの表記法. どちらも一長一短があり, 本書では両方を使用する. なお, 時刻 t を独立変数とする関数 $x(t)$ では, 多くの場合, 導関数は $\dot{x}(t)$ と記されるが, 一般の x を変数とする関数 $f(x)$ の場合, 導関数 $\dfrac{df(x)}{dx}$ は $f'(x)$ と記されることが多い.

分, $x(t)$ の微分とも言う. ただし, dx/dt は比の極限であるから, dt に独立な量として dx が存在し, それらの比 (つまり分数) が dx/dt というわけではない. しかし操作的には多くの場合, 分数のように扱うことができ, その点が dx/dt という表記法の便利さである.

この数学の言葉遣いにのっとれば, 座標 $x(t)$ は微分可能な関数で, 速度は座標の導関数であり

$$v(t) = \frac{dx(t)}{dt} \equiv \dot{x}(t). \qquad (1.4)^{*)}$$

*) ≡ は「両辺がまったく同じものを表す」という記号.

そして関数 $x(t)$ からその導関数 $\dot{x}(t)$ を作る操作を, 通常「関数 $x(t)$ を t で微分する」と言っている. ようするに座標 $x(t)$ を t で微分したものが速度 $v(t)$ である.

この定義からわかるように, 速度は正と負の値をとる. 東向きに座標をとった新幹線の例では, B 駅が A 駅より東にあれば $x_B > x_A$ ゆえ $\overline{v(a,b)} > 0$, B 駅が A 駅より西にあれば $x_B < x_A$ ゆえ $\overline{v(a,b)} < 0$, すなわち, 列車が x 軸の正方向 (東向き) に走っているときには速度は正, 負方向 (西向き) に走っているときには速度は負となる.

#) ただし, 関数
$x(t) = At^3 \quad (A > 0)$
では, $\Delta t > 0$ でつねに
$x(t + \Delta t) > x(t)$
で, $x(t)$ は増加であるが
$v(t) = \dot{x}(t) = 3At^2$
(p.10, 例 1.1 参照) であり, $t = 0$ では $v(t) = 0$. したがって数学的に厳密には, $x(t)$ が増加のとき $\dot{x}(t) \geqq 0$, $x(t)$ が減少のとき $\dot{x}(t) \leqq 0$ としなければならない.

数学の言葉で表せば, $x(t)$ が増加のとき $\dot{x}(t) > 0$, $x(t)$ が減少のとき $\dot{x}(t) < 0$. そのことは図 1.2 より明らかであろう#). 力学的に見ると, 連続関数 $x(t)$ にたいして, 十分小さい $\Delta t > 0$ をとったとき

$x(t + \Delta t) > x(t)$ であれば $\dot{x}(t) = v(t) > 0$,
$x(t + \Delta t) < x(t)$ であれば $\dot{x}(t) = v(t) < 0$.

つまり物体が $+x$ 方向に進んでいるとき $v(t) > 0$, $-x$ 方向に進んでいるとき $v(t) < 0$. このように $v(t)$ は正負で表される「向き」を有する.

それにたいして速度の絶対値 (速度の大きさ $|v(t)|$)

を**速さ** (speed) と言う．「速さ」は「速度」から向き (方向) の情報を捨て去ったものである．

1.2　速度から位置を求める：区分求積法

前節では，速度の定義，すなわち位置座標 $x(t)$ から速度 $v(t)$ を求める方法を説明した．

ここでは逆に速度から変位 (移動量) を求める方法を考察する．各瞬間の速度 $v(t)$ が与えられたときに座標 $x(t)$ がどのように得られるのかという問題である．

平均速度の定義 (1.2) より，t と $t + \Delta t$ 間の変位 (x の増分) は

$$x(t + \Delta t) - x(t) = \overline{v(t, t + \Delta t)} \Delta t, \quad (1.5)$$

(1.2)
$$\overline{v(t, t + \Delta t)} = \frac{x(t + \Delta t) - x(t)}{\Delta t}.$$

すなわち，ある時間の変位はその間の平均速度にその時間をかけたものに等しい．これは平均速度の定義を言い換えただけのことである．

ところで，$\Delta t \to 0$ とした極限で平均速度 $\overline{v(t, t + \Delta t)}$ は瞬間速度 $v(t)$ になり，$v(t)$ は連続と考えているから，十分小さい Δt では $\overline{v(t, t + \Delta t)}$ と $v(t)$ は近似的に等しいと見てよいであろう．つまり，微小時間の変位は

$$x(t + \Delta t) - x(t) \fallingdotseq v(t) \Delta t \quad (1.6)$$

と近似される．

ここに近似 ($\fallingdotseq$) であるということをもっとていねいに言うと，$\Delta t \to 0$ とした極限で $x(t + \Delta t) - x(t)$ と $v(t) \Delta t$ の差が Δt よりもはやく 0 に近づくことである．すなわち

$$x(t + \Delta t) - x(t) = v(t) \Delta t + \Delta r(t, \Delta t) \quad (1.7)$$

と書いたときに，$v(t) \Delta t$ は主要部であり，$\Delta t \to 0$ の極

限で Δt に比例して減少するが,おつりの項 $\Delta r(t, \Delta t)$ は $\Delta t \to 0$ の極限で Δt より早く 0 に近づき (図 1.3),したがって $\Delta r(t, \Delta t)/\Delta t \to 0$ となるということである.

一般に,$\Delta t \to 0$ の極限で $\Delta \Theta(\Delta t)$ と $\Delta \theta(\Delta t)$ が $\to 0$ となるとき,これらの量はいずれも**無限小量**と言われるが,おなじ極限で $\Delta \Theta(\Delta t)/\Delta t$ が 0 でない有限値に収束するのにたいして $\Delta \theta(\Delta t)/\Delta t \to 0$ となるとき,$\Delta \Theta(\Delta t)$ は Δt と同位の無限小,これにたいして $\Delta \theta(\Delta t)$ は高位の無限小と言われ,

$$\Theta(\Delta t) = O(\Delta t), \qquad \theta(\Delta t) = o(\Delta t)$$

図 1.3　$\Delta x = v\Delta t + \Delta r$

と記される.いまの場合では,$v(t)\Delta t = O(\Delta t)$ であるのにたいして $\Delta r(t, \Delta t) = o(\Delta t)$ である*).

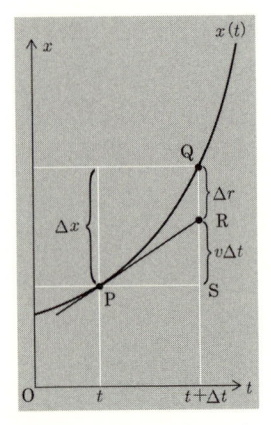

*) $O(\varepsilon)$ は $\varepsilon \to 0$ の極限で $O(\varepsilon)/\varepsilon$ が 0 でない有限値に収束する量,また $o(\varepsilon)$ は $\varepsilon \to 0$ で $o(\varepsilon)/\varepsilon$ が 0 に収束する量.記号 O と o はドイツの数学者ランダウが導入したので**ランダウの記号**と呼ばれる.このランダウはかつてのソ連の物理学者ランダウとは別人.

例 1.1　n を自然数として $x(t) = At^n$ の場合を考える.

$$\begin{aligned}
&x(t+\Delta t) - x(t) \\
&= A(t+\Delta t)^n - At^n \\
&= A\left\{t^n + nt^{n-1}\Delta t + \frac{1}{2}n(n-1)t^{n-2}(\Delta t)^2 + \right.\\
&\left.\quad \cdots + (\Delta t)^n\right\} - At^n \\
&= A\left\{nt^{n-1} + \frac{1}{2}n(n-1)t^{n-2}\Delta t + \right.\\
&\left.\quad \cdots + (\Delta t)^{n-1}\right\}\Delta t.
\end{aligned}$$

$$v(t) = \lim_{\Delta t \to 0} \frac{x(t+\Delta t) - x(t)}{\Delta t} = nAt^{n-1}. \qquad (1.8)$$

したがって

$$x(t+\Delta t) - x(t) = v(t)\Delta t + \Delta r(t, \Delta t).$$

ここにおつりの項は

$\Delta r(t, \Delta t) = \Delta t$ の 2 乗以上の項の和.

この項は $\Delta t \to 0$ の極限でたしかに Δt よりはやく 0 に近づき，$\Delta r/\Delta t \to 0$.

式 (1.7) は微小時間間隔 Δt のあいだの微小な変位を与える．

時刻 $t = a$ から時刻 $t = b$ までの有限時間の変位 $x(b) - x(a)$ を求めるには，つぎのように考えればよい．

$b - a$ の時間間隔を n 等分し，$\Delta t = (b-a)/n$，$t_k = a + k\Delta t \ (k = 0, 1, 2, \cdots, n)$ ととる．$t_0 = a$, $t_n = b$, $t_{k+1} = t_k + \Delta t$ である．

n が十分大きければ，Δt は十分小さいので

$$x(t_{k+1}) - x(t_k) = x(t_k + \Delta t) - x(t_k)$$
$$= v(t_k)\Delta t + \Delta r(t_k, \Delta t)$$

と表される．この式を $k = 0$ から $k = n - 1$ まで足し合わせる：

$k = 0;$ $\quad x(t_1) - x(t_0) = v(t_0)\Delta t + \Delta r(t_0, \Delta t),$

$k = 1;$ $\quad x(t_2) - x(t_1) = v(t_1)\Delta t + \Delta r(t_1, \Delta t),$

$k = 2;$ $\quad x(t_3) - x(t_2) = v(t_2)\Delta t + \Delta r(t_2, \Delta t),$

$\cdots$ $\quad\quad\quad\quad\quad \cdots\cdots$

$k = n-1;$ $\quad x(t_n) - x(t_{n-1}) = v(t_{n-1})\Delta t + \Delta r(t_{n-1}, \Delta t),$

総計 $\quad x(t_n) - x(t_0) = \sum_{k=0}^{n-1} \{v(t_k)\Delta t + \Delta r(t_k, \Delta t)\}.$

すなわち，$\sum_{k=0}^{n-1} \Delta r(t_k, \Delta t) = R(\Delta t)$ として

$$x(b) - x(a) = \sum_{k=0}^{n-1} v(t_k)\Delta t + R(\Delta t). \quad (1.9)$$

いま，$|\Delta r(t_k, \Delta t)|$ のうちの最大値を Δr_M とすると，

おつりの項 $R(\Delta t)$ にたいして

$$|R(\Delta t)| = \left|\sum_{k=0}^{n-1} \Delta r(t_k, \Delta t)\right|$$
$$\leqq \sum_{k=0}^{n-1} |\Delta r(t_k, \Delta t)| \leqq n\Delta r_M \quad (1.10)$$

が成り立つ．ここで，$n = (b-a)/\Delta t \to \infty$ とする極限，すなわち $\Delta t \to 0$ の極限を考えると，すべての k にたいして $\Delta r(t_k, \Delta t) = o(\Delta t)$ ゆえ

$$\Delta r(t_k, \Delta t) \times n = \{\Delta r(t_k, \Delta t)/\Delta t\}(b-a) \to 0$$

であるから $n\Delta r_M \to 0$，それゆえ $R(\Delta t) \to 0$．

したがって，求める有限時間の変位は

$$x(b) - x(a) = \lim_{n\to\infty} \sum_{k=0}^{n-1} v(t_k)\Delta t. \quad (1.11)$$

数学では，この右辺の和の極限を $\int_a^b v(t)dt$ と表し，関数 $v(t)$ の $t=a$ と $t=b$ のあいだの**定積分**，そして $v(t)$ を**被積分関数**と言う．

この結果は，図で考えるとわかりやすい．

図 1.4 で曲線が $v(t)$ のグラフを表すとして，$v(t_k)\Delta t$ は図 1.4a の黒い短冊の面積，$\sum_{k=0}^{n-1} v(t)\Delta t$ はそのすべての短冊の面積を足し合わせたもの，すなわち，図 1.4a の影の部分の面積，そして，$n \to \infty$，すなわち分割を細かくしていったときのその極限，つまり (1.11) 式の右辺は，$v(t)$ のグラフと t 軸と $t=a$ と $t=b$ の直線で囲まれた部分 (図 1.4b の影の部分) の面積を表す．すなわち

$$\int_a^b v(t)dt = \lim_{n\to\infty} \sum_{k=0}^{n-1} v(t_k)\Delta t$$
$$= \text{図 1.4b の影の部分の面積．} \quad (1.12)^{*)}$$

*) この式の右辺 (和の極限) が面積に等しいというよりは，むしろこの極限が存在するときに，これでもって面積を定義すると言ったほうが正確であろう．

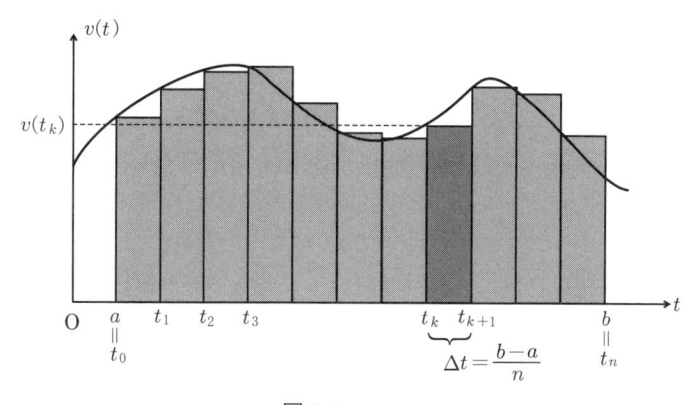

図 1.4a

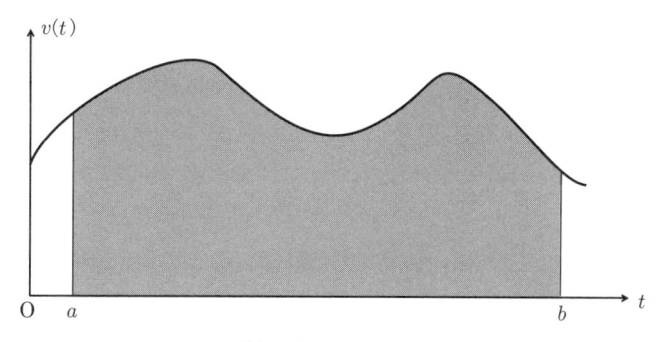

図 1.4b

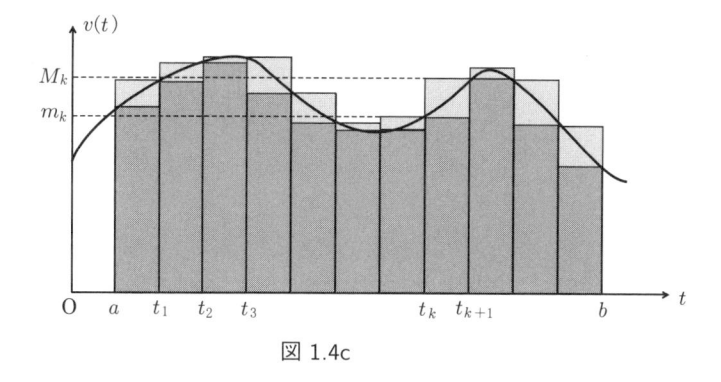

図 1.4c

以上の議論をもう少し厳密に言うと，こうである．
関数 $f(t)$ がある t で連続であるということは，先

に見たように，どれほど小さな正の値 ε にたいしても，$|t'-t|<\delta$ を満たす t' にたいして $|f(t')-f(t)|<\varepsilon$ となるように δ をとりうることを言う．そしてすべての t で連続のとき，$f(t)$ は t の連続関数であると言われる．しかしこのかぎりでは，δ の値は t ごとに異なってもよい．つまり t がある値に近づくにつれて急速に大きくなるような関数では，その点の近くでは，同じ大きさの ε にたいして $|t'-t|<\delta$ の範囲で $|f(t')-f(t)|<\varepsilon$ とするためには，他の所にくらべて δ をうんと小さくとらなければならない．

それにたいして $f(t)$ がある区間 $a \leqq t \leqq b$ で連続であるだけではなく，与えられた ε にたいしてこの δ を t と無関係にとることができるとき，つまり，どれだけ小さな正の量 ε をとっても，それに対応して正なる δ をひとつとり，この区間のすべての t にたいして $|t'-t|<\delta$ のとき $|x(t')-x(t)|<\varepsilon$ とすることができるとき，関数 $f(t)$ をこの区間で**一様連続**と言う．

しかし実は，閉区間 $a \leqq t \leqq b$ で連続な関数は[*]，その区間のどこかで必ず最小値と最大値をとること，そしてさらに一様連続であることが証明される[2]．

それゆえ，連続関数 $v(t)$ は，閉区間 $[t_k, t_{k+1}]$ ごとに，そのどこかでその区間の最大値 M_k と最小値 m_k をとる．すなわち

$$m_k \leqq v(t_k) \leqq M_k.$$

[*] $a \leqq t \leqq b$ のように両端 $t=a$, $t=b$ を含む区間を「閉区間」と言い，$[a,b]$ のようにも表す．

---

[2] 証明は，連続関数が閉区間で最大値と最小値をとることについては，高木貞治『解析概論 (改訂第 3 版)』(岩波書店) Ch.1.11, 定理 13；小林昭七『微分積分読本』(裳華房) Ch.2.1, 定理 3；志賀浩二『解析入門 30 講』(朝倉書店) p.47；遠山啓『微分と積分』(日本評論社) Ch.7.2, 定理 1 等，連続関数の一様連続性については高木，同，Ch.1.11, 定理 14；小林，同, Ch.2.1, 定理 5；志賀，同, p.151；遠山, Ch.9.3, 定理 2 等参照．

したがって

$$\sum_{k=0}^{n-1} m_k \Delta t \leqq \sum_{k=0}^{n-1} v(t_k) \Delta t \leqq \sum_{k=0}^{n-1} M_k \Delta t.$$

この左辺は図 1.4c の濃い影の部分の面積，右辺は薄い影も含めたすべての影の部分の面積．

ところが $v(t)$ はさらに一様連続ゆえ，任意の $\varepsilon > 0$ にたいして δ が存在し，$\Delta t = (b-a)/n < \delta$ であればすべての微小区間 $[t_k, t_{k+1}]$ 内の任意の 2 点 t' と t'' にたいして $|v(t'') - v(t')| < \varepsilon$ とすることができる．それゆえ，k によらずに $|M_k - m_k| < \varepsilon$．したがって

$$\left| \sum_{k=0}^{n-1} (M_k - m_k) \Delta t \right| \leqq \sum_{k=0}^{n-1} \varepsilon \Delta t \leqq \varepsilon (b-a).$$

ε はいくらでも小さくとれるから，このことは n (分割数) $\to \infty$ の極限で，$\sum M_k \Delta t$ と $\sum m_k \Delta t$ がおなじ極限に収束し，したがって $\sum v(t_k) \Delta t$ が確かに収束することを意味している．

またここでは t の区間 $[a,b]$ を等分したが，点 $t_0 = a < t_1 < t_2 < \cdots < t_{n-1} < t_n = b$ で区間を分割するさいに，$n \to \infty$ で $\max|t_{k+1} - t_k| \to 0$ でさえあれば，区間の幅 $t_{k+1} - t_k$ は一定でなくてもよい *)．

ちなみに，和の記号 $\sum$ も積分記号 $\int$ も「総和」を表すラテン語 summa のイニシアルの S から来ている．ようするに「定積分」というのは，細かく分割したものの和の極限を意味している．すなわち「おおまかに言うと，微分は微小なものに限りなく細分してゆくことであり，積分はいちど細分したものをもういちど集めることである」(遠山啓『微分と積分』p.79)．

定積分のこの求め方を**区分求積法**と言う．

*) 問題によっては，区間の幅を旨く変化させることで計算が簡単になる場合がある．例 2.2 (p.53) 参照．

なお，(1.12) 式の積分記号 $\left(\int\right)$ 内の t は，関数 $v(t)$ を t について積分することを表し，積分変数と呼ばれるが，その両端の値が a と b であるということだけが重要で，別の記号で書きかえてもかまわない．すなわち $\int_a^b v(t)dt$ と $\int_a^b v(s)ds$ は同じものを表している．

(1.11) と (1.12) より結論として，速度 $v(t)$ が与えられたとき，時刻 a から b までの変位は

$$x(b) - x(a) = \int_a^b v(t)dt \qquad (1.13)$$

で与えられる．この結果で，積分変数を s に書き換え，a を始めの時刻 t_0 に，b を任意の時刻 t に置き換えて，さらに $x(t_0)$ を移項すれば

$$x(t) = x(t_0) + \int_{t_0}^t v(s)ds. \qquad (1.14)$$

これは，時刻 t_0 に位置 $x(t_0)$ にあった物体が，その後，速度 $v(s)(t_0 \leqq s \leqq t)$ で動いたときの，時刻 t での位置を与える式である．このように，任意の時刻の位置を知るには，それまでの速度とともに始めの位置が必要である．速度の積分は変位 (つまり，たとえば「列車が 1 時間に東向きに 80 キロメートル移動した」という情報) のみを与えるものであるから，位置を知るためには出発点の知識 (たとえば「新大阪駅から」というような情報) が必要になる．そう考えれば，この議論は当然である．

なお，定積分の上記の定義よりすぐわかるように，$a < c < b$ にたいして

$$\int_a^b v(t)dt = \int_a^c v(t)dt + \int_c^b v(t)dt, \qquad (1.15)$$

また，やはり定義より

$$\int_a^b v(t)dt = -\int_b^a v(t)dt, \quad \int_a^a v(t)dt = 0 \quad (1.16)$$

と規約するのが理に叶っている．こうすれば，任意の c にたいして

$$\int_a^b v(t)dt = \int_c^b v(t)dt - \int_c^a v(t)dt. \quad (1.17)$$

また，区間 $[a,b]$ で $v(t) \geqq 0$ であれば

$$\int_a^b v(t)dt \geqq 0,$$

したがって区間 $[a,b]$ で $v(t) \geqq u(t)$ であれば

$$\int_a^b v(t)dt \geqq \int_a^b u(t)dt.$$

これらはほとんど自明であろう．

例 1.2 速度 $v(t) = At^2$ で $t=a$ から $t=b$ まで移動したときの変位を求める．

本文の説明にあるように $\Delta t = (b-a)/n$ として

$$v(t_k) = v(a + k\Delta t) = A\{a^2 + 2ka\Delta t + k^2(\Delta t)^2\}.$$

$$\begin{aligned}
\sum_{k=0}^{n-1} v(t_k)\Delta t &= A\{na^2\Delta t + n(n-1)a(\Delta t)^2 \\
&\quad + \frac{1}{6}n(n-1)(2n-1)(\Delta t)^3\} \\
&= A\left\{a^2(b-a) + \left(1 - \frac{1}{n}\right)a(b-a)^2 \right. \\
&\quad \left. + \frac{1}{3}\left(1 - \frac{1}{n}\right)\left(1 - \frac{1}{2n}\right)(b-a)^3\right\}
\end{aligned}$$

$$x(b) - x(a) = \lim_{n\to\infty} \sum_{k=0}^{n-1} v(t_k)\Delta t = \frac{1}{3}A(b^3 - a^3).$$

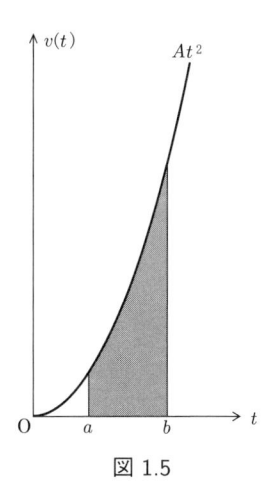

これは図 1.5 の影の部分の面積に等しい．

図 1.5

実はこれは，$\Delta t = b/n$ として

$$\int_0^b v(t)dt = \lim_{n\to\infty} \sum_{k=0}^{n-1} v(k\Delta t)\Delta t$$
$$= \lim_{n\to\infty} \frac{A}{6} n(n-1)(2n-1)\left(\frac{b}{n}\right)^3 = \frac{1}{3}Ab^3$$

を求め，(1.17) をもちいて

$$\int_a^b v(t)dt = \int_0^b v(t)dt - \int_0^a v(t)dt$$

とすればもっと簡単に計算できる．

1.3　加速度の導入

ところで力学では，速度が一定の状態にある，すなわち物体が決まった速さで決まった方向に動いているときには，その物体は同一の運動状態に留まっていると見なされ，状態の変化を意味しない．それゆえ，変化を表すためには，位置の変化ではなく，速度の変化を扱う必要がある．そこで速度変化の割合を表す量として加速度 $\alpha(t)$ を速度の瞬間的変化率で定義する．

すなわち，$v(t) = \dot{x}(t)$ として，時刻 t の**加速度**は

$$\alpha(t) = \lim_{\Delta t \to 0} \frac{v(t+\Delta t) - v(t)}{\Delta t}. \tag{1.18}$$

つまり，ある時刻の加速度とはその瞬間の速度の変化の割合であり，$\alpha(t) > 0$ で加速，$\alpha(t) < 0$ で減速．

ただし，先に述べたように速度 $v(t)$ は微分可能な関数を微分して得られたもので，$v(t)$ 自身も連続関数であるが，しかし $v(t)$ が微分可能であるとはかぎらない．つまり，横軸に時刻 t をとり縦軸に速度 $v(t)$ をとったグラフが折れ曲がることはありうる．

たとえば一定速度で走行していた列車に急ブレーキをかければ，速度は連続的に変化するが，速度の変化

率は 0 から負の値に飛躍する．そのような瞬間には $v(t)$ は微分不可能で，その導関数，つまり $\alpha(t)$ の値は決まらない．このとき，Δt を正の値から 0 に近づける場合と負の値から 0 に近づける場合で (1.18) の極限は異なる値 $\alpha(t+0)$ と $\alpha(t-0)$ をとるので *)，それらをそれぞれ時刻 t の直後の加速度，直前の加速度と考える．

*) 時刻 $t+0$, $t-0$ はそれぞれ t の直後，直前を表す．

それ以外の瞬間では，$v(t)$ は微分可能で，加速度は

$$\alpha(t) = \frac{dv(t)}{dt} \equiv \dot{v}(t) \qquad (1.19)$$

で与えられる．これはまた

$$\alpha(t) = \frac{d^2x(t)}{dt^2} \equiv \ddot{x}(t) \qquad (1.20)$$

のようにも表される．$d^2x(t)/dt^2 \equiv d\dot{x}(t)/dt \equiv \ddot{x}(t)$ を $x(t)$ の 2 階導関数と言う．

以下では，とくにことわらないかぎり速度は微分可能と見なす．

速度と加速度の関係 (1.19) は位置と速度の関係 (1.4) と同じであるから，速度から位置を求めるやりかたとまったく同様にして，加速度から速度を求めることができる．

(1.4)
$$v(t) = \frac{dx(t)}{dt} \equiv \dot{x}(t).$$

加速度 $\alpha(t)$ が与えられたときの速度の変化は (1.13) と同様に

$$v(b) - v(a) = \int_a^b \alpha(t)dt, \qquad (1.21)$$

(1.13)
$$x(b) - x(a) = \int_a^b v(t)dt.$$

したがって，時刻 t_0 の速度とその後の加速度 $\alpha(t)$ が与えられたときの時刻 t での速度は，(1.14) と同様に

$$v(t) = v(t_0) + \int_{t_0}^t \alpha(s)ds. \qquad (1.22)$$

(1.14)
$$x(t) = x(t_0) + \int_{t_0}^t v(s)ds.$$

この場合も，ある時刻の速度を知るためには，それま

での加速度とともに，最初の速度の値 $v(t_0)$ が必要である．加速度は速度の増加の割合を示すものであるから，これも当然である．

この最初の位置と速度 $x(t_0), v(t_0)$ の値を**初期値**と言う ($t_0 = 0$ ととる場合が多い)．

なお加速度は，前にも言ったように不連続になりうる．$\alpha(t)$ が $t = c$ で不連続で図 1.6 のようになっている場合に速度を求めるには，領域毎に別々に積分して後から足し合わせばよいが，それを

$$\int_{t_0}^{c} \alpha(s)ds + \int_{c}^{t} \alpha(s)ds = \int_{t_0}^{t} \alpha(s)ds \quad (1.23)$$

と表す．

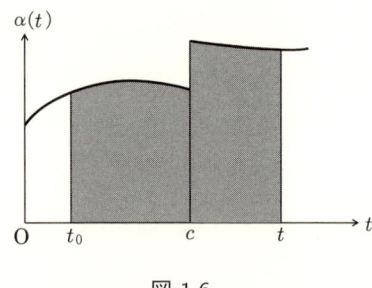

図 1.6

例 1.3 位置座標が $x(t) = A + Bt + Ct^2 + Dt^3$ で与えられているときの速度と加速度を求める．

$x(t + \Delta t) - x(t)$
$= A + B(t + \Delta t) + C(t + \Delta t)^2 + D(t + \Delta t)^3$
$\quad - (A + Bt + Ct^2 + Dt^3)$
$= (B + 2Ct + 3Dt^2)\Delta t + (C + 3Dt)(\Delta t)^2 + D(\Delta t)^3$,

したがって

$$v(t) = \lim_{\Delta t \to 0} \frac{x(t + \Delta t) - x(t)}{\Delta t} = B + 2Ct + 3Dt^2.$$

これより，同様に

$$v(t+\Delta t) - v(t) = B + 2C(t+\Delta t) + 3D(t+\Delta t)^2 - (B + 2Ct + 3Dt^2)$$
$$= (2C + 6Dt)\Delta t + 3D(\Delta t)^2,$$
$$\therefore \quad \alpha(t) = \lim_{\Delta t \to 0} \frac{v(t+\Delta t) - v(t)}{\Delta t} = 2C + 6Dt.$$

とくに $D=0$ で加速度が $\alpha(t) = 2C$ (一定) の場合,**等加速度運動**と言われる.このとき

$$\overline{v(t, t+\Delta t)} = B + 2Ct + C\Delta t = \frac{1}{2}\{v(t) + v(t+\Delta t)\}.$$

つまり,等加速度運動では,平均速度は初めと終りの中間の速度で与えられる.そして Δt 間の変位は

$$x(t+\Delta t) - x(t) = (B + 2Ct)\Delta t + C(\Delta t)^2$$
$$= \overline{v(t, t+\Delta t)}\Delta t$$
$$= \frac{1}{2}\{v(t) + v(t+\Delta t)\}\Delta t.$$

つまり等加速度運動では,有限時間の変位は終始その間の平均速度で動いたときの変位と同じになる.この場合,速度のグラフが直線で,図 1.4 の影の部分が台形になることを考えれば (図 1.7),この結果は明らかであろう.

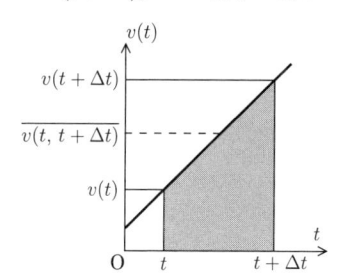

図 1.7 等加速度運動

また等加速度 $\alpha(t) = \alpha = \text{const.}$ の場合,Δt が微小量でなくとも

$$v(t+\Delta t) = v(t) + \alpha \Delta t, \tag{1.24}$$
$$x(t+\Delta t) = x(t) + v(t)\Delta t + \frac{\alpha}{2}(\Delta t)^2 \tag{1.25}$$

が成り立つ.これを**ガリレオの規則**と言う.

第2章

微分法と積分法の一般的な話

2.1 微分法

以上，1次元の運動の範囲で，位置，速度，加速度という力学量にそくして数学を語ってきた．復唱するならば，位置座標 x が時刻 t の関数として与えられているとき，速度は位置座標の導関数として定義され，加速度は速度の導関数で定義される．逆に有限時間の変位 (位置の変化) は速度から積分 (区分求積法) で求まり，同様に有限時間の速度変化は加速度の積分として求められる．

この章では微分法と積分法についての基本的な議論を一般の関数で表し，また以下に必要となる若干の定理，および必要となるいくつかの関数を記しておこう．といっても，基本的には高等学校で学ぶ数学の範囲内にある．

このように本章は力学を離れて数学的な議論に終始するので，少々退屈なところでもあり，その方面に詳しければ，とばしていきなり第3章に移ってもよい．

2.1.1 微分法の諸定理

一般に $f(t)$ をある区間で定義された実数 t を変数とする微分可能な関数として，t におけるその変化率

$$\lim_{\Delta t \to 0} \frac{f(t + \Delta t) - f(t)}{\Delta t} = \frac{df(t)}{dt} \equiv \dot{f}(t) \qquad (2.1)$$

を t の関数と見なして，関数 $f(t)$ の導関数と言う．

各瞬間の変化率としての導関数の定義より，以下の事実はほとんど自明であろう．

以下では $g(t), h(t)$ を微分可能な関数とする．

1°) $f(t) = C$(定数) となる関数 (定値関数) では
$$\dot{f}(t) = 0.$$

2°) C を定数として，$f(t) = g(t) + C$ のとき
$$\dot{f}(t) = \dot{g}(t).$$

3°) C を定数として，$f(t) = Cg(t)$ のとき
$$\dot{f}(t) = C\dot{g}(t).$$

4°) $f(t) = g(t) + h(t)$ のとき
$$\dot{f}(t) = \dot{g}(t) + \dot{h}(t).$$

大切なのはこの 1°と 2°の逆であり，それを言うためには，以下の定理が必要になる．

5°) **ロルの定理．**

関数 $f(t)$ が閉区間 $a \leqq t \leqq b$ で連続で，$a < t < b$ で微分可能とする．$f(a) = f(b)$ なら $\dot{f}(c) = 0$ となる c が a と b の間に存在する．

証明 $f(t)$ が一定なら自明．$f(t)$ が一定でない場合を考える．そのとき $f(t) > f(a)$ ないし $f(t) < f(a)$ となる点がかならずある．$f(t) > f(a)$ のケースだけ考えればよいであろう ($f(t) < f(a)$ なら，関数として $-f(t)$ を考えればよい)．

すでに述べたように，閉区間で連続な関数は，その区間のどこかでかならず最大値と最小値をとることが

わかっている (p.14). $t = c$ で $f(t)$ が最大とすれば，いまの場合，$f(c) > f(a)$ ゆえ，$a < c < b$ であり，仮定よりその点で微分可能. ところで $t = c$ で $f(t)$ が最大ゆえ，当然，すべての t にたいして $f(c) \geqq f(t)$，それゆえ，もちろん十分小さい Δt にたいしても

$$\Delta t > 0 \quad \text{なら} \quad \frac{1}{\Delta t}\{f(c+\Delta t) - f(c)\} \leqq 0,$$

$$\Delta t < 0 \quad \text{なら} \quad \frac{1}{\Delta t}\{f(c+\Delta t) - f(c)\} \geqq 0.$$

しかし，$f(t)$ は微分可能と仮定しているので，Δt を正の値から 0 に近づけても負の値から 0 に近づけても $\{f(c+\Delta t) - f(c)\}/\Delta t$ は おなじ値に収束しなければならない．したがって

$$\dot{f}(c) = \lim_{\Delta t \to 0} \frac{f(c+\Delta t) - f(c)}{\Delta t} = 0.$$

物理学的に考えれば，同一地点に戻ってくるならば，つまり $x(b) = x(a)$ であれば，途中にもっとも遠くに離れてそこで引き返す点がかならずあり，その前後で速度の向きが変わるから，その点で速度 $v(t) = \dot{x}(t)$ が 0 となるという，ほぼ自明のことを言っている．

6°) 平均値の定理.
関数 $f(t)$ が閉区間 $[a, b]$ で連続で，$a < t < b$ で微分可能とする．a と b のあいだのどこかに

$$\dot{f}(c) = \frac{f(b) - f(a)}{b - a}$$

となる c が存在する．

証明 関数

$$g(t) = f(t) - \frac{f(b) - f(a)}{b - a}(t - a)$$

を導入する．$g(b) = g(a) = f(a)$ であり，この関数に

ロルの定理を適用すればよい．

$\{f(b) - f(a)\}/(b-a)$ は a と b の間の平均変化率であり，この定理は $f(t)$ の変化率が平均変化率に等しくなる点がかならず存在することを言っている．先の 100 メートル走の例では，平均速度より速いときも遅いときもあるだろうけれども，途中に平均速度に等しくなる瞬間がかならずあるということである．

7°) 導関数が恒等的に 0 (すべての t にたいして $\dot{f}(t) = 0$) であれば，その関数は定値関数 (すべての t にたいして $f(t) = C$．(これは 1°の逆である．)

証明 平均値の定理を書き直せば，a と b の間に
$$f(b) = f(a) + \dot{f}(c)(b-a)$$
となる c がある．この式で，0 と 1 の間にある η を使って $c = a + \eta(b-a)$ と表し，さらには b を t と書き直して変数と見なせば
$$f(t) = f(a) + \dot{f}(a + \eta(t-a))(t-a). \quad (2.2)$$
したがって，導関数 $\dot{f}(t)$ が恒等的に 0 であれば $f(t) = f(a)$． □

なお，この節では微分法から議論をしているから，こういう筋道になったが，前章の議論にもとづけば
$$f(t) = f(a) + \int_a^t \dot{f}(s)ds$$
ゆえ，区間 $a \leqq t \leqq b$ で $\dot{f}(t) = 0$ なら $f(t) = f(a)$ と考えてもよい．

8°) $\dot{f}(t) = \dot{g}(t)$ なら $f(t) = g(t) + C$．(2°の逆で，関数 $f(t) - g(t)$ に 7°を適用すればよい．)

2.1.2 導関数と関数の増減

関数 $f(t)$ が定義域内の $a < b$ なる任意の a と b について $f(a) < f(b)$ のとき，その関数は**単調増加**，$f(a) > f(b)$ のとき**単調減少**と言われる．

関数 $f(t)$ は必要なだけ微分可能な関数とする．導関数の定義より，関数 $f(t)$ は $t = c$ で $\dot{f}(c) > 0$ なら $t = c$ の近くで増加，$t = c$ で $\dot{f}(c) < 0$ なら $t = c$ の近くで減少．

したがって，$f(t)$ が定義された区間のすべての点で $\dot{f}(t) > 0$ なら単調増加，$\dot{f}(t) < 0$ なら単調減少である．実際，$\dot{f}(t) > 0$ であれば，平均値の定理より，$t' > t$ にたいして

$$f(t') - f(t) = \dot{f}(t + \eta(t' - t))(t' - t) > 0.$$

単調減少についても同様に示すことができる．

ただし，$f(t)$ が単調増加だからといって区間全域で $\dot{f}(t) > 0$ とは言えない．実際 $f(t) = At^3 (A > 0)$ は単調増加関数であるが，$t = 0$ で $\dot{f}(t) = 0$ である [*]．

[*] 例 1.1 (p.10) より
$$f(t) = At^3$$
にたいして
$$\dot{f}(t) = 3At^2.$$

さて，関数 $f(t)$ が $t = c$ で**極大**とは，$t = c$ の十分近くで $f(c)$ だけが最大，つまり十分小さい δ をとれば，$0 < |t - c| < \delta$ にたいして $f(c) > f(t)$ であることを言う．同様に，関数 $f(t)$ が $t = c$ で**極小**とは，$t = c$ の十分近くで $f(c)$ だけが最小，つまり十分小さい δ をとれば，$0 < |t - c| < \delta$ にたいして $f(c) < f(t)$ であることを言う．このとき $t = c$ で $\dot{f}(t) = 0$.

証明は，ロルの定理の証明の過程で最大値ないし最小値にたいして $\dot{f}(t) = 0$ であることを示したのと同様にすればよい．

しかし，$\dot{f}(t) = 0$ だからといって，極大ないし極小になるとはかぎらない．実際，先に見た例 $f(t) = At^3$ では，$t = 0$ で $\dot{f}(t) = 0$ であるが $t = 0$ は極大でも

極小でもない．

そこで $\dot{f}(t) = 0$ となる点の近くでの $f(t)$ の振る舞いを調べることにしよう．

関数の定義域内の任意の 2 点 $t = a$ と $t = b$ にたいして

$$f(b) - \{f(a) + \dot{f}(a)(b-a)\} = (b-a)^2 \Gamma,$$
$$F(t) = f(t) + \dot{f}(t)(b-t) + (b-t)^2 \Gamma$$

と置く．$F(a) = F(b) = f(b)$ ゆえ，ロルの定理より $\dot{F}(t) = 0$ となる点が a, b の中間の点 $t = a + \eta(b-a)$ $(0 < \eta < 1)$ にある．ここに

$$\dot{F}(t) = \dot{f}(t) + \{\ddot{f}(t)(b-t) - \dot{f}(t)\} - 2(b-t)\Gamma$$
$$= \ddot{f}(t)(b-t) - 2(b-t)\Gamma$$

ゆえ

$$\dot{F}(a + \eta(b-a)) = \{\ddot{f}(a + \eta(b-a)) - 2\Gamma\}(b-a)(1-\eta) = 0$$
$$\therefore \quad \Gamma = \frac{1}{2}\ddot{f}(a + \eta(b-a)).$$

したがって，はじめの式で b を t と書き直して

$$f(t) - \{f(a) + \dot{f}(a)(t-a)\}$$
$$= \frac{1}{2}\ddot{f}(a + \eta(t-a))(t-a)^2. \qquad (2.3)$$

直線 $g(t) = f(a) + \dot{f}(a)(t-a)$ は点 $t = a$ での $f(t)$ の接線を表す．したがって，(2.3) 式は関数 $f(t)$ のグラフを描いたとき，$t = a$ の近くにおけるグラフ $f(t)$ と $t = a$ での接線 $g(t)$ の接点近くの点の上下関係が $\ddot{f}(a)$ の符号から読み取れることを示している．

つまり $\ddot{f}(t)$ が微分可能で連続であるから，t が a に十分近ければ $\ddot{f}(a)$ と $\ddot{f}(a + \eta(t-a))$ が同符号としてよく，$\ddot{f}(a) > 0$ ならグラフが接線の上にくるのでグラフは下に凸，$\ddot{f}(a) < 0$ ならグラフが接線の下に

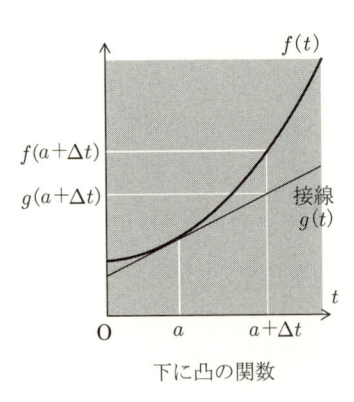

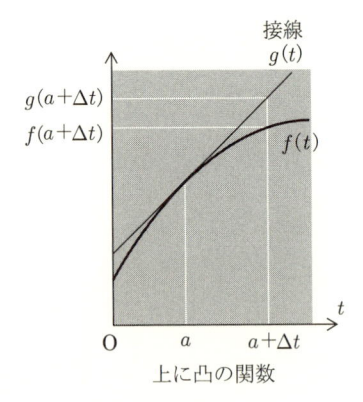

図 2.1 (下に凸の関数 / 上に凸の関数)

くるのでグラフは上に凸である (図 2.1).

ここで，とくに $\dot{f}(t) = 0$ となる点 (接線 $g(t)$ が t 軸に平行になる点) を $t = c$ として，(2.3) で $a = c, t = c + \Delta t$ と置くと

$$f(c + \Delta t) = f(c) + \frac{1}{2}\ddot{f}(c + \eta\Delta t)(\Delta t)^2.$$

ここでも十分小さい Δt にたいして $\ddot{f}(c)$ と $\ddot{f}(c+\eta\Delta t)$ が同符号としてよく，これより

$\ddot{f}(c) < 0$ であれば

$$f(c + \Delta t) - f(c) = \frac{1}{2}\ddot{f}(c + \eta\Delta t)(\Delta t)^2$$
$$< 0; \quad t = c \text{ は極大},$$

$\ddot{f}(c) > 0$ であれば

$$f(c + \Delta t) - f(c) = \frac{1}{2}\ddot{f}(c + \eta\Delta t)(\Delta t)^2$$
$$> 0; \quad t = c \text{ は極小}.$$

以上の結果は，図 2.2 より明らかであろう．

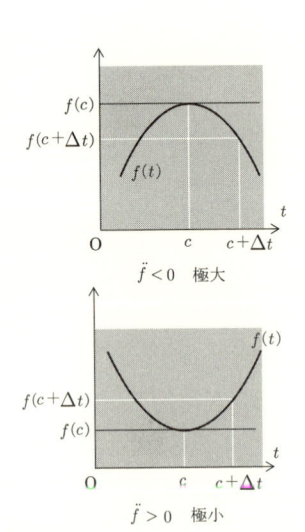

図 2.2

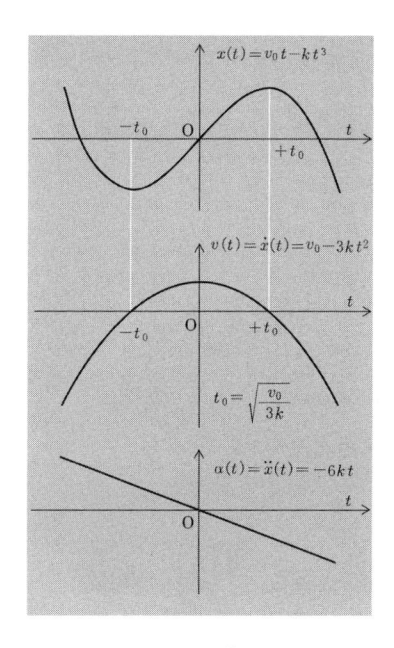

図 2.3　$x(t) = v_0 t - kt^3 \quad (v_0 > 0, k > 0)$

具体例で説明しよう．

図 2.3 で，$t < 0$ では $\alpha = \ddot{x} > 0$ で，当初 $v < 0$ で負方向に進んでいた物体の速度が加速され (負方向の速さが減少し)，$t = -t_0 = -\sqrt{v_0/3k}$ で $v = 0$ となりその後，$v > 0$ となって正方向に運動を転ずる．したがって $t = -t_0$ では物体はその前後でもっとも負方向に寄り，x は極小．$t > 0$ で $\alpha = \ddot{x} < 0$ となり，減速に転じる．しかし $t = t_0$ までは $v > 0$ で物体は正方向に移動しつづけ，$t = t_0$ を超えて $v < 0$ になり，負方向への運動に転じる．したがって $t = t_0$ で物体はその前後でもっとも正方向に寄り，x は極大．

2.1.3　微分法の諸公式

つぎに後に必要となる微分法の公式を，導関数の定義よりいくつか導いておこう．

以下で $f(t), g(t), x(t)$ は微分可能な関数とする．

1°) 関数の積 $f(t)g(t)$ の導関数：

$$\frac{d}{dt}(f(t)g(t))$$
$$= \lim_{\Delta t \to 0} \frac{f(t+\Delta t)g(t+\Delta t) - f(t)g(t)}{\Delta t}$$
$$= \lim_{\Delta t \to 0} \frac{\{f(t+\Delta t) - f(t)\}g(t+\Delta t) + f(t)\{g(t+\Delta t) - g(t)\}}{\Delta t}$$
$$= \lim_{\Delta t \to 0} \left\{ \frac{f(t+\Delta t) - f(t)}{\Delta t} g(t+\Delta t) + f(t) \frac{g(t+\Delta t) - g(t)}{\Delta t} \right\}$$
$$= \frac{df(t)}{dt} g(t) + f(t) \frac{dg(t)}{dt}. \tag{2.4}$$

2°) 関数の逆数 $1/g(t)$ の導関数：

$$\frac{d}{dt}\left(\frac{1}{g(t)}\right) = \lim_{\Delta t \to 0} \frac{1}{\Delta t} \left\{ \frac{1}{g(t+\Delta t)} - \frac{1}{g(t)} \right\}$$
$$= \lim_{\Delta t \to 0} \left\{ \frac{-1}{g(t+\Delta t)g(t)} \times \frac{g(t+\Delta t) - g(t)}{\Delta t} \right\}$$
$$= -\frac{1}{g(t)^2} \frac{dg(t)}{dt}. \tag{2.5}$$

または $g(t) \cdot 1/g(t) = 1$ の両辺を微分すればよい．右辺は 0．左辺に 1°の規則を使う：

$$\frac{dg(t)}{dt} \frac{1}{g(t)} + g(t) \frac{d}{dt}\left(\frac{1}{g(t)}\right) = 0$$
$$\therefore \quad \frac{d}{dt}\left(\frac{1}{g(t)}\right) = -\frac{1}{g(t)^2} \frac{dg(t)}{dt}.$$

3°) 関数の商 $f(t)/g(t)$ の導関数：

$f(t)$ と $1/g(t)$ の積の関数と見れば，2°が適用できる．結果だけ書いておこう：

$$\frac{d}{dt}\left(\frac{f(t)}{g(t)}\right) = \frac{\dot{f}(t)g(t) - f(t)\dot{g}(t)}{g(t)^2}. \tag{2.6}$$

4°) 合成関数 (関数の関数) $F(t) = f(x(t))$ の導関数 *)：

*) 数学書では $f(x(t))$ を $f \circ x(t)$ と記すことも多い.

関数 $x(t)$ は連続ゆえ, $x(t+\Delta t) = x(t) + \Delta x$ とすると, $\Delta t \to 0$ で $\Delta x \to 0$.

この計算を機械的にやるとつぎのようになる：

$$\begin{aligned}\frac{dF(t)}{dt} &= \lim_{\Delta t \to 0} \frac{f(x(t+\Delta t)) - f(x(t))}{\Delta t} \\ &= \lim_{\Delta x \to 0} \frac{f(x+\Delta x) - f(x)}{\Delta x} \times \lim_{\Delta t \to 0} \frac{x(t+\Delta t) - x(t)}{\Delta t} \\ &= \frac{df(x)}{dx} \times \frac{dx(t)}{dt}.\end{aligned}$$

しかしこのやりかたは若干問題がある. Δt は 0 でない値から 0 に近づけるから, 分母にあってもよいが, $x(t+\Delta t) - x(t) = \Delta x$ は Δt の変化に応じて変化する量であり, それが途中で 0 となる可能性があり, そのときには $\{f(x+\Delta x) - f(x)\}/\Delta x$ は定義できなくなるからである.

しかし $f(x)$ は微分可能ゆえ,

$$f(x+\Delta x) - f(x) = \frac{df(x)}{dx}\Delta x + r(x, \Delta x)$$

と書くことができ, ここに $r(x, \Delta x)$ は高位の微小量で, $\Delta x \to 0$ で 0 となる量 $O(\Delta x)$ をもちいて $r(x, \Delta x) = O(\Delta x)\Delta x$ と表される ((1.7) 式参照). したがって

$$\begin{aligned}\frac{dF(t)}{dt} &= \lim_{\Delta x \to 0}\left(\frac{df(x)}{dx} + O(\Delta x)\right) \times \lim_{\Delta t \to 0}\frac{x(t+\Delta t) - x(t)}{\Delta t} \\ &= \frac{df(x)}{dx} \times \frac{dx(t)}{dt}.\end{aligned} \qquad (2.7)$$

これは, 数学的には「合成関数の微分係数」ということになるが, 物理的に考えるとわかりやすい. たとえば $f(x)$ が x 軸上の位置 x での温度とする. $x(t)$ が x 軸にそって運動している人物の時刻 t での位置だとすれば, 上式は速度 $v(t) = \dot{x}(t)$ で運動しているその

人物が観測する温度の時間変化率を表している．

なお，g が y の関数で，y が x の関数，そして x が t の関数，つまり $g = g(y)$, $y = y(x)$, $x = x(t)$ とする．t の関数 $G(t) \equiv g(y(x(t)))$ の導関数は，上と同様にして

$$\frac{dG(t)}{dt} = \frac{dg}{dy} \times \frac{dy}{dx} \times \frac{dx}{dt}. \tag{2.8}$$

これを見ると，dy/dx のような量をあたかも dy と dx の分数であるかのように扱ってよいことがわかる．ライプニッツの表記法の便利さである．

2.2 冪関数・指数関数・対数関数・三角関数

ここでは，力学で必要となる冪関数[*]，指数関数，対数関数，三角関数について，その導関数を求めよう．以下，とくにことわりのないかぎり定義域は実数全体とする．

1°) **冪関数**　$f(t) = At^p$. ただし，p は有理数とする．

冪指数 p が正整数 (自然数) n の場合の冪関数では，すでに例 1.1 (p.10) で導関数が得られている．すなわち $\dot{f}(t) = nAt^{n-1} = pAt^{p-1}$.

p が正の有理数であるが整数でない場合，すなわち，n, m を正整数として $p = n/m$ の場合．$\{f(t)\}^m = A^m t^n$ の両辺を微分する：

$$\text{左辺} = \frac{d\{f(t)\}^m}{dt}$$
$$= \frac{df^m}{df} \times \frac{df(t)}{dt} = m\{f(t)\}^{m-1} \times \frac{df(t)}{dt}$$
$$\text{右辺} = \frac{d(A^m t^n)}{dt} = nA^m t^{n-1}.$$

---

[*] 「冪」は「巾」とも書き「べき」と読む．英語では power．「累乗」とも訳されている．$a^n = \underbrace{a \times a \times \cdots \times a}_{n \text{ 個}}$ のように同じ数または文字を何回か掛け合せた積を指す．

p が有理数で $p = n/m$ のときは $a^p = \sqrt[m]{a^n}$ を指す．「冪関数」は power function の訳で，「累乗関数」とも訳される．また a^n と書いたときの n は exponent と言われ「冪指数」と訳される．

これより

$$\frac{df}{dt} = \frac{nA^m t^{n-1}}{m\{f(t)\}^{m-1}} = \frac{n}{m} A t^{\frac{n}{m}-1} = pAt^{p-1}.$$

冪指数 p が負の有理数の場合．$p = -q$ とおくと，$f(t) = A/t^q$．これにたいして，関数の逆数の導関数の公式 (2.5) を使うと

$$\frac{df(t)}{dt} = -\frac{A}{t^{2q}} \frac{d(t^q)}{dt} = -\frac{A(qt^{q-1})}{t^{2q}}$$
$$= -qAt^{-q-1} = pAt^{p-1}.$$

したがって，導関数はいずれの場合も

$$\frac{d}{dt}(At^p) = pAt^{p-1}. \tag{2.9}$$

2°）**指数関数** $f(t) = a^t$．ただし $a > 0$．

ここで，ちょっと場違いの感もあるが，必要なので物理量のもつ「次元 (dimension)」について触れておこう．

ここで言う「次元」は，「3 次元空間」とか「1 次元の運動」という場合の「次元」ではない．

力学に現れる量は，すべて「長さ」を表すか「時間」を表すか「質量」を表すか，あるいはそれらの組み合わさった量である．そのことを，力学量は「長さの次元」「時間の次元」「質量の次元」ないしは「それらの組み合わせの次元」をもつと言う．

たとえば位置座標は原点から軸上の点までの距離ゆえ「長さの次元」をもつ．面積は長さを掛け合わせたものゆえ「長さの 2 乗の次元」をもち，同様に体積は「長さの 3 乗の次元」をもつ．速度は通過距離を通過時間で割った量であるから「(長さ) ÷ (時間) の次元」ないし「(長さ) × (時間)$^{-1}$ の次元」をもつ．密度は質

量を体積すなわち長さの 3 乗で割ったものであるから「(質量)×(長さ)$^{-3}$ の次元」をもつ．時刻 t での速度が $v = \alpha t$ と表されるならば，α は「(速度)÷(時間) の次元」つまり「(長さ)×(時間)$^{-2}$ の次元」をもつ．

したがって，物理学で質量を m，長さを L，時間を t と書いたときには，それはただの数ではなく次元をもつ量を表している．そのさい次元をもつ量の値は単位系が異なれば異なる．しかしもちろん，異なる単位系をもちいても，表している事実は変わらない．

たとえば $L = 2.00$ メートル と言っても $L = 200$ センチメートル と言っても同じことを意味している．同様に $t = 1.5$ 時間 と $t = 90$ 分 も同じ意味である (なかには $m = 3.0$, $m[\text{kg}] = 3.0[\text{kg}]$ のような書き方をしている書物もないわけではないが，好ましくない)．ただし，同じ次元の量の比だけは無次元量になり，その値は単位系によらない [*]．

そして 2 メートルと 3 平方メートルを足せないし，3 メートルと 5 キログラムの大小を問うのが無意味なように，次元の異なる量を等値したり足し合わせたり，その大小を比べたりすることはできない．

ところで，物理学では指数関数で表される法則がいくつも存在する．たとえば不安定な放射性原子核の個数の時間的減少や大気密度の高度変化などがそうである．それらは通常，t を時間変数，y を高度，C, T, H, a を定数として，$Ca^{-t/T}$ ないし $Ca^{-y/H}$ のような形で表される．ここに，C は問題とする量と同じ次元をもつ定数．しかし，a 自身，および冪指数 t/T や y/H は無次元の量でなければならない．というのも，もしも a が次元をもっていれば，この式の次元が定まらないし，また，冪指数自身が次元をもっていれば，単位系の取り方で自然の振る舞いが大きく変わるという不条理なことになるからである．したがって，この場

[*] 現在，力学で広く使われている単位は
　長さ：メートル (m)
　質量：キログラム (kg)
　時間：秒 (セコンド)(s)
とするもので，これを MKS 単位系と言う．すべての力学量の単位はこの組合せで表される．

合では，T は時間の次元をもつ定数，H は長さの次元をもつ定数でなければならない．同様に，たとえば年利 r の複利計算で預けた場合の元金 C の増加は，t を時間変数，T を値が 1 年の定数 ($T = 1\,\mathrm{year}$) として $C(1+r)^{t/T}$ と表されるのであり，$C(1+r)^t$ ではない．一般的に言うならば，時間や長さの次元を持つ t や y のような量が a^t や a^y のような形で現れることはありえないのである．

しかし本節で指数関数と対数関数を議論するにあたっては，数式を単純にして見やすくするために，a^t のような単純な関数を扱う．したがって，この場合の変数 t は無次元量でなければならない．つまりこれがなにかの時間変化を表す関数だとすると，この変数 t は，実はもとの時間変数 t を時間次元の定数 T で割った t/T のような無次元量を表していると理解してもらいたい．

さて本題である関数 $f(t) = a^t$ の導関数を導く前に，指数関数の基本的な性質と対数の定義を簡単におさらいしておこう．といっても，数学的に厳密に言うならば，t が有理数だけではなく無理数もふくむ実数全体の値をとるときに指数関数 $f(t) = a^t$ が定義され，それが連続関数になるということ自体が，本来，証明の必要とされることであるが，ここではそのようなベーシックな問題にまでは立ち戻らない [*]．

*) 高木貞治『解析概論』Ch.1.10, p.25；小林昭七『微分積分読本』Ch.2.4 等参照．

ここではただ $f(t) = a^t$ にたいしては，その定義域が $[-\infty, +\infty]$ で，$a \neq 0$ であるかぎり，a の値によらず $f(0) = 1$ と定義され，**指数法則**

$$f(s+t) = f(s)f(t) \quad \text{i.e.} \quad a^{s+t} = a^s \times a^t, \quad (2.10)^{\#}$$

$$\{f(t)\}^s = f(ts) \quad \text{i.e.} \quad (a^t)^s = a^{ts} \quad (2.11)$$

#) i.e. は「すなわち」の意味．ラテン語の id est (英語の that is) の略．

が成り立つことだけを確認しておこう．そして $a > 1$

であるかぎり $f(t) = a^t$ は単調増加関数で，図 2.4 のようになる．図には a が 2 の場合と 3 の場合を描いておいた．

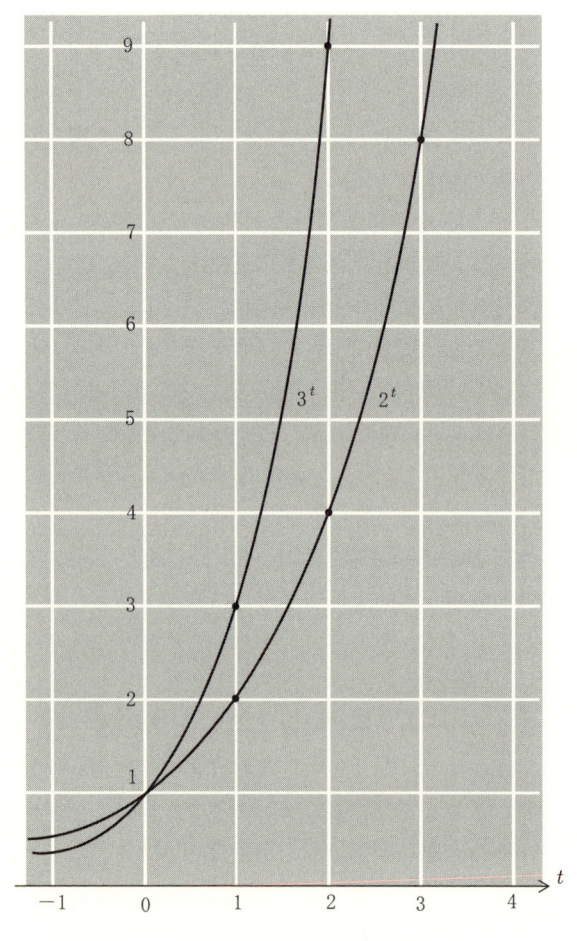

図 2.4　指数関数 $f(t) = 2^t$ と $f(t) = 3^t$

これよりわかるように，あたえられた任意の正の値 p にたいして $a^t = p$ となる t が一意的に定まる．その t の値を $\log_a p$ と書き，これを a を底（「テイ」と読む）とする p の**対数**と言う．$a^t = p$ と $t = \log_a p$

はおなじことを表している．対数のこの定義より，つぎの関係が得られる $(a>1,\ b>1)$：

$$a^0 = 1, \quad a^1 = a$$

$$\therefore \quad \log_a 1 = 0, \quad \log_a a = 1. \quad (2.12)$$

また，指数法則

$$a^t = p, \quad a^s = q \quad \text{のとき} \quad pq = a^t \times a^s = a^{t+s}$$

より，対応する関係として**対数法則**が導かれる：

$$\therefore \quad \log_a(pq) = t + s = \log_a p + \log_a q. \quad (2.13)$$

また，$p = a^t, a = b^r$ であれば $p = (b^r)^t = b^{rt}$，かつ $t = \log_a p,\ r = \log_b a,\ rt = \log_b p$．これより底の変換公式

$$\therefore \quad \log_b p = \log_b a \times \log_a p$$

とくに $\quad \log_b a \times \log_a b = 1. \quad (2.14)$

さて，これだけの前置きをして指数関数 a^t の導関数を求めよう．

この関数 $f(t) = a^t$ の t と $t + \Delta t$ 間の平均変化率は

$$\frac{f(t+\Delta t) - f(t)}{\Delta t} = \frac{a^{t+\Delta t} - a^t}{\Delta t} = a^t \times \frac{a^{\Delta t} - 1}{\Delta t}$$

$$= f(t) \times \frac{a^{\Delta t} - 1}{\Delta t},$$

したがって導関数は

$$\dot{f}(t) = f(t) \times \lim_{\Delta t \to 0} \frac{a^{\Delta t} - 1}{\Delta t}. \quad (2.15)$$

この式に出てくる $(a^{\Delta t} - 1)/\Delta t$ という量は，$\Delta t \to 0$ の極限で，分母も分子も 0 に収束する量であり，極限が存在するのかと懸念されるかもしれない．しかし

よく見れば

$$\lim_{\Delta t \to 0} \frac{a^{\Delta t} - 1}{\Delta t} = \lim_{\Delta t \to 0} \frac{f(\Delta t) - f(0)}{\Delta t} = \dot{f}(0) \equiv \Lambda(a)$$

であり，これはもとのグラフ $f(t) = a^t$ の $t = 0$ での接線の傾きを表している [*]．そして図 2.4 より，それぞれの a ごとに決まった値をとることがわかる（上の式で $\dot{f}(0)$ を $\Lambda(a)$ と書いたのは，そのことを明示するためである）．実際，a が 2 の場合と 3 の場合で計算してみると，下の表のようにたしかに収束している．またこの表からわかるように，$\dot{f}(0) = \Lambda(a)$ は a とともに増加し，a が 2.7 と 2.8 のあいだのある値，表の値から線形近似で求めると

$$2.7 + \frac{1.000000 - 0.993251}{1.029619 - 0.993251} \times 0.1 = 2.718....$$

のとき 1 になると予測される．

[*] このこと自体，つまり指数関数に接線を引くことができる，言い換えれば指数関数が微分可能なことは，本来証明を要することである．うまい証明は志賀浩二『解析入門 30 講』p.174f. にあり．

Δt	$(2^{\Delta t} - 1)/\Delta t$	$(3^{\Delta t} - 1)/\Delta t$	a	$(a^{0.00000001} - 1)/0.00000001$
1.00000000	1.0000000..	2.0000000..	2.1	0.741937
0.10000000	0.7177346..	1.1612317..	2.2	0.788457
0.01000000	0.6955550..	1.1046691..	2.3	0.832909
0.00100000	0.6933874..	1.0992159..	2.4	0.875468
0.00010000	0.6931712..	1.0986726..	2.5	0.916290
0.00001000	0.6931495..	1.0986183..	2.6	0.955511
0.00000100	0.6931474..	1.0986129..	2.7	0.993251
0.00000010	0.6931472..	1.0986123..	2.8	1.029619
0.00000001	0.693147...	1.098612...	2.9	1.064710

この極限値 $\Lambda(a)$ がたしかに存在することの証明は，たとえばつぎのようになされる．

$\Delta t = h > 0$ のとき，$a^{\Delta t} - 1 = a^h - 1 = 1/z$ とすると，$h = \log_a(1 + 1/z)$．$a > 1$ であれば $z > 0$ で，$\Delta t = h \to 0$ の極限で $z \to \infty$．それゆえ，

$$\dot{f}(0) = \Lambda(a) = \lim_{z \to \infty} \frac{1/z}{\log_a(1+1/z)}$$
$$= \lim_{z \to \infty} \frac{1}{\log_a(1+1/z)^z}. \quad (2.16)$$

$a > 1$ で $\Delta t = -h < 0$ のときは，$a^{\Delta t} - 1 < 0$ であるが，

$$\frac{a^{\Delta t} - 1}{\Delta t} = \frac{a^{-h} - 1}{-h} = \frac{1}{a^h} \frac{a^h - 1}{h}$$

であり，$h \to 0$ で $a^h \to 1$ であるから，あとは同様にすればよい．

(2.16) の極限を求めるために，つぎの数列を考える：

$$e_n = \left(1 + \frac{1}{n}\right)^n$$
$$= 1 + \frac{n}{1!}\frac{1}{n} + \frac{n(n-1)}{2!}\left(\frac{1}{n}\right)^2$$
$$+ \frac{n(n-1)(n-2)}{3!}\left(\frac{1}{n}\right)^3 + \cdots + \left(\frac{1}{n}\right)^n$$
$$= 1 + 1 + \frac{1}{2!}\left(1 - \frac{1}{n}\right) + \frac{1}{3!}\left(1 - \frac{1}{n}\right)\left(1 - \frac{2}{n}\right)$$
$$+ \cdots + \frac{1}{n!}\left(1 - \frac{1}{n}\right)\cdots\left(1 - \frac{n-1}{n}\right).$$

$e_1 = \left(\frac{2}{1}\right)^1 = 2$
$e_2 = \left(\frac{3}{2}\right)^2 = 2.25$
$e_3 = \left(\frac{4}{3}\right)^3 = 2.370\cdots$
$e_4 = \left(\frac{5}{4}\right)^4 = 2.441\cdots$
$e_5 = \left(\frac{6}{5}\right)^5 = 2.488\cdots$
$\vdots$
$e_{10} = 2.593\cdots$
$e_{100} = 2.704\cdots$
$e_{1000} = 2.716\cdots$
$e_{10000} = 2.718\cdots$

各項は正であり，ここで $n \to n+1$ とすれば，各項は増加し，しかも項の数も増えるから，$e_{n+1} > e_n$．すなわち数列 $\{e_n\}$ は単調増加 (増える一方) である．しかも

$$e_n < 1 + 1 + \frac{1}{2!} + \frac{1}{3!} + \cdots + \frac{1}{n!}$$
$$< 1 + 1 + \frac{1}{2} + \frac{1}{2^2} + \cdots + \frac{1}{2^{n-1}} < 3.$$

このような数列を上に有界と言う．そして上に有界な単調増加数列は極限値を有することがわかっている [*]．それゆえ数列 e_n は極限値を有しているので，その極

[*] このことは実数の連続性を表しているのであり，証明はたとえば高木貞治『解析概論 (改訂第 3 版)』Ch.1.4, 定理 6；小林昭七『微分積分読本』Ch.1.6, 定理 3；遠山啓『微分と積分』Ch.3.3, 定理 1 等参照．

限値を $\lim_{n\to\infty} e_n = e$ と書く.

$a > 1$ で z が正の実数の場合, z を越えない最大の整数を $[z]$ と記すと, $[z] \leq z < [z]+1$ ゆえ

$$\left(1+\frac{1}{[z]+1}\right)^{[z]} < \left(1+\frac{1}{z}\right)^z < \left(1+\frac{1}{[z]}\right)^{[z]+1}.$$

ところが, $z \to \infty$ の極限で $[z] \to \infty$,

$$\lim_{z\to\infty}\left(1+\frac{1}{[z]}\right)^{[z]+1} = \lim_{z\to\infty}\left(1+\frac{1}{[z]}\right)^{[z]} \times \lim_{z\to\infty}\left(1+\frac{1}{[z]}\right) = e,$$

$$\lim_{z\to\infty}\left(1+\frac{1}{[z]+1}\right)^{[z]} = \lim_{z\to\infty}\left(1+\frac{1}{[z]+1}\right)^{[z]+1} \div \lim_{z\to\infty}\left(1+\frac{1}{[z]+1}\right) = e.$$

したがって, やはり $\lim_{z\to\infty}(1+1/z)^z = e$. その値は

$$e = \lim_{z\to\infty}\left(1+\frac{1}{z}\right)^z = 2.7182818284590\cdots. \quad (2.17)^{*)}$$

*) e はネピア数と言われている.

「鮒一鉢二鉢 (フナヒトハチフタハチ)」というような覚え方がある.

したがって,

$$\Lambda(a) = \lim_{h\to 0}\frac{a^h-1}{h} = \frac{1}{\log_a e} = \log_e a. \quad (2.18)$$

$a < 1\,(z < 0)$ の場合は, $a = 1/b$ とおけば $b > 1$ で

$$\Lambda(a) = \lim_{h\to 0}\frac{a^h-1}{h} = \lim_{h\to 0}\frac{1-b^h}{b^h h}$$

$$= -\log_e b = \log_e a.$$

なお, このことは $\lim_{z\to-\infty}\left(1+\frac{1}{z}\right)^z = e$ を意味している. 直接的には $z+1 = -x$ と置いて

$$\lim_{z\to-\infty}\left(1+\frac{1}{z}\right)^z = \lim_{x\to\infty}\left(\frac{-x}{-x-1}\right)^{-x-1}$$

$$= \lim_{x\to\infty}\left(1+\frac{1}{x}\right)^x \times \left(1+\frac{1}{x}\right)$$

$$= e.$$

もちろん $a = 1$ であれば $\Lambda(a) = 0 = \log_e 1$ で，結局，正の数 a にたいして (2.18) がつねに成り立つ．

そこで，とくに a をこの e に等しくとると，$\dot{f}(0) = \Lambda(e) = 1$ となる．すなわち**指数関数の導関数**は

$$f(t) = e^t \quad \text{のとき} \quad \dot{f}(t) = f(t). \tag{2.19}$$

$$f(t) = a^t = e^{(\log_e a)t} \quad \text{のとき} \quad \dot{f}(t) = (\log_e a) f(t). \tag{2.19}'$$

このように，底を e にとった対数を**自然対数**と言う．

通常，自然対数では底 e を明記しないので，以下 $\log_e t$ を $\log t$ のように記す*)．またとくに a を e としたときの指数関数 e^y は $\exp y$ のようにも記される．

*) 自然対数を 'log natural' という意味で $\ln a$ のように書く書物もある．

なお以上より，y の正負によらず

$$\lim_{n \to \infty} \left(1 + \frac{y}{n}\right)^n = \lim_{n \to \infty} \left\{\left(1 + \frac{y}{n}\right)^{\frac{n}{y}}\right\}^y$$
$$= \lim_{z \to \pm\infty} \left\{\left(1 + \frac{1}{z}\right)^z\right\}^y = e^y. \tag{2.20}$$

物理学にしばしば出てくる $f(t) = A\exp(\gamma t)$ のような関数の導関数は，$(2.19)'$ 式で $\log_e a$ を γ で置き換えて，$\dot{f}(t) = \gamma A \exp(\gamma t)$ と考えてもよいし，あるいは $s = \gamma t$ とおいて，s を t の関数とみなし，合成関数の導関数の公式をもちいて

$$\frac{d}{dt} A \exp(\gamma t) = \frac{dA\exp(s)}{ds} \frac{ds}{dt}$$
$$= \gamma A \exp(\gamma t) \tag{2.21}$$

としてもよい．

指数関数は，微分しても形を変えないから，何回でも微分可能である．

3°) **対数関数** $f(t) = \log t$, ただし $t > 0$.

上に見たように関数 $f(t) = \exp t$ は単調増加関数であり，すべての t の値に正の値 $f(t)$ が対応し，t が異なれば対応する値 $f(t)$ も異なる．したがって逆に，$f(t) > 0$ のひとつの値にたいして，対応する t の値がひとつあり，その対応を対数関数と言う．すなわち $f(t) = \exp t$ を $t = \log f(t)$ と書き，ここで t を関数 $f(t)$ に，$f(t)$ を変数 t にとりかえたもの，

$$f(t) = \log t \quad \text{ただし} \quad t > 0 \tag{2.22}$$

を「対数関数」と言う．$f(t) = \log t$ をグラフで表すと，原点をとおる傾き 1 の直線 $(f(t) = t)$ にかんして $f(t) = \exp t$ のグラフを折り返したものとなり（図 2.5），それゆえ対数関数も単調増加関数である．

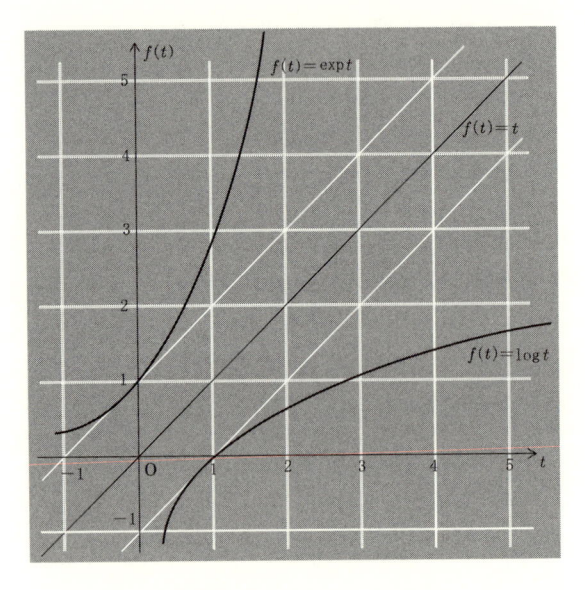

図 2.5　指数関数 $\exp t$ と対数関数 $\log t$

対数関数の導関数を求めるためには，$f(t) = \log t$ を $t = \exp f(t)$ と書き直して，この両辺を t で微分

するとよい．左辺は1となり，他方，右辺は

$$\frac{d\exp f(t)}{dt} = \frac{d\exp f}{df}\frac{df(t)}{dt}$$
$$= \exp f(t) \times \frac{df(t)}{dt} = t\frac{d\log t}{dt}.$$

したがって**対数関数の導関数**は

$$\frac{d}{dt}\log t = \frac{1}{t}. \qquad (2.23)^{*)}$$

*)
$$\frac{d}{dt}(\log_a t) = \frac{d}{dt}\left(\frac{\log t}{\log a}\right)$$
$$= \frac{1}{t\log a}.$$

4°) **三角関数** $\sin\phi, \cos\phi$.

図 2.6 のように平面上に直交座標軸をとり，その原点 O を中心とする半径 r の円を描き，その周上の点 P の座標を (x,y) とする．x 軸と OP のなす角度 (x 軸の正方向から反時計回りに計った角) を ϕ としたとき，$\cos\phi, \sin\phi$ は

$$\cos\phi = \frac{x}{r}, \quad \sin\phi = \frac{y}{r} \qquad (2.24)$$

で定義される．この $x/r, y/r$ のそれぞれを変数 ϕ の関数と見たとき，これらをまとめて三角関数，とくに $\sin\phi$ を正弦関数，$\cos\phi$ を余弦関数と言う$^{\#)}$．

三角関数の導関数を導くためには，

$$\lim_{h\to 0}\frac{\sin h}{h} = 1 \qquad (2.25)$$

の関係が必要になる．

ここに用いられている角度は弧度法での角度である．そのため，角度 (弧度法) の定義からはじめよう．

小学校の算数や中学校の数学では，円周にそって一回りした角度 (全平面角) を 360 等分した角度を 1°と定義している．しかし 360 等分というのは，おそらくは1年を360日と数え地球から見て太陽が1日あたり進む角度を 1°とするところからきたのであろうが，

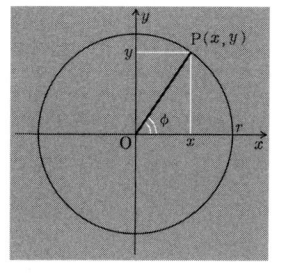

図 2.6

#)
$$\tan\phi \equiv \frac{\sin\phi}{\cos\phi},$$
$$\cot\phi \equiv \frac{\cos\phi}{\sin\phi}.$$

図と (2.24) より
$$\cos(-\phi) = \cos\phi,$$
$$\sin(-\phi) = -\sin\phi,$$
$$\cos\left(\frac{\pi}{2}-\phi\right) = \sin\phi,$$
$$\sin\left(\frac{\pi}{2}-\phi\right) = \cos\phi.$$

それは習慣的なものであり，論理的な必然性はない．

それにたいして弧度法では，円の二つの半径がなす角度はその二つの半径が切り取る円弧の長さのその半径にたいする比で定義される．そしてこのように定義した角度の単位を rad (ラジアン) と言っている．すなわち，1 rad とは半径とおなじ長さの円弧を切り取る二つの半径のなす角 (約 57°) である [*)]．

*) このように定義された角度は円弧 (長さ) と半径 (長さ) の比であるから，無次元量で，それゆえ rad とは本来「単位」ではなく，ただ単に「度 (°)」ではないということしか言っていない．したがってその値 (角度) を表すさいには 3.14 rad のような書き方をしなくて，単に 3.14 のように記してかまわない．

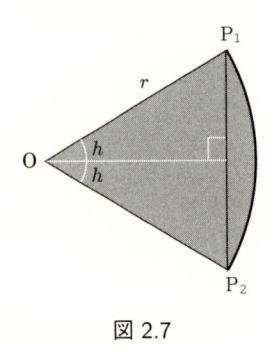

しかしこの単位が意味を持つためには，円弧の長さが定義されていなければならない．

そこで一般に曲線の長さを，その曲線上の点をつないだ弦の長さの和の，ひとつひとつの弦を小さくしていった極限として定義する．そのことは，弦が小さくなった極限で弧の長さは弦の長さに等しいということを意味しているから，上の関係 (2.25) はほとんど自明であるが，一応，円の場合にたしかめておこう．

円周を n 等分したときの，ひとつの弧 P_1P_2 を見る角度を $\Delta\phi = 2h$ とする (1 回転の角度つまり全平面角を 360° としたときには $\Delta\phi = 360°/n$) と，その弦の長さは $\overline{P_1P_2} = 2r\sin\Delta\phi/2 = 2r\sin h$ (図 2.7)，したがって円周の長さはその n 倍を作り，分割数 n を大きくした極限で与えられる．こうして定義された円周と半径の比が——もちろん円の大きさによらず——一定 ($2 \times 3.1415\cdots$) であることがわかっているので，それを 2π で記す．

図 2.7

#) 直径と円周の比
$$3.1415\cdots = \pi$$
を円周率と言う．したがって弧度法の定義では
$$180° = \pi\,\mathrm{rad}.$$

もう少していねいに言うと，半径 r の円に内接する正 n 角形の周の長さ $s_n = 2nr\sin(360°/2n)$ が，$n \to \infty$ の極限で $2 \times 3.1415\cdots \times r = 2\pi r$ に収束する [#]．

それゆえ弧度法による角度の定義では，全平面角は 2π，したがってその n 等分は $2h = \Delta\phi = 2\pi/n$ で，円周は

$$\lim_{n\to\infty} n\overline{P_1P_2} = \lim_{n\to\infty} 2nr\sin h = \lim_{h\to 0} 2\pi r \frac{\sin h}{h} = 2\pi r.$$

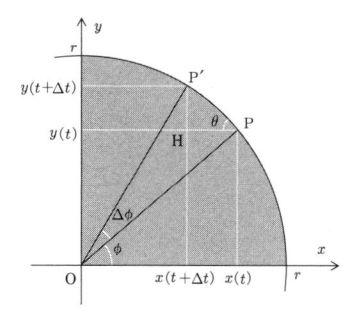

図 2.8

こうして，はじめの関係 (2.25) が導かれた．

さて図 2.8 で

$$\angle \text{P}'\text{OP} = \Delta\phi = 2h,$$
$$\angle \text{P}'\text{PH} = \theta = \frac{\pi}{2} - \phi - \frac{\Delta\phi}{2} = \frac{\pi}{2} - \phi - h,$$
$$\overline{\text{P}'\text{P}} = 2r\sin\frac{\Delta\phi}{2} = 2r\sin h.$$

したがって

$$\begin{aligned}
x(\phi + \Delta\phi) - x(\phi) &= -\overline{\text{P}'\text{P}}\cos\theta \\
&= -2r\sin h\cos\left(\frac{\pi}{2} - \phi - h\right) \\
&= -2r\sin h\sin(\phi + h), \\
y(\phi + \Delta\phi) - y(\phi) &= +\overline{\text{P}'\text{P}}\sin\theta \\
&= +2r\sin h\sin\left(\frac{\pi}{2} - \phi - h\right) \\
&= +2r\sin h\cos(\phi + h).
\end{aligned}$$

これより，三角関数の導関数は

$$\begin{aligned}
\frac{d\cos\phi}{d\phi} &= \frac{1}{r}\frac{dx(\phi)}{d\phi} = \lim_{\Delta\phi\to 0}\frac{x(\phi+\Delta\phi) - x(\phi)}{r\Delta\phi} \\
&= -\lim_{h\to 0}\frac{\sin h}{h}\sin(\phi + h) = -\sin\phi,
\end{aligned}$$

(2.26)

$$\frac{d\sin\phi}{d\phi} = \frac{1}{r}\frac{dy(\phi)}{d\phi} = \lim_{\Delta\phi\to 0}\frac{y(\phi+\Delta\phi)-y(\phi)}{r\Delta\phi}$$
$$= +\lim_{h\to 0}\frac{\sin h}{h}\cos(\phi+h) = +\cos\phi.$$
(2.27)

なお，このように正弦関数 $\sin\phi$ と余弦関数 $\cos\phi$ は微分することによってたがいに (符号をのぞいて) 入れ替わるので，ともに何回でも微分可能であることがわかる．

2.3 定積分と不定積分

(1.11)(1.13)
$$x(b) - x(a)$$
$$= \lim_{n\to\infty}\sum_{k=0}^{n-1} v(t_k)\Delta t$$
$$= \int_a^b v(t)dt,$$
ただし $\Delta t = \dfrac{b-a}{n}$,
$t_k = a + k\Delta t.$

位置と速度の関係を表す (1.11)(1.13) を一般の微分可能な関数 $F(t)$ で表し ($\dot{F}(t) = dF(t)/dt$)，定積分の上端を変数 t に置き換える：

$$F(t) - F(a) = \lim_{n\to\infty}\sum_{k=0}^{n-1}\dot{F}\left(a + k\frac{t-a}{n}\right)\frac{t-a}{n}$$
$$= \int_a^t \dot{F}(s)ds. \qquad (2.28)$$

さらにこの式の両辺を t の関数と見なして微分しよう．$F(a)$ は定数であるから，その変化率すなわち導関数は 0 であり，また $\dot{F}(t) = f(t)$ と書けば

$$f(t) = \frac{d}{dt}\int_a^t f(s)ds. \qquad (2.29)$$

この (2.28)(2.29) の 2 式が**微積分の基本公式**である．

本書では第 1 章の議論，つまり $v(t) = \dot{x}(t)$ を積分して $x(t)$ の変位を求める公式から出発したから，この結果をいきなり書くことができたが，$f(t)$ が連続な関数のとき，積分 $\int_a^t f(s)ds$ が t の関数として微分可能で上式が成り立つことは，定積分の定義にのっとっ

て直接示すことができる．

実際，連続関数 $f(t)$ をもちいて定義された関数

$$F(t) = \int_a^t f(s)ds$$

を考える．閉区間 $[t, t+\Delta t]$ での $f(t)$ の最大値を M，最小値を m とする．

$$m\Delta t \leqq F(t+\Delta t) - F(t) = \int_t^{t+\Delta t} f(s)ds \leqq M\Delta t,$$

したがって

$$m \leqq \frac{F(t+\Delta t) - F(t)}{\Delta t} \leqq M.$$

しかるに $f(t)$ は連続であるから，$\Delta t \to 0$ で $M \to f(t)$, $m \to f(t)$. ゆえに

$$\frac{dF(t)}{dt} = \lim_{\Delta t \to 0} \frac{F(t+\Delta t) - F(t)}{\Delta t} = f(t).$$

つまり，積分 $\int_a^t f(s)ds$ は，t の関数と見なしたときには，微分すれば $f(t)$ となる関数である．この関係は，積分の下端の値 a によらない．

このように，微分した結果 $f(t)$ になる関数を $f(t)$ の**原始関数**と言う．それゆえ $F(t) = \int_a^t f(s)ds$ は $f(t)$ の原始関数である．しかし，先にのべた微分法の規則 (p.23 の 2°) によれば，そのほかにも C を任意の定数として関数 $F(t)+C$ はすべて，微分すれば $f(t)$ になるので，$f(t)$ の原始関数であことがわかる．逆に，$F(t)$ と $G(t)$ がともにおなじ関数の原始関数であれば，その差は定数である．すなわち，原始関数は付加定数の任意性がある．

たとえば，原点をとおる傾き α の直線 $f(t) = \alpha t$

を考える．微分して $f(t) = \alpha t$ になる関数は，C を任意の定数として $\dfrac{1}{2}\alpha t^2 + C$ と表される．これは放物線の集まりであり，このそれぞれがすべて αt の原始関数である．

もちろんこの不定性は (2.29) の関係が積分の下端 a によらないことに由来する．そこで積分の下端を指定しない積分を**不定積分**と呼び

$$\int^t f(s)ds \quad \text{ないし，簡単に} \quad \int f(t)dt$$

と書き表す．$f(t)$ が連続関数であれば，原始関数と不定積分はおなじものを表している．すなわち

$$\int^t \dot{F}(s)ds = F(t) + C. \tag{2.30}$$

ここに C は任意定数であり**積分定数**と言われる．

いま見たように，原始関数の不定性は (2.29) 式における積分の下端の任意性に由来する．それゆえ逆に積分定数 C をある値に定めることは，積分の下端をそれに対応した値にとることに相当する．このことより，原始関数から定積分を求めることができる．

いま，$f(t)$ の原始関数を $F(t) + C$ とし，C をある値に定めたとき，対応する積分の下端が c であったとすると

$$F(a) + C = \int_c^a f(t)dt, \quad F(b) + C = \int_c^b F(t)dt.$$

したがって

$$\{F(b) + C\} - \{F(a) + C\} = \int_c^b f(t)dt - \int_c^a f(t)dt.$$

右辺に定積分の公式 (1.17) を使って

$$\int_a^b f(t)dt = F(b) - F(a). \tag{2.31}$$

あるいは (2.30) 式で積分定数をとくに $C = -F(a)$ に選んだとすると，このとき，$t = a$ で左辺 $= 0$ となるが，これは積分の下端を $t = a$ と選んだことに相当する．すなわち

$$F(t) - F(a) = \int_a^t f(s)ds,$$

ゆえに $\quad F(b) - F(a) = \int_a^b f(s)ds.$

なお (2.31) 式の右辺を $\bigl[F(t)\bigr]_a^b$ ないし $F(t)\bigr|_a^b$ のように表現することが多い．

ここで，微分法における合成関数の微分に対応する積分公式として，置換積分に触れておこう．

$x = \varphi(t)$ として，二つの不定積分

$$F(t) = \int^{\varphi(t)} f(x)dx$$

と

$$G(t) = \int^t f(\varphi(s))\frac{d\varphi(s)}{ds}ds$$

を考える．

$$\begin{aligned}
\frac{dF(t)}{dt} &= \frac{d}{dt}\int^{\varphi(t)} f(x)dx \\
&= \frac{d}{d\varphi}\left(\int^{\varphi(t)} f(x)dx\right)\frac{d\varphi(t)}{dt} \\
&= f(\varphi(t))\frac{d\varphi(t)}{dt},
\end{aligned}$$

$$\begin{aligned}
\frac{dG(t)}{dt} &= \frac{d}{dt}\left(\int^t f(\varphi(s))\frac{d\varphi(s)}{ds}ds\right) \\
&= f(\varphi(t))\frac{d\varphi(t)}{dt}.
\end{aligned}$$

したがって，この二つの積分は同一の関数の原始関数であり，任意定数の差をのぞいて等しい．それゆえ

$$F(b)-F(a) = \int_{\varphi(a)}^{\varphi(b)} f(x)dx = \int_a^b f(\varphi(t))\frac{d\varphi(t)}{dt}dt. \tag{2.32}$$

これを**置換積分**と言う．ここでも，形式的には

$$dx = d\varphi(t) = \frac{d\varphi}{dt}dt$$

のように，dx や dt が独立な量で，dx/dt がその分数であるかのように扱ってよいことがわかる．

先に求めたいくつかの関数の導関数の公式より，不定積分をいきなり書き下すことができる．以下では C は積分定数とする．

1°) 冪関数の導関数は $dAt^{p+1}/dt = A(p+1)t^p$ ゆえ，At^p の不定積分は，$p \neq -1$ であれば

$$\int At^p dt = \frac{A}{p+1}t^{p+1} + C. \tag{2.33}$$

なお，$p=-1$ の場合，つまり $f(t) = At^{-1}$ の不定積分は，この先の対数関数のところで与えられる．

2°) 三角関数の導関数は $d\sin\phi/d\phi = \cos\phi$, $d\cos\phi/d\phi = -\sin\phi$ ゆえ，その不定積分は

$$\int \sin\phi\, d\phi = -\cos\phi + C, \quad \int \cos\phi\, d\phi = \sin\phi + C. \tag{2.34}$$

3°) 指数関数の導関数は $d\exp\gamma t/dt = \gamma\exp\gamma t$ ゆえ，不定積分は

$$\int \exp(\gamma t)dt = \frac{1}{\gamma}\exp(\gamma t) + C. \tag{2.35}$$

4°) 対数関数の不定積分はつぎのように求まる．$F(t) = t\log t$ という関数を考え，その導関数をつくる：

$$\frac{d}{dt}(t\log t) = \frac{dt}{dt}\log t + t\frac{d\log t}{dt}$$
$$= \log t + t\frac{1}{t} = \log t + 1 = \log t + \frac{dt}{dt}$$
$$\therefore \quad \log t = \frac{d}{dt}(t\log t - t).$$

すなわち，$\log t$ の不定積分は

$$\int \log t\, dt = t\log t - t + C. \qquad (2.36)$$

この積分法は天下りな印象を与えるが，じつはつぎの部分積分という一般的な方法の適用である．

積の関数の導関数の公式

$$\frac{d}{dt}(f(t)g(t)) = \frac{df(t)}{dt}g(t) + f(t)\frac{dg(t)}{dt}$$

より

$$\int f\frac{dg}{dt}dt = \int \frac{d(fg)}{dt}dt - \int \frac{df}{dt}g\, dt.$$

したがって，$\dot{f}(t)g(t)$ の原始関数 $H(t)$ がわかっていれば，$f(t)\dot{g}(t)$ の不定積分は

$$\int f(t)\dot{g}(t)dt = f(t)g(t) - \int \dot{f}(t)g(t)dt$$
$$= f(t)g(t) - H(t) + C. \qquad (2.37)$$

この積分法を**部分積分**と言う．とくに $g(t) = t$ ととれば

$$\int f(t)dt = f(t)t - \int \dot{f}(t)t\, dt. \qquad (2.38)$$

$\int (\log t)dt$ の場合では，$f = \log t$, $g = t$ ($\dot{g} = 1$) ととり，$\int (\log t)dt = \int f\dot{g}\, dt$ としたことに相当する．

なお，対数関数の導関数より，つぎの不定積分の公

式が得られる．

$$\int At^{-1}dt = A\int \frac{dt}{t} = A\log t + C. \quad (2.39)$$

とくに $\log 1 = 0$ であるから，この積分の下限を 1 にとったとき，$C = 0$ となる．すなわち

$$\int_1^t \frac{ds}{s} = \log t. \quad (2.40)$$

この式でもって対数関数を定義することも可能である．その場合にもその性質はかわらない．たとえば対数法則 (2.13) が成り立つことは，つぎのように示される；

$$\log(pq) = \int_1^{pq} \frac{ds}{s} = \int_1^p \frac{ds}{s} + \int_p^{pq} \frac{ds}{s}$$

であるが，後の積分で積分変数を $t = s/p$ に変えれば

$$\log(pq) = \int_1^p \frac{ds}{s} + \int_1^q \frac{dt}{t} = \log p + \log q.$$

以上で，力学と微分方程式の議論にはいるための最小限の知識は得られた．次章からいよいよ力学に進むことにしよう．その前に例を三つ挙げておく．

例 2.1 例 1.2 の計算を不定積分を用いておこなう．$d(At^3)/dt = 3At^2$ ゆえ $v(t) = At^2$ の不定積分は

$$\int v(t)dt = \int At^2 dt = \frac{1}{3}At^3 + C.$$

したがって

$$\int_a^b At^2 dt = \left[\frac{1}{3}At^3 + C\right]_a^b = \frac{1}{3}A(b^3 - a^3).$$

この例のように原始関数が簡単に見いだせるのであれば，定積分の計算は，区分求積法にくらべてこのやり方のほうがはるかに簡単である．

例 2.2 (2.40) の積分 $\int_1^t \dfrac{ds}{s}$ を区分求積法で求める．

積分区間 $[1, t]$ を $[1, \sigma][\sigma, \sigma^2][\sigma^2, \sigma^3] \cdots [\sigma^{n-1}, \sigma^n = t]$ に分割する．k 番目の区間の長さは $\Delta \sigma_k = \sigma^{k+1} - \sigma^k = \sigma^k(\sigma - 1)$ だたし $\sigma = t^{1/n}$．したがって $n \to \infty$ で $\Delta \sigma_k = t^{k/n}(t^{1/n} - 1) \to 0$．$f(s) = \dfrac{1}{s}$ として (2.40) 式の積分は

$$\int_1^t f(s)ds = \lim_{n \to \infty} \sum_{k=0}^{n-1} f(\sigma^k) \Delta \sigma_k$$

$$= \lim_{n \to \infty} \sum_{k=0}^{n-1} \frac{1}{\sigma^k} \sigma^k (\sigma - 1)$$

$$= \lim_{n \to \infty} \{n(\sigma - 1)\}.$$

区間の番号は
  $[1, \sigma]$ を 0 番目，
  $[\sigma, \sigma^2]$ を 1 番目，
  $\cdots\cdots$
と数える．

ここで $\dfrac{1}{n} = h$ とおくと $\sigma = t^{1/n} = t^h$ で

$$\int_1^t f(s)ds = \lim_{h \to 0} \frac{t^h - 1}{h} = \log t.$$

後の等号は (2.18) を使う．

例 2.3 円と楕円の面積を求める．

平面上の半径 a の円を考える．円の中心を原点 O とする直交座標 (x, y) をとる．この平面上の点 $\mathrm{P}(x, y)$ が円周上にあることは $\overline{\mathrm{OP}} = a$ をみたすことであるから，

$$x^2 + y^2 = a^2 \quad (-a \leqq x \leqq +a)$$

がこの円を表している．これは $y = \pm\sqrt{a^2 - x^2} = y_\pm(x)$ という 2 本の曲線と見ることもできる．$y_+(x) = \sqrt{a^2 - x^2}$ は円の上半分，$y_-(x) = -\sqrt{a^2 - x^2}$ は円の下半分．

円の面積はこの 2 本の曲線で囲まれた部分の面積で

$$S = \int_{-a}^{+a} \{y_+(x) - y_-(x)\}dx = 2\int_{-a}^{+a} \sqrt{a^2 - x^2} dx$$

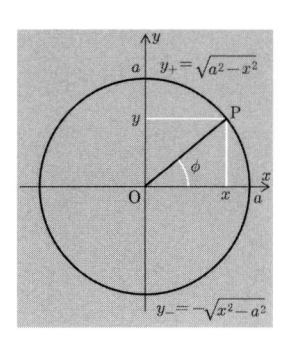

図 2.9

ここで積分変数を $x = a\cos\phi$ と変換し，置換積分の公式を使う．

x	$-a \longrightarrow +a$
ϕ	$\pi \longrightarrow 0$

, $\quad \dfrac{dx}{d\phi} = -a\sin\phi$

ゆえ，$y_+(x) = \sqrt{a^2 - x^2} = a\sin\phi$ に注意して
$$S = 2a^2 \int_0^\pi \sin^2\phi\, d\phi = a^2 \int_0^\pi (1 - \cos 2\phi) d\phi = \pi a^2.$$

次に楕円を考える．

ここでは円を一方向にある一定の割合で拡大また縮小した図形として楕円を定義しよう[*]．今の場合，上記の円を y 方向に $\dfrac{b}{a}$ 倍すると $(b < a)$,

$$y_\pm(x) = \pm\frac{b}{a}\sqrt{a^2 - x^2}.$$

[*] これと異なる楕円の定義は 6.3 節 (p.219) で与える．

これより，**楕円の方程式**
$$\frac{x^2}{a^2} + \frac{y^2}{b^2} = 1 \tag{2.41}$$

および楕円の面積
$$S = 2\frac{b}{a}\int_{-a}^{+a} \sqrt{a^2 - x^2}\, dx = \pi a b \tag{2.42}$$

が得られる．a を楕円の長半径，b を短半径と言う．

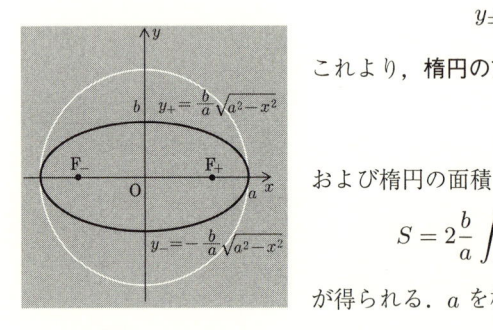

図 2.10 楕円

なお，x 軸上で O から $\sqrt{a^2 - b^2}$ の距離の点 $(\sqrt{a^2 - b^2}, 0), (-\sqrt{a^2 - b^2}, 0)$ を F_+, F_- とし，楕円上の点 $P(x,y)$ との距離を考える：

$$\overline{PF_\pm} = \sqrt{\left(x \mp \sqrt{a^2 - b^2}\right)^2 + y^2}$$
$$= \sqrt{\left(x \mp \sqrt{a^2 - b^2}\right)^2 + b^2\left(1 - \frac{x^2}{a^2}\right)}$$
$$= a \mp \frac{\sqrt{a^2 - b^2}}{a}x.$$

これより
$$\overline{PF_+} + \overline{PF_-} = 2a. \tag{2.43}$$

すなわち，**楕円は 2 定点からの距離の和が一定となる点の軌跡である**．この 2 定点 (F_+ と F_-) を楕円の焦点と言う．

第3章
力学と微分方程式入門

3.1 運動方程式とその積分形 (1次元の場合)

力学の原理は，物体に他の物体や電場ないし磁場から力が加えられたならば，その結果，物体の速度は変化する，すなわち物体に加速度が生じる，と言い表される．これを1次元の運動にそくして定量的に語ると，物体に力 F が加えられたならば，その物体には力に比例した加速度 α が生じる，すなわち $\alpha(t) \propto F$. その物体にいくつもの力が同時に働いているときには，F はその合力を表す．

ところで，ともに静止しているほぼおなじ大きさのピンポン玉とゴルフボールにおなじ大きさ(強さ)の力をおなじ時間加えても，その結果として得られる速度はピンポン玉では大きくゴルフボールでは小さい．あるいはそれらがおなじ速度で動いているとき，両者をおなじ時間で止めるためには，ピンポン玉よりゴルフボールのほうが大きな力を要する．そのためぶつかったときにはゴルフボールのほうが衝撃は大きい．

この事実は，物体には速度の変化に抵抗する能力が備わっていて，その能力はピンポン玉にくらべてゴルフボールでは大きいことを表している．運動状態の変

化に抵抗するこの能力は物体の「慣性」と呼ばれ，その大小は**慣性質量** (通常は簡単に**質量**と呼ばれる) の大きさ m によって表される．そしてこの性質は，おなじ力でも質量の大きいほど速度の変化の割合 (加速度) が小さいと表される．すなわち，$\alpha(t) \propto F/m$．そのさい比例定数は，もちろん単位系のとりかたによって変わるが，通常は 1 にとっている．

すなわち，力学原理は，加速度 $\alpha(t)$ を $dv(t)/dt$ と書いて

$$m\frac{dv(t)}{dt} = F. \tag{3.1}$$

これが 1 次元の運動にたいする**運動方程式**，ないし，歴史的にニュートンの運動方程式[*]と呼ばれている**力学の基礎方程式**である (2 次元・3 次元への拡張は後章で記述)[#]．

ただしこれは，質量 m が変化しない場合の式である．質量が時間的に変化する場合，たとえばロケットがガス・ジェットを噴射しながら加速され，その過程で質量が連続的に減少するような場合，あるいは霧のなかを雨粒が落下し，微小な水滴を付着させることによって質量が徐々に増加する場合，運動方程式は

$$\frac{d}{dt}(mv) = F \tag{3.1}'$$

としなければならない．この左辺に現れる mv という量を (1 次元の場合の) **運動量**と言う．もちろん (3.1)′ は特別な場合として (3.1) を含んでいる．

以下ではとくに断らないかぎり質量は一定として，運動方程式は (3.1) を使用する．

ところで，力 F はここで初めて登場したのだから，運動方程式 (3.1) は数学的には力の定義式のようにも思われる．実際，数学者の書いた本には，たとえば

[*] ニュートン自身がこのように書き表したわけではない

[#] MKS 単位系では速度の単位は m/s，加速度の単位は m/s²，したがって力の単位は kgm/s²，これを N (ニュートン) と記す．すなわち

N = kgm/s².

「ニュートン力学の基礎である力は，質量と加速度の積 $m\ddot{x}$ として定義される」(遠山啓『数学入門』下，p.134) と書いているものもある．

しかし，(1.19) が加速度の定義式であるのと同様の意味で (3.1) が力の定義式である，というわけではない．

そもそもが，物理学には数学に還元できない部分があり，そのため，数学のようにすべてが論理的に割り切れるというわけではない．つまり，運動方程式は一面ではたしかに力の数学的定義式という性格を有し，観測される物体の運動 (加速度) からこの式をもちいてその物体に働いている力の大きさや方向を定め，ひいては力の数学的法則を導き出すことができる．その場合には，(3.1) 式は「物体の加速度にその物体の質量をかけたものがその物体に働いている力である」と力の定義式のように解釈できるであろう．

しかし他面では，運動方程式は物体に働いている力を既知として物体の将来の運動を決定するための因果法則であるという性格を有している．その場合には (3.1) 式は「物体に力 F を加えたならば，その結果としてその力に比例し物体の質量 m に反比例した加速度が生じる」と因果的に，つまり原因と結果の関係を示す法則のように理解されなければならない．

実際にも，力学の歴史は，観測から得られた惑星の運動法則であるケプラーの 3 法則から運動方程式をもちいることによって太陽が惑星に及ぼす万有引力の法則を導き出すことに始まり，その局面では (3.1) 式 [*] はたしかに力の定義式の役割を果たした．しかし，そのようにしてひとたび力の法則が得られたのちは，その力をこの方程式にもちいることによって，その他の現象，たとえば彗星の回帰を予測し，地球のまわりの月の運動を説明するという課題に挑戦し，その段階で

(1.19)
$$\alpha(t) = \frac{dv(t)}{dt}.$$

[*] 正確には (3.1) 式を 3 次元に拡張した (5.21) 式．

は (3.1) は因果法則として使われたのである．

このように運動方程式は両義的な意味と，入れ子型の構造を有している．そして物理学的には，運動方程式は因果法則としての側面のほうが重要である．

力学の数学を主題とする本書においても，与えられた力のもとでの運動を決定する (与えられた力にたいして運動方程式を解く) 問題に焦点を絞ることにする．

いま，力が時刻 t の関数として $F(t)$ という形で与えられたとする．運動方程式は，各瞬間瞬間に力 $F(t)$ が加えられたときの加速度つまり速度の瞬間的な変化の割合 (変化率) を与えるもので，速度の変化そのものを直接与えるものではない．実際に速度が有限の値変化するためには，有限の時間を要する．たとえば走行している列車が駅で止まるためには，駅の手前のある距離のところから駅までのあいだのある時間，ブレーキをかけ続けていなければならない．その有限の速度変化は，上記の方程式を時間的に積み立てることによって与えられる．「積み立てる」とは数学的にはつぎのように表される．

十分短くてそのあいだ力 $F(t)$ が事実上一定，したがって加速度 $\alpha(t)$ も一定と見なしうるくらいの時間 Δt にたいして成り立つ近似式

$$\alpha(t) = \frac{dv(t)}{dt} \fallingdotseq \frac{v(t+\Delta t) - v(t)}{\Delta t}$$

をもちいると，運動量 $mv(t)$ のその微小時間の変化は

$$mv(t+\Delta t) - mv(t) \fallingdotseq m\alpha(t)\Delta t$$
$$= F(t)\Delta t \qquad (3.2)$$

で与えられる．これは微小時間 Δt の力の作用とその効果を表している．

有限の時間 $t = a$ から $t = b$ までの変化を求めるに

は，その間を n 等分して，各時間間隔毎に上式を適用し，それをすべて足し合わせてから，$n \to \infty$ の極限をとればよい．すなわち，$(b-a)/n = \Delta t$ として

$$mv(b) - mv(a) = \lim_{n \to \infty} \sum_{k=0}^{n-1} F(a + k\Delta t)\Delta t$$
$$= \int_a^b F(t)dt. \qquad (3.3)$$

右辺の積分を時刻 a から b までの**力積** (文字通り「力の積分」の意味か) と言う．つまり時刻 a から b までの力 $F(t)$ の影響を「積み立てた」ものであり，この式は，それにより量 $mv(t)$——1 次元の場合の**運動量**——がそのぶんだけ変化したことを表す．

もちろんこれは，(1.21) 式を m 倍して，運動方程式をもちいて $m\alpha$ を F で書き直したものである．しかし (1.21) は単に加速度の数学的定義から導かれただけのもの，つまり加速度の定義を言い直したものにすぎないのにたいして，この (3.3) 式は因果法則としての自然法則を表すものであることを忘れてはいけない．

(1.21)
$$v(b) - v(a) = \int_a^b \alpha(t)dt.$$

3.2　地表での物体の落下運動

はじめに簡単な運動の例として，地上 (地球表面近く) での物体の落下運動を考えよう．

地球上の物体 (質量 m) は，地球 (質量 M) の中心から物体までの距離を R として，大きさ

$$|F| = G\frac{Mm}{R^2}$$

の力で地球に引かれている．ここに

$$G = 6.672\cdots \times 10^{-11} \mathrm{Nm^2/kg^2}$$

は**万有引力定数**と呼ばれる定数であり，地球上のすべ

ての物体に働くこの力を地球の重力と言う．

厳密に言うと，この式に現れる物体の質量 m は重力による地球との結合の強さを表すもので，「重力質量」とでも言うべきものであり，(3.1) 式で導入した物体の慣性の大小を表す質量 (慣性質量) とは概念的に別物である．しかし，これまでのところ，実験では重力質量と慣性質量に有意な差が認められない (ていねいに言うと重力質量と慣性質量の比がすべての物体で同一であり，それを 1 ととることができる) ので，以下では，重力質量と慣性質量を量的に等しいものとして区別せずに扱い，両者を簡単に質量と言う*)．

*) 重力質量と慣性質量の同等性はアインシュタインの重力理論ではじめて理論化されるようになった．

ところで，地上の物体が地球からこれだけの力で引かれているならば，後述する作用・反作用の法則より地球もおなじ大きさの力で物体から引かれているはずである．しかし，地球の質量は地上の物体にくらべて桁違いに大きい ($M = 6.0 \times 10^{24}$ kg) ので，その力によって地球のうる加速度はゼロではないにせよきわめて小さく，無視することができる．したがって，地球は落下物体に力を及ぼすだけで自分自身は事実上影響を受けることのないものとして，この場合は考察対象の外に置くことができる．

また地上で物体が上下に運動しても，高度変化がそれほど大きくない範囲では，地球中心からの距離 R を事実上一定とすることができる．実際，地球半径 (6378 km) がきわめて大きいので，地表から高さ 6 km くらいの範囲でもその高度を無視することによる誤差は 1/1000 以下であり，通常の実験にかかわる高度の範囲では $R = $ 地球半径 としてよい．

#) 厳密に言うと，地球は扁平で，赤道半径 (中心から赤道までの距離) にくらべて極半径 (中心から北極および南極までの距離) は少し短い．また自転による遠心力の効果も加わるので，観測される重力は緯度とともにわずかに増加し，g の値は赤道上にくらべて極地方では少し大きい．しかし本書ではその差を無視する．

したがって，$GM/R^2 = 9.8 \,\mathrm{m/s^2} = g$ として，地上のすべての物体は鉛直下方に一定の大きさ mg の重力を受けているとすることができる#)．

そこで，鉛直線にそって上方向を正方向とする x 軸

をとれば，地上で鉛直方向に投げ出された物体の運動方程式は

$$m\alpha = -mg \quad \text{i.e.} \quad \frac{dv}{dt} = -g. \qquad (3.4)$$

したがって，この物体は加速度が $-g$ の等加速度運動をおこなう．$g = 9.8\,\mathrm{m/s^2}$ を**重力加速度**と言う．

とくに初速 0 で静かに放したならば，物体は大きさ g の加速度で鉛直下方に落下する (毎秒 $9.8\,\mathrm{m/s}$ ずつ下向きの速度が増してゆく)．これを**自由落下**と言う．

さて $t=0$ に $x=x_0$ の位置で物体に速度 $v=v_0$ 与えて鉛直方向に投げ出したとする．$v_0 > 0$ であれば上向きに速さ v_0 で投げ上げ，$v_0 < 0$ であれば下向きに速さ $|v_0|$ で投げ下げたことになる．

時刻 t での速度は，(1.22) より

$$v(t) = v(0) + \int_0^t (-g) ds = v_0 - gt. \qquad (3.5)$$

(1.22)
$$v(t) = v(t_0) + \int_{t_0}^t \alpha(s) ds.$$

つぎのように考えてもよい．

運動方程式より得られる $\dot{v} = -g$，すなわち $\Delta v = \dot{v}\Delta t = -g\Delta t$ とは，単位時間たとえば 1s ごとに速度が一定値 $\Delta v = -g \times 1s = -9.8\,\mathrm{m/s}$ ずつ変化することを意味している．それゆえ，t のちには速度は始めの値より $-gt$ だけ変化している．このことは初速度の値 $v(0)$ にはよらない．言い換えれば，運動方程式 (3.4) は，C を任意の定数として，速度が $C - gt$ で表されるすべての運動のあつまり (横軸を t，縦軸を v にとったグラフで描けば，傾きが $-g$ のすべての直線) を解としている．数学的に言うと，$\dot{v}(t) = -g$ の原始関数は，C を任意定数として $C - gt$ で与えられるということである．そして $t=0$ の v の値 (初期値) を v_0 に定めてはじめて，定数 C の値が $C = v_0$ と決まる．

このように初期値をある特定の値に定めること，すなわち $v(0) = v_0$ と置くことを**初期条件**と言う．

同様に，速度 $\dot{x}(t) = v(t) = v_0 - gt$ が求まったのちに位置 $x(t)$ を求めるためには，(1.14) より

(1.14)
$$x(t) = x(t_0) + \int_{t_0}^{t} v(s)ds.$$

$$x(t) = x(0) + \int_0^t (v_0 - gs)ds = x_0 + v_0 t - \frac{1}{2}gt^2 \quad (3.6)$$

としてもよいし，あるいは，$\dot{x}(t) = v_0 - gt$ を満たす $x(t)$, すなわち $v_0 - gt$ のひとつの原始関数として

$$x(t) = C' + v_0 t - \frac{1}{2}gt^2 \quad (3.7)$$

を作り，初期条件 $(x(0) = x_0)$ から積分定数 C' の値を $C' = x_0$ と決めてもよい．

そして (3.5)(3.6) よりわかるように，初期条件から積分定数 C と C' が特定の値 v_0 と x_0 に決定されたならば，その後のすべての時刻にたいして速度 $v(t)$ と位置 $x(t)$ は一意的に決まってくる．

この運動の様子は，横軸に時刻 t, 縦軸に速度 $v(t)$ と位置 (高度) $x(t)$ を描いたグラフで，図 3.1 のような放物線で表される (図では $v_0 > 0$ ととった)．図のように，$t = v_0/g$ で速度が 0 になり，それまでは $v(t) > 0$ ゆえ物体は上昇，つまり $x(t)$ は増加，その後は $v(t) < 0$ で物体は下降で $x(t)$ は減少．

したがって，$t = v_0/g$ で物体は最高点 $x = x_0 + v_0^2/2g$ に達する．v_0 と x_0 の値を変えた運動は，このグラフを平行移動したもので表されるが，直線 $v(t)$ の傾きや，放物線 $x(t)$ の形や向きは変わらない．

一般的に言うならばこうだ．物体に働く単位質量あたりの力 $F(t)/m = f(t)$ を既知関数として

$$\frac{dv(t)}{dt} = f(t) \quad (3.8)$$

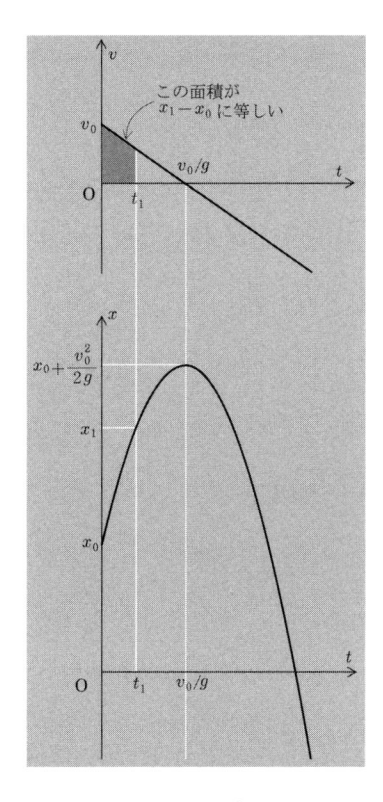

図 3.1　鉛直方向の運動

の形の運動方程式を考える．微分して $f(t)$ となる関数——すなわち $f(t)$ の原始関数——をひとつ ($f(t) = -g$ の場合ではたとえば $-gt$) 見つければ，それを $v_1(t)$, また C を任意定数として，$v(t) = v_1(t) + C$ はすべて (3.8) の解である．

定数 C の値が任意であるということは，物理的には，はじめに物体に与える速度を任意に選びうることに対応する．

初期条件を与えたときに (つまり $v(0)$ の値 v_0 を特定したときに) はじめて定数 C の値が決まり，$v(t)$ は一意的に決まる．というのも，かりにもうひとつの解

$v^*(t)$ があったとすれば,

$$\frac{d}{dt}(v(t) - v^*(t)) = \frac{dv(t)}{dt} - \frac{dv^*(t)}{dt} = 0 \quad (3.9)$$

ゆえ,すべての t にたいして $v(t) - v^*(t) = \text{const.}$,しかるに,初期値がおなじだとすれば $v(0) = v^*(0)$ であるから $\text{const.} = 0$ である.

結局,(3.8) の形の運動方程式にたいしては,(1.22) をもちいて $v(t) = v(0) + \int_0^t f(s)ds$ として,$v(0) = v_0$ とおいてもよいし,あるいは $f(t)$ の原始関数のひとつ $v_1(t)$ を見つけ,$v(t) = v_1(t) + C$ として初期条件 $(v(0) = v_0)$ から積分定数 C を決めてもよい.

同様に,$v(t)$ が t の関数として求まったならば,$x(t) = x(0) + \int_0^t v(s)ds$ として,$x(0) = x_0$ とおいてもよいし,あるいは $v(t)$ の原始関数のひとつ $x_1(t)$ を見つけ,$x(t) = x_1(t) + C'$ として初期条件 $(x(0) = x_0)$ から積分定数 C' を決めてもよい.

このように 1 次元の運動方程式の解は,任意に選ぶことのできるはじめの速度と位置に対応して,二つの積分定数 (任意定数) を含む.もちろん時刻 $t = 0$ (物理的にはストップウォッチを押す瞬間) は任意に選びうるので,初期条件としては $t = 0$ 以外のある特定の時刻 $t = t_0$ の速度と位置の値を定めてもよい.

3.3 微分方程式との出会い

ところで,3000 メートル級の高山に登ると,下方に雲海が広がるのが見える.その場合の雲の高さは $H = 2000$ メートルくらいと考えられる.その高さで雨滴 (雨粒) が形成され,初速 0 で落下し始めたとすると,地上につくまでの時間は,(3.6) 式によれば,$x =$

$H - gt^2/2 = 0$ より $t = \sqrt{2H/g}$. したがって，その雨滴の地上での落下速度の大きさ $|v| = gt$ は，

$$|v| = \sqrt{2gH} = \sqrt{2 \times 9.8\,\mathrm{m/s^2} \times 2000\,\mathrm{m}} \fallingdotseq 200\,\mathrm{m/s}.$$

しかし現実の雨粒の地表近くでの落下速度は，はるかに小さい．熱帯のスコールのような激しい雨でも，せいぜい秒速 7 メートル程度である．

そのわけは，空気抵抗が働いているからと考えられる．つまりこの場合，自由落下はかならずしも現実の落下運動を正確に表現していないのである．新幹線のような高速物体はもちろんのこと，陸上競技の 100 メートル走や槍投げやハンマー投げなどでも，空気抵抗の影響は決して小さくはない．

空気中の運動物体に働く**空気抵抗**は，もちろん物体の運動方向 (速度) と逆向きで，その大きさは物体の速さとともに増加する．とくに地表近くのような比較的密な大気中で，かつ物体の速度がそれほど大きくない範囲では，ほぼ速度に比例している *)

*) 高度 200 km くらいを高速で飛ぶ人工衛星では，速度の 2 乗に比例した抵抗力が支配的である．

そこで，前節と同様に鉛直上向きに x 軸をとると，空気抵抗を考慮した物体の垂直方向の運動にたいする運動方程式は

$$m\frac{dv(t)}{dt} = -mg - \gamma v(t) \qquad (3.10)$$

でモデル化される．ここに γ は，物体の進行方向に垂直な断面積にほぼ比例し物体の形状に依存した正の定数である．$\lambda = \gamma/m$ とすると，これは

$$\frac{dv}{dt} = -g - \lambda v. \qquad (3.11)$$

この右辺は物体の加速度を与えるが，未知関数 $v(t)$ を含むので，これを (1.22) に直接代入して速度を求めるというわけにはゆかない．

*) ていねいに言うならば「常微分方程式」とすべきであるが，本書では単に「微分方程式」と記す．

このように未知関数 v にたいして，v とその導関数 $\dot{v}$ の関係を与える $F(v,\dot{v},t) = 0$ のような式を，v についての **1 階の微分方程式** *)，そしてこの関係を恒等的に満たす関数 $v(t)$ をこの**微分方程式の解**と言う．

はじめに，この場合の運動がだいたいどのようなものかを，つぎのようにして調べてみよう．

方程式 (3.11) は，横軸に t，縦軸に v をとった平面上でこの方程式の解を表す曲線 $v(t)$ を描いたときに，点 $(t, v(t))$ でのその曲線の接線の傾きが $-g - \lambda v$ だということを表している．この (t,v) 平面の各点でその傾きを描いたものが図 3.2 である．図の矢印の傾きは，その点で解の曲線の接線の傾きに一致し，その縦成分の長さは加速度の大きさに比例し，そして矢印の向きは時間とともに曲線上の点が進む向きを表している．そして微分方程式 (3.11) に含まれている情報はすべてこの図に書き込まれている．言うならば，この (t,v) 平面上で解を表す点 $(t, v(t))$ は各点でのこの矢

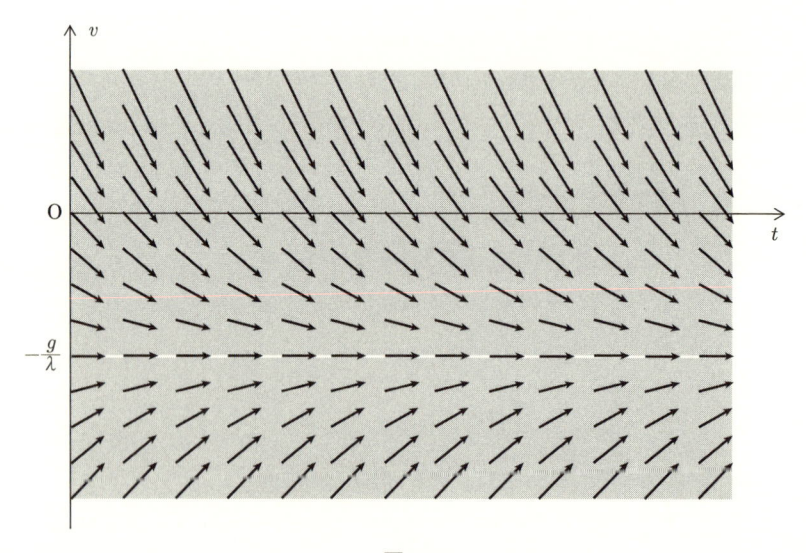

図 3.2

印に案内されて進んでゆくのである．

したがって解の曲線は，始点 $v(0)$ の位置を v 軸上の一点に選んだならば，後は，枝分かれしたり交差したりすることなく，各点でこの矢印に接するように進んで行くことになる．そして，初速度 $v(0)$ が $-g/\lambda$ より大きければ，下向きに加速されるが，その加速の割合はしだいに減少して，最終的に速度 $-g/\lambda$ の等速度落下に接近してゆくことが予想される．

実際にそうなることを，数学的に見てゆこう．

議論を見やすくするため $v(t) + g/\lambda \equiv u(t)$ とし，もとの方程式 (3.11) を

$$\frac{du(t)}{dt} = -\lambda u(t) \tag{3.12}$$

と書き直し，$t = 0$ で $u = u(0) = v_0 + g/\lambda$ という初期条件を満たす解を考えよう．

このように，微分方程式の与えられた初期条件を満たす解を求める問題を**初期値問題**と言う．

初期値問題のもっとも簡単な解法は，十分小さい Δt にたいする近似式

$$\dot{u}(t) = \frac{du(t)}{dt} \fallingdotseq \frac{u(t + \Delta t) - u(t)}{\Delta t}$$

を使って，微分方程式

$$\frac{du(t)}{dt} = F(t, u(t)) \tag{3.13}$$

を

$$u(t + \Delta t) \fallingdotseq u(t) + \dot{u}(t) \Delta t$$
$$= u(t) + F(t, u(t)) \Delta t \tag{3.14}$$

と書き直し，初期値からステップ・バイ・ステップで伸ばしてゆく方法である．こうして飛び飛びの時刻 $t = n\Delta t$ にたいする $u(t)$ の近似値を求めることができる

(図 3.3). これを**オイラーの差分法**と言う．こうして得られた近似解で，$\Delta t \to 0$ とすることで，正しい解が得られると予想される．

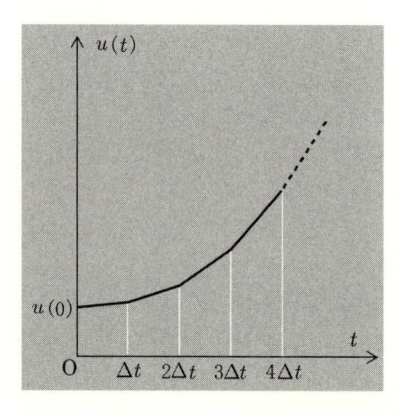

図 3.3　オイラーの差分法　区間 $[n\Delta t, (n+1)\Delta t]$ は傾き $F(n\Delta t, u(n\Delta t))$ の直線．

方程式 (3.12) の場合，$\dot{u}(t) = -\lambda u(t)$ ゆえ，
$$u(t+\Delta t) \fallingdotseq u(t) + \dot{u}(t)\Delta t = (1-\lambda\Delta t)u(t).$$

したがって，
$$u(\Delta t) \fallingdotseq (1-\lambda\Delta t)u(0),$$
$$u(2\Delta t) \fallingdotseq (1-\lambda\Delta t)u(\Delta t) \fallingdotseq (1-\lambda\Delta t)^2 u(0),$$
$$\cdots\cdots$$
$$u(n\Delta t) \fallingdotseq (1-\lambda\Delta t)u((n-1)\Delta t) \fallingdotseq \cdots \fallingdotseq (1-\lambda\Delta t)^n u(0).$$

ここで，$n\Delta t = t$ として，$n \to \infty$，$\Delta t = t/n \to 0$ の極限をとると
$$\lim_{n\to\infty}(1-\lambda\Delta t)^n = \lim_{n\to\infty}\left(1-\frac{\lambda t}{n}\right)^n$$
$$= \exp(-\lambda t)$$

*) (2.20) 式，すなわち y の正負にかかわらず
$$\lim_{n\to\infty}\left(1+\frac{y}{n}\right)^n = e^y.$$

となり *)，(3.12) の解は

$$u(t) = u(0)\exp(-\lambda t). \qquad (3.15)$$

こうして得られた $u(t)$ はもちろん初期条件を満たし，また微分法の公式 $d\exp(-\lambda t)/dt = -\lambda \exp(-\lambda t)$ を顧慮すると，たしかに微分方程式 (3.12) を満足していることがわかる[*]．しかも初期値からはじまる各ステップは一意的に決まるから，この初期値問題の解は一意的と考えられる．$u(0) \neq 0$ の場合の解は図 3.4．

[*] もとの方程式 (3.11) の解は
$$v(t) = u(0)e^{-\lambda t} - \frac{g}{\lambda}$$
$$= \left(v_0 + \frac{g}{\lambda}\right)e^{-\lambda t} - \frac{g}{\lambda}.$$

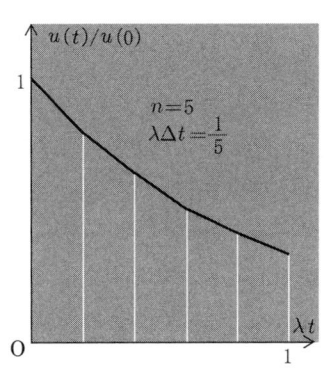

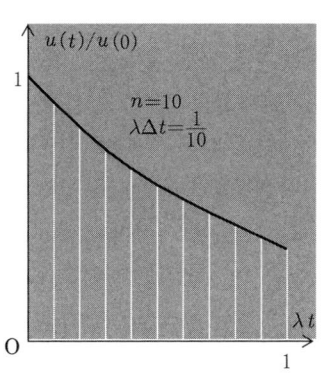

図 3.4a $\dfrac{du}{dt} = -\lambda u$ のオイラーの差分法による解

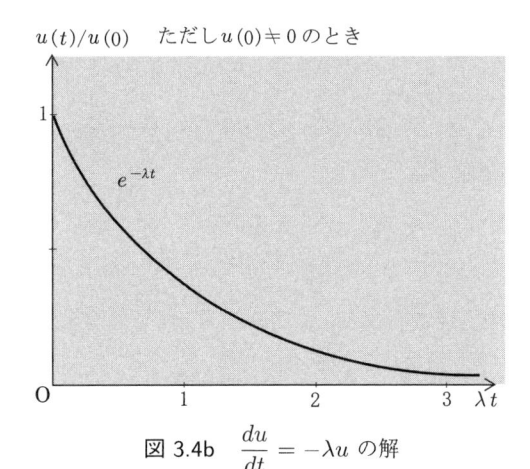

図 3.4b $\dfrac{du}{dt} = -\lambda u$ の解

これはつぎのように考えてもよい．

はじめの速度 $v(0)$ が $-g/\lambda$ より大きい限り，$u(t) = v(t) + g/\lambda$ は正の値から始まるから，$w(t) \equiv \log u(t) = \log\{v(t) + g/\lambda\}$ とおくことができる．すると，

$$\frac{dw(t)}{dt} = \frac{d}{dt}\log u(t) = \frac{1}{u(t)}\frac{du(t)}{dt} = -\lambda. \quad (3.16)$$

(3.4)
$$\frac{dv}{dt} = -g.$$

すなわち，(3.4) と同型の方程式であり，解は

$$w(t) = \log u(0) - \lambda t \quad \text{i.e.} \quad u(t) = u(0)\exp(-\lambda t).$$

(3.4) では初期値に特定の値を与えれば解は一意的に決まったから，この場合も $w(0) = \log u(0) = \log(v_0 + g/\lambda)$ を与えれば $w(t)$ は一意的に決まる．そして $w(t) = \log u(t)$ における $w(t)$ と $u(t)$ の対応も1対1ゆえ，$u(t)$ したがって $v(t)$ も一意的に決まる*)．

(初速度が $-g/\lambda$ より小さいときには，はじめは $u(t) = v(t) + g/\lambda$ は負の値をとるであろうから，$w(t) = \log\{-u(t)\} = \log\{-v(t) - g/\lambda\}$ とおけば同様にできる．)

*) 一般的に言うと，$f(t)$, $g(t)$ がある区間で定義された連続関数のとき，

$$\frac{dv}{dt} = f(t)v + g(t)$$

の形の微分方程式の初期値問題の解は一意的に決まることが知られている．高橋陽一郎『力学と微分方程式』(岩波書店) 定理 1.26 (p.19) 参照．それゆえ，ここで扱ったような問題では，ある時刻の位置と速度が与えられれば，その後の運動は一意的に決定される．

もちろん，$u(0) = 0$ であれば $u(t) = 0$，つまりこの場合，$u(t)$ は値が 0 の定値関数である．

置換積分をもちいれば，この運動方程式はつぎのようにしても解くことができる．

$v + g/\lambda > 0$ の範囲では (3.11) はつぎのように書き直される：

$$\frac{1}{v(t) + g/\lambda}\frac{dv(t)}{dt} = -\lambda.$$

この両辺を積分する．右辺は $-\lambda t + C_0$(積分定数)．左辺は置換積分の公式をもちいて

$$\int^t \frac{1}{v(s) + g/\lambda}\frac{dv(s)}{ds}ds = \int^{v(t)} \frac{dv}{v + g/\lambda}$$
$$= \log\{v(t) + g/\lambda\}$$

(この場合も本来は積分定数がつくが，移項して右辺の C_0 に吸収させたと考えればよい）．したがって，

$$v(t) + \frac{g}{\lambda} = \exp(-\lambda t + C_0) = C\exp(-\lambda t),$$

i.e. $\quad v(t) = Ce^{-\lambda t} - \frac{g}{\lambda}. \qquad (3.17)$

積分定数は，$t = 0$ で $v = v_0$ として，$v_0 + g/\lambda = C = \exp(C_0)$ と決まり，こうして先に求めたのと同一の結果 $\left(v(t) = \left(v_0 + \frac{g}{\lambda}\right)e^{-\lambda t} - \frac{g}{\lambda}\right)$ がえられる．

$v + g/\lambda < 0$ 場合は，

$$\log\left|v(t) + \frac{g}{\lambda}\right| = -\lambda t + C_0$$

$$\therefore \quad v(t) + \frac{g}{\lambda} = -\exp(-\lambda t + C_0) = C\exp(-\lambda t)$$

とすればよい．このときは $C = -\exp(C_0) < 0$．

一般的には，$f(v)$ と $g(t)$ を連続な関数として，

$$\frac{dv}{dt} = f(v)g(t) \qquad (3.18)$$

の形の微分方程式にたいして，おなじことができる．この場合も，$f(v) \neq 0$ の領域で，両辺を $f(v)$ で割って t で積分すれば

$$\int \frac{1}{f(v)}\frac{dv}{dt}dt = \int g(t)dt$$

i.e. $\quad \displaystyle\int \frac{dv}{f(v)} = \int g(t)dt. \qquad (3.19)$

こうして $F(v) = G(t)$ の関係が得られる（もちろんこれは原理的な話であり，つねに v が explicit な形 [*] で t の関数として表されるわけではない）．

微分方程式のこの解法を**変数分離法**と言う．

微分方程式 (3.11) にたいしては，次のような解法もある．(3.11) を

[*] 「explicit な形」とは「あらわな形」という意味で，$v = H(t)$ のように表されていること．

$$\frac{dv}{dt} + \lambda v = -g$$

と書き直す．ここで積の関数の微分

$$\frac{d}{dt}(e^{\lambda t}v) = e^{\lambda t}\left(\frac{dv}{dt} + \lambda v\right)$$

に注意すれば，上式は

$$e^{-\lambda t}\frac{d}{dt}(e^{\lambda t}v) = -g$$

$$\text{i.e.} \quad \frac{d}{dt}(e^{\lambda t}v) = -ge^{\lambda t}.$$

これより

$$\begin{aligned} e^{\lambda t}v &= -\int ge^{\lambda t}dt \\ &= -\frac{g}{\lambda}e^{\lambda t} + C \\ \therefore \quad v &= -\frac{g}{\lambda} + Ce^{-\lambda t}. \end{aligned}$$

初期条件 $t=0$ で $v=v_0$ より $C = v_0 + \dfrac{g}{\lambda}$．

以上の議論より，方程式 (3.11) の初期値問題の解は

$$v(t) = -\frac{g}{\lambda} + \left(v_0 + \frac{g}{\lambda}\right)\exp(-\lambda t). \qquad (3.20)$$

これは $t \to \infty$ では，初期値によらず $v \to -g/\lambda$ に収束する．しかし途中の振る舞いは v_0 の値によって，図 3.5 のように異なる．図 3.5 は図 3.2 にもとづく解の振る舞いの予測が正しかったことを示している．

$v_0 = 0$ であれば，初速 0 で動きだし，したがってはじめは大きさ g の加速度で下方に加速され $v < 0$，すなわち速度は下向きとなる．その下向きの速度の大きさ (速さ) $v' \equiv |v| = -v$ は，速さの小さいはじめのうちは $v' = gt$ のように時間にほぼ比例して増加する．しかし，v' が増加すると，上向きの抵抗力 $-\gamma v = \gamma v'$ が増えるので，下向きの加速度は減少してゆく (v' の

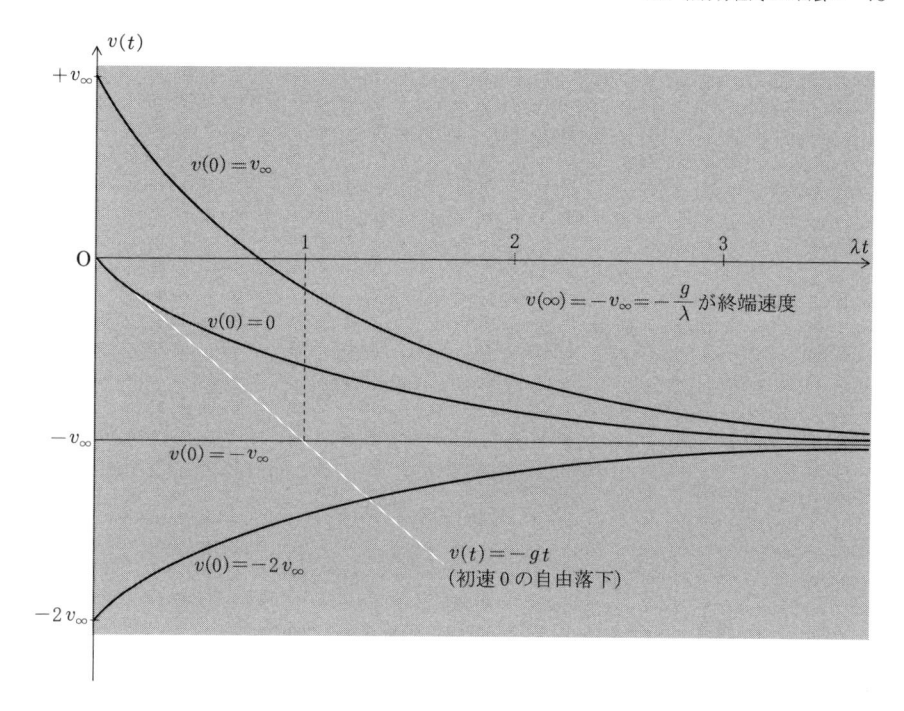

図 3.5 微分方程式 $\dfrac{dv}{dt} = -g - \lambda v$ の異なる初期条件の解

増加の割合が減少してゆく).それでも $-mg + \gamma v' = m(\lambda v' - g) < 0$ であるかぎり,物体は下方に加速され続け,最終的に $v' = g/\lambda \equiv v_\infty$ に接近して,運動は等速度落下に近づいてゆく.つまり下向きの重力 $-mg$ と上向きの空気抵抗 $\gamma v_\infty = m\lambda v_\infty$ がつりあって,それ以上加速されなくなるのである.この最終の速度,つまり下向きに大きさ v_∞ の速度を**終端速度**と言う.雨滴の落下ではかなり上空ですでに終端速度に到達していると考えられる.

$v_0 > 0$,つまり上向きに投げ上げた場合,はじめは重力も空気抵抗もともに下向きで,減速され,時刻

$$t = \frac{1}{\lambda}\log\left(\frac{v_0}{v_\infty} + 1\right) \equiv t_m \qquad (3.21)$$

に最高点に達して速度が0になり，その後は，初速0の場合とおなじで，やがて終端速度に達する．図のグラフは $v_0 = 0$ の場合のグラフを λt_m だけ平行移動したものである．

$0 > v_0 > -g/\lambda$ のときも，最初は $dv/dt < 0$ すなわち，下向きに加速されて下向きの速さが増大するが，やがて終端速度に達する．

$v_0 = -g/\lambda$ であれば，はじめから下向きの重力 $-mg$ と上向きの空気抵抗 $-\gamma v = m\lambda v_\infty$ がつりあっていて，そのまま等速度で落下する．

$v_0 < -g/\lambda$ のとき，つまり最初に下向きに終端速度以上の速さで投げ出せば，はじめから上向きの空気抵抗が下向きの重力を上まわっているので，合力として正味上向きの力をうけて下向きの速さが減少し，この場合もやがて終端速度に到達する．

物理的な振る舞いは初速度の値によってこれだけの違いがあるが，すべてもとの単一の運動方程式を満たしている．

いずれにせよ，この場合も，A, B, C を任意定数として

$$w(t) = A - \lambda t,$$
$$u(t) = B \exp(-\lambda t), \tag{3.22}$$
$$v(t) = -\frac{g}{\lambda} + C \exp(-\lambda t)$$

はすべて微分方程式 (3.16)(3.12)(3.11) の解である．そして，また方程式 (3.16) の解はこの $w(t)$ で尽くされていることは先に見た自由落下の場合と同様であるから，そこから導かれる $u(t)$ と $v(t)$ も，それぞれ方程式 (3.12)(3.11) の解を尽くしている．

この場合に運動方程式は未知関数 $v(t)$ についての1階の微分方程式の形で与えられ，そしてこのように

積分定数として任意定数をひとつ含んだその解は**一般解**と呼ばれる．

(3.4)(3.8) の形の方程式もひろい意味では 1 階の微分方程式である．そしてその場合に原始関数とよんだものが，ここでは一般解に相当する．

もちろん，今の場合もこの任意定数の値を決定するのは初期条件である．そしてあたえられた初期条件のもとでこの関係を恒等的に満たす関数 v を求めることを，微分方程式を解くと言う．

自由落下の場合も，空気抵抗のあるときの落下の場合も，このように速度 $v(t)$ が時刻 t の関数として求められた．それゆえ，(1.14) をもちいて位置 (この場合は高度) を求めることができる．

空気抵抗のある落下では，座標は $t=0$ に $x=x_0$ (投げ出された位置の高さ) として

$$x(t) = x_0 + \int_0^t v(s)ds$$
$$= x_0 + \int_0^t \left\{-\frac{g}{\lambda} + \left(v_0 + \frac{g}{\lambda}\right)\exp(-\lambda s)\right\}ds$$
$$= x_0 - \frac{g}{\lambda}t - \frac{v_0 + g/\lambda}{\lambda}\{\exp(-\lambda t) - 1\}. \quad (3.23)$$

この場合も，$v(t) = dx(t)/dt$ がすでに時刻 t の既知関数 (3.20) で得られているのであるから，位置 $x(t)$ を求めるには，$v(t)$ の原始関数として

$$x(t) = C' - \frac{g}{\lambda}t - \frac{v_0 + g/\lambda}{\lambda}\exp(-\lambda t) \quad (3.24)$$

を作り，初期条件 $x(0) = x_0$ から積分定数 C' を定めてもよい．

いずれにせよ，この場合も $v(0)$ と $x(0)$ の値を与えれば，$v(t)$ と $x(t)$ は一意的に決まる．つまり始めの

(3.4) $\quad \dfrac{dv}{dt} = -g,$

(3.8) $\quad \dfrac{dv}{dt} = f(t).$

(1.14)
$$x(t) = x(t_0) + \int_{t_0}^t v(s)ds.$$

位置と速度を指定すれば，その後の運動は完全に決定される．

3.4　仕事とエネルギー

物体の自由落下と空気抵抗のある場合の落下を検討したが，この場合には力が一定ないし速度だけの関数であった．したがって運動方程式は速度についての 1 階の微分方程式になり，座標を考慮することなく，$v(t)$ を求めることができた．しかしそれは実際にはかなり特別な場合である．というのも，多くの場合，力は位置の関数として $F(x)$，または位置と速度の関数として $F(x,v)$ のような形で与えられるからである．その場合，$v = \dot{x}$ であることを考慮すれば運動方程式は $m\ddot{x} = F(x)$ または $m\ddot{x} = F(x, \dot{x})$ の形，すなわち未知関数 $x(t)$ およびその 1 階導関数と 2 階導関数の関係になり，これは **2 階の微分方程式**と言われる．

はじめに力が $F(x)$ の形（つまり位置 x だけの関数）で与えられている場合を考えよう．

たとえば，ばねにつながれた 錘（おもり）の運動がそうである．実際，この場合，力の大きさや向きは，ばねの伸び縮みの情況，したがって錘の位置のみによって決まる．このとき，もちろん (3.3) 式は使用できない．位置 x は原理的には時刻 t の関数であるから，力は $F(x(t))$ のように表され，その意味において力は時刻 t の関数だと言うことはできる．しかし，x がどのように t に依存しているのかは，つまり考えているすべての時刻での位置は，問題が解けてはじめてわかるものであり，力 F がはじめから時刻 t の関数として explicit に与えられているわけではないからである．そこで，この場合に (3.3) にかわる式を考えよう．

(3.3)
$$mv(b) - mv(a) = \int_a^b F(t)dt.$$

Δt が十分小さければ，Δx も十分小さい．そこで Δt が十分に小さくてその間に動く空間内では力がほぼ一定と見なしうる短い時間間隔 $t \sim t + \Delta t$ を考える．運動方程式よりこの間は加速度もほぼ一定ゆえ，速度のグラフはほぼ直線になる．その場合，例 1.3 で見たように，平均速度 $\overline{v(t, t+\Delta t)}$ は初めと終わりの平均 $\{v(t+\Delta t) + v(t)\}/2$ で与えられる．したがって，その間の移動距離は

$$\Delta x = \overline{v(t, t+\Delta t)}\Delta t \fallingdotseq \frac{v(t+\Delta t)+v(t)}{2}\Delta t.$$

そこで，(3.2) の両辺に $\{v(t+\Delta t)+v(t)\}/2$ を掛けると，$F(t)$ を $F(x(t))$ と書き直して

$$\frac{m}{2}v(t+\Delta t)^2 - \frac{m}{2}v(t)^2 \fallingdotseq F(x(t))\Delta x. \quad (3.25)$$

$t = a$ から $t = b$ までの有限時間の変化については，以前にやったのと同様に，その間を n 等分して，各微小時間間隔にたいしてこの式を適用し，それらを足し合わせるとよい．つまり

$$\Delta t = (b-a)/n, \; t_k = a + k\Delta t \quad (t_0 = a, \; t_n = b),$$
$$\Delta x_k = x(t_{k+1}) - x(t_k) = x(t_k + \Delta t) - x(t_k)$$

として，上式に $t = t_k$ を代入する：

$$\frac{m}{2}v(t_{k+1})^2 - \frac{m}{2}v(t_k)^2 \fallingdotseq F(x(t_k))\Delta x_k. \quad (3.26)$$

これを $k = 0$ から $k = n-1$ まで足し合わせてから $n \to \infty$ の極限をとる．このとき $\Delta t \to 0$，したがってすべての k にたいして $\Delta x_k \to 0$ と考えられるから

$$\frac{m}{2}v(b)^2 - \frac{m}{2}v(a)^2 = \lim_{n \to \infty} \sum_{k=0}^{n-1} F(x(t_k))\Delta x_k$$
$$= \int_{x(a)}^{x(b)} F(x) dx. \quad (3.27)$$

(3.2)
$mv(t+\Delta t) - mv(t)$
$\fallingdotseq F(t)\Delta t.$

この結果は運動方程式からつぎのようにして直接的に導かれる．

　もとの運動方程式 (3.1) の両辺に $v(t) = dx(t)/dt$ をかけて

$$mv(t)\frac{dv(t)}{dt} = F(x)\frac{dx}{dt} \tag{3.28}$$

とし，その両辺を t で積分する*)．左辺は合成関数にたいする導関数の公式

$$\frac{d}{dt}v^2 = \frac{dv^2}{dv}\frac{dv}{dt} = 2v\frac{dv}{dt}$$
$$\therefore \quad mv\frac{dv}{dt} = \frac{d}{dt}\left(\frac{m}{2}v^2\right) \tag{3.29}$$

をもちいて書き直せば

$$\int_a^b \frac{d}{dt}\left(\frac{m}{2}v^2\right)dt = \left[\frac{m}{2}v^2\right]_{t=a}^{t=b},$$

右辺は，置換積分の公式 (2.32) をもちいて

$$\int_a^b F(x(t))\frac{dx(t)}{dt}dt = \int_{x(a)}^{x(b)} F(x)dx.$$

これよりあらためて (3.27) が得られる．

　この (3.27) 式も運動方程式の積分形のひとつである．ここに，(3.27) の左辺に現れる量

$$K \equiv \frac{m}{2}v^2 \tag{3.30}$$

は物体の**運動エネルギー**，他方，右辺の積分

$$W \equiv \int_{x(a)}^{x(b)} F(x)dx \tag{3.31}$$

は「力 $F(x)$ が $x(a)$ と $x(b)$ のあいだでした仕事」と言われ，得られた関係は，物体が力によって仕事をされたならば，そのぶんだけその物体の運動エネルギー

---

*) 運動方程式 (3.1) の両辺に $v(t)$ をかける手法は，初学者には唐突で奇異に思われるようだが，上で (3.2) の両辺にその区間の平均速度 $\overline{v(t, t+\Delta t)}$ をかけて Δt を
$$\Delta x = \overline{v(t, t+\Delta t)}\Delta t$$
に変換するのに対応していることを考慮すれば，納得しやすいであろう．

(2.32)
$$\int_{\varphi(a)}^{\varphi(b)} f(x)dx$$
$$= \int_a^b f(\varphi(t))\frac{d\varphi(t)}{dt}dt.$$

が増加することを表している*)．

なお，(3.28)(3.29)(3.30) をあわせると

$$\frac{dK}{dt} = F(x(t), v(t))v(t) \quad (3.32)$$

と表される．右辺の $F(x(t), v(t))v(t)$ は単位時間当たりの仕事で，**仕事率**と呼ばれる #)．実際，(3.31) より，その間 F がほぼ一定と見なしうる微小な時間 Δt の仕事は $\Delta W \fallingdotseq F(x(t), v(t))\Delta x$，したがって単位時間あたりの仕事は

$$\lim_{\Delta t \to 0} \frac{\Delta W}{\Delta t} = \lim_{\Delta t \to 0} F(x(t), v(t))\frac{\Delta x}{\Delta t}$$
$$= F(x(t), v(t))v(t). \quad (3.33)$$

(3.32) 式は仕事率が運動エネルギーの変化率を与えることを表し，F が $F(x)$ の形の場合，(3.27) 式の微分形である†)．

そして F と v が同符号のとき仕事率は正，つまり物体の動く方向に力が働いているとき，物体の動きは促進されて運動エネルギーは増加する．F と v が逆符号のとき仕事率は負，つまり物体の動きと逆向きに力が働いているとき，物体の動きは妨げられて運動エネルギーは減少する．

*) 仕事とエネルギーの単位は
$$\text{kgm}^2/\text{s}^2 = \text{Nm}$$
$$= \text{J}(ジュール).$$

#) 仕事率の単位は
$$\text{J/s} = \text{W}(ワット).$$

†) (3.31) 式の仕事と (3.32) 式の仕事率は 1 次元の運動の場合のものであり，2 次元・3 次元の運動の場合については 5.4.3 節で述べる．

3.5　保存力とエネルギー積分

ここまで 1 次元の運動で考えているが，そのさい x の位置で物体に働く力が

$$F(x) = -\frac{dU(x)}{dx} \quad (3.34)$$

と表され，したがって，x_c を定数として

$$U(x) = -\int_{x_c}^{x} F(\chi)d\chi \quad (3.35)$$

という x の一価関数 $U(x)$ が存在する場合を考える. このとき力 $F(x)$ は**保存力**と言われる.

この保存力が $x(a)$ から $x(b)$ までのあいだに物体にした仕事は

$$\int_{x(a)}^{x(b)} F(x)dx = \int_{x_c}^{x(b)} F(x)dx - \int_{x_c}^{x(a)} F(x)dx$$

$$= -U(x(b)) - \{-U(x(a))\} \quad (3.36)$$

と表されるから, (3.27) は

$$\frac{m}{2}v(b)^2 - \frac{m}{2}v(a)^2 = -\{U(x(b)) - U(x(a))\}. \quad (3.37)$$

あるいは, b を任意の時刻 t に, a を最初の時刻 0 に置き換え, この式を書き直すと

$$\frac{m}{2}v(t)^2 + U(x(t)) = \frac{m}{2}v(0)^2 + U(x(0)). \quad (3.38)$$

この式はまた, つぎのようにも導かれる.

この場合の運動方程式

$$m\frac{dv(t)}{dt} = -\frac{dU(x)}{dx} \quad (3.39)$$

の両辺に $v(t) = dx(t)/dt$ をかけて

$$mv(t)\frac{dv(t)}{dt} = -\frac{dU(x)}{dx}\frac{dx}{dt}$$

とする. 合成関数の導関数の公式をもちいれば

$$\frac{d}{dt}\left(\frac{m}{2}v(t)^2\right) = -\frac{dU(x(t))}{dt}$$

$$\iff \quad \frac{d}{dt}\left\{\frac{m}{2}v(t)^2 + U(x(t))\right\} = 0$$

$$\therefore \quad \frac{m}{2}v(t)^2 + U(x(t)) = E(\text{const.}). \quad (3.40)$$

右辺の定数 E は初期値 ($t = 0$ の x と v の値) から決めることができ, あらためて (3.38) が得られる.

この関係 (3.38)(3.40) は，任意の時刻の運動エネルギー $K(t) = mv(t)^2/2$ と関数 $U(x(t))$ の和が始めの値に等しい，すなわち物体の運動にともなって運動エネルギー $K(t)$ は増加・減少するけれども，それに応じて $U(x(t))$ はおなじだけ減少・増加し，したがって両者の和 $K(t) + U(x(t))$ は運動の過程をとおして保存されるということを表している．その意味でこの $U(x)$ を保存力 $F(x)$ の $x = x_c$ を基準とする**位置エネルギーないしポテンシャル・エネルギー**，この和 $K(t) + U(x(t))$ を**力学的エネルギー**と言う．そしてその和が運動の過程で一定に保たれることを表すこの関係 (3.38)(3.40) は**エネルギー保存則**と言われる．

日本語で「位置エネルギー」と言われている $U(x)$ にたいする英語は 'potential energy' であり，日本語に直接対応する 'positional energy' のような言葉は英語にはない．'potential energy' を直訳すれば「潜在的エネルギー」であり，それは顕在化しているエネルギー (actual energy) としての運動エネルギーとの対比で語られているのであろう．つまり保存力 (3.34) の作用を受けている物体が x の位置にあるときには，$U(x)$ だけの仕事能力すなわちエネルギーを生み出しうる能力を潜在的に有しているということを意味している．

実際 (3.36) は位置エネルギーの減少分だけ力 F が仕事をすることを示している．

また (3.37) では $U(x(a)) > U(x(b))$ であれば，物体の位置が $x(a)$ から $x(b)$ に移ることによって位置エネルギーが減少し，そのぶんだけ運度エネルギーが増加しているが，それは潜在していたエネルギー $U(x(a))$ の一部 $U(x(a)) - U(x(b))$ が顕在化したことだと解釈される．そのことよりまた，**保存力はその位置エネルギーが減少する向きに働く** *) ことがわかる．

*) 静止状態にあった物体が力を受けると，その力の向きに動きだし，運動エネルギーは増す．その力が保存力であれば，そのとき位置エネルギーは運動エネルギーの増加分だけ減る．したがって保存力は位置エネルギーの減る向きに働く．

例として，先に考察した重力による自由落下を考える．

ここでも鉛直上向きに x 軸をとる．

地表での重力 $F(x) = -mg$ は，$U(x) = mgx + C$ ととれば[*]，$-dU(x)/dx = F(x)$ と表されるので，保存力であり，この場合のエネルギー保存則は (位置エネルギーの基準点を $x = 0$ にとって両辺に共通の C を 0 とすれば)

$$\frac{1}{2}mv(t)^2 + mgx(t) = \frac{1}{2}mv_0^2 + mgx_0. \quad (3.41)$$

すなわち，運動エネルギー $K = mv^2/2$ と位置エネルギー $U(x) = mgx$ (この場合は「重力の位置エネルギー」) の和 (左辺) はつねに始めの値 (右辺) に等しい．もちろんこのことは (3.5)(3.6) を直接代入することによっても確かめられる．そして重力は鉛直下向き，すなわち位置エネルギー mgx の減少する向きである．

ここで重力の位置エネルギーの物理的意味を説明しておこう．

この物体と不動の地球よりなる系 (システム) を考える．そしてこのシステムにたいして外から $F_{\rm ex}$ の力を加えて，物体を地表 $x = 0$ の位置から $x = H$ までゆっくり持ち上げるとしよう．建築中の高さ H のビルの屋上まで建築資材を地上からクレーンでゆっくり持ち上げることを思い浮かべるとよい．その場合には，$F_{\rm ex}$ はクレーンのワイヤーが資材を上に引く力 (ワイヤーの張力) である．ここで「ゆっくり持ち上げる」というのは正確に言うと「各瞬間事実上つりあいを保ち無限の時間をかけて」ということを意味している．したがってその間 $F_{\rm ex} + F(x) = 0$ と考えてよく，物体 (もち上げられる資材) の運動エネルギーは変化し

---

[*] このとき (3.35) は
$$U(x) = -\int_{x_{\rm C}}^{x}(-mg)d\chi$$
$$= mg(x - x_{\rm C}),$$
すなわち $C = -mgx_{\rm C}$ であり，位置エネルギーの基準点 $x_{\rm C}$ を地表 ($x = 0$) にとれば，$C = 0$.

(3.5)
$$v(t) = v_0 - gt.$$
(3.6)
$$x(t) = x_0 + v_0 t - \frac{g}{2}t^2.$$

ない．他方，この過程でシステムの外からの力 (つまりクレーンの張力 F_ex) は

$$\int_0^H F_\mathrm{ex} dx = -\int_0^H F(x)dx$$
$$= mgH = U(H) \qquad (3.42)$$

だけの仕事をしたことになる．そしてこの場合，この仕事量 $U(H)$ は $x = H$ の位置に持ち上げられた物体に，運動エネルギー以外の形で保存されていると考えられる．というのも，この高さ H の地点でクレーンのワイヤーを放せば，物体は初速 0 で落下を始め，重力で加速され，(3.41) 式より地表で

$$\frac{1}{2}mv^2 = mgH \qquad (3.43)$$

だけの運動エネルギーをもつことになるからである．つまり，鉛直下方に重力 mg の働いている空間で物体が高さ H の位置にあることは，物体が地表にあるときにくらべて仕事をする能力を $U(H) = mgH$ だけ多く潜在的に (potentially) 有し，したがってそれだけの運動エネルギーを生み出す能力を有していると解釈できるのである．

このことの意味は，摩擦力と比較すればより明白になる．

物体を粗い面上で引きずって運ぶときには，その物体に摩擦力 (動摩擦力ないしすべり摩擦力) が働く．その摩擦力は進行方向と逆向きで，その大きさ R は垂直抗力 N に比例している [*]．すなわち $R = \mu N$．その比例定数 μ は動摩擦係数と言われる．

摩擦のある水平面上で物体に紐をつけて x 軸にそって原点から $+x$ 方向に $x = H > 0$ の位置までゆっくり引きずって運ぶことを考える (図 3.6)．垂直抗力は重力とつりあっているから，その大きさ N は mg に

[*] 物体が面に接し，面から力を受けているとき，その力を**抗力**，抗力の面に垂直な成分を**垂直抗力**，面に平行な成分を**摩擦力**と言う．

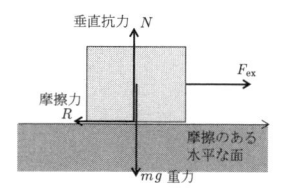

図 3.6 摩擦力と垂直抗力

等しく，したがって動摩擦力の大きさは $R = \mu mg$，その間の摩擦力は，$+x$ 方向を正にとって，$-R$，この摩擦力に抗してゆっくり——つまり運動エネルギーが増えないように事実上つりあいを保って——運ぶための外力 (紐を引く力) は $+x$ 方向に $F_{\text{ex}} = R$，その外力のする仕事は，

$$\int_0^H F_{\text{ex}}\,dx = \int_0^H \mu mg\,dx = \mu mgH.$$

このかぎりでは，形式的には重力の場合と似ているように思われる．しかしこの仕事は，保存されていない．というのも，その地点で手を放しても物体は静止したままであって，動き出さないからである．実際この場合，引きずって運ぶために外力のした仕事は，物理的には摩擦熱のエネルギーとなって物体自体と床と空気中に散逸していったのであり，物体をもとの位置に戻す能力としては，どこにも蓄えられていない．数学的に言うと，この動摩擦力はつねに進行方向と逆向きゆえ，速度 v の符号を $\text{sign}(v)$ と記せば，$F = -\text{sign}(v)\mu mg$ によって与えられ，これは $F = -dU(x)/dx$ の形に表すことができないからである．

エネルギーの概念は，それが保存する場合だけではなく，保存しない運動の解釈においても重要な役割を果たしている．

たとえば先に見た空気抵抗のある場合の落下を考えよう．運動方程式

$$m\frac{dv}{dt} = -mg - \gamma v \qquad (\gamma > 0) \qquad (3.44)$$

の両辺に $v = dx/dt$ を掛けると

$$mv\frac{dv}{dt} = -mg\frac{dx}{dt} - \gamma v^2$$
$$\iff \quad \frac{d}{dt}\left(\frac{m}{2}v^2 + mgx\right) = -\gamma v^2 < 0. \quad (3.45)$$

これは力学的エネルギー $K+U = mv^2/2 + mgx$ が，空気抵抗の影響で減少しつづけると解釈することができる．実際，右辺の $-\gamma v^2 = -\gamma v \times v$ は空気抵抗のする仕事率に他ならない．

なお力学では，一般に x と v の関数 $L(x,v)$ で運動の過程をとおして一定に保たれる量，つまり x や v が運動方程式の解であるときには $dL(x,v)/dt = 0$ すなわち

$$L(x(t), v(t)) = L(x(0), v(0))$$

となる量を**保存量**ないし**第 1 積分**と言う．力が保存力の場合，$K(t) + U(x(t))$ はこの意味で第 1 積分であり，これをとくに**エネルギー積分**と言う．

また，$U(x)$ は，物体が x の位置で有している潜在的エネルギーという意味では「位置エネルギー」ないし「ポテンシャル・エネルギー」と言われるが，(3.34) の関係によって力の場を生成する関数という意味では，単に「ポテンシャル」と言われる．

(3.34)
$$F(x) = -\frac{dU(x)}{dx}.$$

3.6 相空間上での記述

さて，このような 1 次元の運動，すなわち x 軸に沿った運動では，物体のある時刻での状態はその時の速度 v (つまり速度の x 成分) と位置 x で表される．

そこで力 (つまり力の x 成分) が $F(x,v)$ のような形に表される場合もふくめて，一般的に議論するために，$x(t)$ についての 2 階の微分方程式としての運動方程式 $m\ddot{x} = F(x, \dot{x})$ を

$$m\frac{dv}{dt} = F(x,v), \qquad \frac{dx}{dt} = v \qquad (3.46)$$

という，二つの未知関数 x, v にたいする連立 1 階微分方程式と見なすことにしよう．

そしてそれに対応して運動の様子を，横軸に x，縦軸に v をとった 2 次元の平面上で表してみよう．この平面を**相空間**と言い，Ω と記そう[*]．

この相空間 Ω 上ではある時刻の物体の状態が，点

$$Q\begin{pmatrix} x \\ v \end{pmatrix} \tag{3.47}$$

で表される．

そして方程式 (3.46) の解 $x = x(t), v = v(t)$ は相空間上において t をパラメータとするパラメータ表示の曲線を表す．これを**解曲線**と言う．そして，

$$\frac{d}{dt}\begin{pmatrix} x \\ v \end{pmatrix} = \lim_{\Delta t \to 0} \frac{1}{\Delta t}\begin{pmatrix} x(t+\Delta t) - x(t) \\ v(t+\Delta t) - v(t) \end{pmatrix} \tag{3.48}$$

は，その曲線に接するベクトルで，相空間上での点 Q の速度ベクトルを表す (図 3.7)．そうすれば，運動方程式 (3.46) は

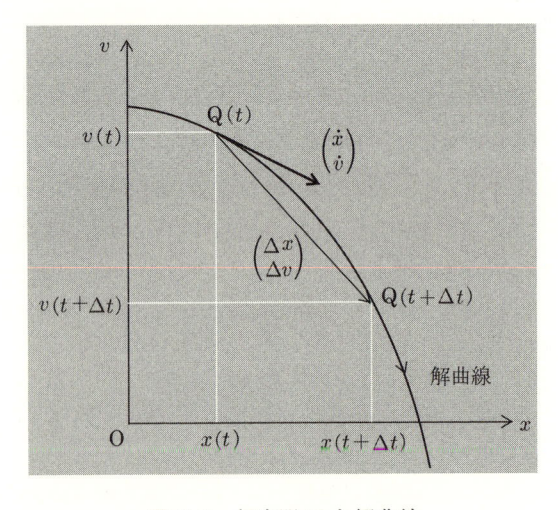

[*] 今の場合，1 次元の運動を考えているので「相空間」は 2 次元の平面になるが，3 次元の運動では「相空間」は座標の 3 成分と速度の 3 成分からなる 6 次元空間になる．

なお通常「相空間」と言うときには，座標 x と運動量 mv のはる空間を言うが，m が一定であれば事実上おなじことである．

また「相空間」は英語では phase space であり，物理学者の書いた書物によってはこれを「位相空間」と訳しているのもあるが，数学では日本語の「位相空間」は別の意味 ('topological space' の訳語) をもっているので，好ましくない．

図 3.7　相空間 Ω と解曲線

$$\frac{d}{dt}\begin{pmatrix} x \\ v \end{pmatrix} = \begin{pmatrix} v \\ F(x,v)/m \end{pmatrix} \qquad (3.49)$$

のように，ベクトルの形で表される．

この式は，相空間上 Ω を動いてゆく点 Q の速度が，この式の右辺で表される速度ベクトル

$$\vec{V}(x,v) \equiv \begin{pmatrix} v \\ F(x,v)/m \end{pmatrix}$$

で与えられることを意味している．相空間の各点 (x,v) にはこの速度ベクトル $\vec{V}(x,v)$ が分布していて，この物体の状態を表す点 Q は，初期値で与えられる点を始点として，各点でこの速度ベクトルに接する曲線の上を進んでゆくと考えてもよい．このように空間の各点 (x,v) にベクトル $\vec{V}(x,v)$ が対応づけられているものを**ベクトル場**と言う．つまり状態の時間変化は点 Q が Ω 上の速度ベクトル場に案内されて進んでゆくという形で表されるのである *)．

自由落下の場合，速度と位置を表す (3.5)(3.6) の 2 式を，相空間 Ω 上で x と v の関係を表す曲線の t をパラメータとするパラメータ表示と見れば，パラメータ t を消去することで，

$$x = x_0 + \frac{v_0^2}{2g} - \frac{v^2}{2g} \qquad (3.50)$$

が得られる．これは (x,v) 平面上の放物線で，もちろんもとの運動方程式 $m\dfrac{dv}{dt} = -mg$ を書き直してえられる，相空間上での運動方程式

$$\frac{d}{dt}\begin{pmatrix} x \\ v \end{pmatrix} = \begin{pmatrix} v \\ -g \end{pmatrix} \qquad (3.51)$$

の解曲線になっている (図 3.8)．つまり各点 (x,v) で

*) ここで言う「ベクトル」はこの (x,v) 空間で 2 成分をもち，この空間での矢線で表されるものという意味．

なお，ベクトルを成分で書くときには縦ベクトルで書くが，文中では印刷の便宜のため横ベクトルで記す．

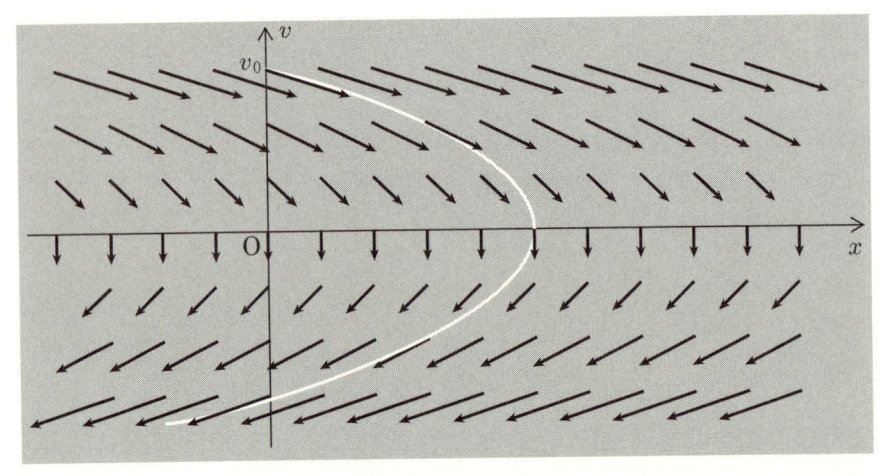

図 3.8 相空間の速度ベクトル場 $\begin{pmatrix} v \\ -g \end{pmatrix}$ と微分方程式 $\dfrac{d}{dt}\begin{pmatrix} x \\ v \end{pmatrix} = \begin{pmatrix} v \\ -g \end{pmatrix}$ の解曲線 (白線)

この右辺の速度ベクトル $\vec{V}(x,v) = (v, -g)$ に接する曲線であり, $v > 0$ で x は増加, $v < 0$ で x は減少であるから, 状態を表す点 $Q(x, v)$ は, この放物線上を図に描きこまれた矢印の向きに移動してゆく. 初期値が異なれば出発点は異なるが, その場合の解曲線は同一の放物線を x 方向に平行移動したものになっている.

ところでこの式 (3.50) は, エネルギー保存則を表す (3.41) とおなじものである. つまり相空間 Ω 上で物体の状態を表す点 $Q(x,v)$ は, この場合, Ω 上で力学的エネルギーを一定に保つ曲線 (等エネルギー曲線) 上を動いてゆく. 運動の過程で力学的エネルギーが保存するのであるから当然である. つまりエネルギーが保存する 1 次元の系では, 解曲線は等エネルギー曲線と一致する [*].

(3.41)
$$\frac{m}{2}v^2 + mgx = \frac{m}{2}v_0^2 + mgx_0.$$

[*] ただし後に見るように, 等エネルギー曲線上に $x = $ const., $v = $ const. という解——不動点——が乗っている場合, その等エネルギー曲線は単一の解ではない.

もちろん, エネルギーが保存しない運動の場合も,

解曲線は存在する．

速度に比例した空気抵抗のある場合を考える．

この場合の，相空間 Ω で表した運動方程式は

$$\frac{d}{dt}\begin{pmatrix} x \\ v \end{pmatrix} = \begin{pmatrix} v \\ -g - \lambda v \end{pmatrix} \quad (3.52)$$

であり，状態を表す点 Q はこの右辺のベクトル場 $\vec{V}(x,v) = (v, -g - \lambda v)$ に案内されて相空間上を進んでゆく (図 3.9)．その解曲線は (3.20)(3.23) からパラメータ t を消去することによって

$$x = x_0 + \frac{g}{\lambda^2} \log\left(\frac{v + v_\infty}{v_0 + v_\infty}\right) - \frac{v - v_0}{\lambda} \quad (3.53)$$

と得られる $(v_\infty = g/\lambda)$．ただしこの場合，力は $-dU/dx$ の形に書けない (保存力ではない) ので，エ

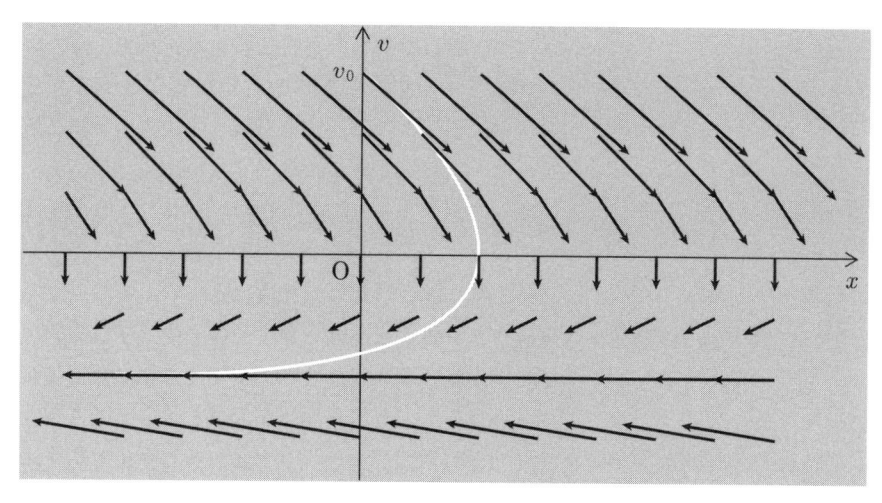

図 3.9 相空間の速度ベクトル場 $\begin{pmatrix} v \\ -g - \lambda v \end{pmatrix}$ と微分方程式 $\frac{d}{dt}\begin{pmatrix} x \\ v \end{pmatrix} = \begin{pmatrix} v \\ -g - \lambda v \end{pmatrix}$ の解曲線 (白線)．

ネルギー保存則が成り立たず，この曲線はエネルギーが一定の曲線ではない．実際，図からわかるように，同一の x の値にたいしても運動エネルギー，したがって速さ $|v|$ は同一ではない．いずれにせよ，相空間による運動 (運動方程式の解) の記述は有用であり，以下で振動現象の解明に多用することになる．

第4章

調和振動，減衰振動，強制振動

4.1 調和振動の方程式とその解

　変位に比例する復元力を受けた物体の運動を考える.
　このような力の典型としては，弾性限界内のばねの力が考えられる．つまり通常のばねは，馬鹿にならない範囲では，自然長より伸びているときには縮もうとし，縮んでいるときには伸びようとし，その復元力の大きさは伸びや縮みに比例している (フックの法則).
　それゆえ，図 4.1 のように，水平で滑らかな床のうえで一端を固定されたばねの他端に錘(おもり)をつけ，その錘を一直線上で振動させる場合 (ばね振動)，ばねが自然長のときの錘の位置を原点にとれば，錘の座標を x として，錘に働く力は，x の増す向きを正として

$$F(x) = -kx$$

のように表される (k は正の定数).
　もちろんそれ以外にも，後に見るように安定なつりあい点の近傍で物体に働く力は，多くの場合，近似的にこのように表される (p.103 参照)．それゆえ，この種の力のもとでの運動は，物理学においてきわめて重要なことは言うまでもないが，数学的にも重要性は劣

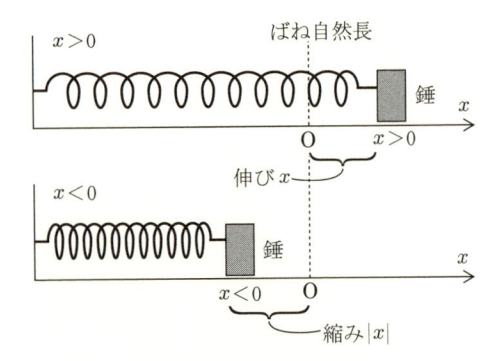

図 4.1 錘に働くばねの復元力
$$\begin{cases} x>0 & -x\text{ 方向に大きさ } kx \\ x<0 & +x\text{ 方向に大きさ } k|x| \end{cases}$$
$$\therefore \quad \text{力の } x \text{ 成分はつねに } F=-kx$$

らないので，少し詳しく見てゆくことにしよう．

このときの錘の運動方程式は

$$m\frac{dv}{dt}=-kx \quad \text{ただし} \quad v=\frac{dx}{dt}, \quad (4.1)$$

あるいは v を消去して

$$m\frac{d^2x}{dt^2}=-kx. \quad (4.2)$$

この形の運動方程式に支配された運動を**調和振動**ないし**単振動**，したがって，この形の運動方程式を**調和振動 (単振動) の方程式**と言う．

ここでこの方程式を解く (x と v を t の関数として求める) に先立って，この力は

$$F(x)=-kx=-\frac{d}{dx}\left(\frac{1}{2}kx^2\right) \quad (4.3)$$

と書けるから保存力であり，位置エネルギー (ポテンシャル)

$$U(x) = -\int_0^x F(\chi)d\chi = \frac{1}{2}kx^2 \qquad (4.4)$$

が定義できることに注目しよう (基準点を原点にとった).

ばね振動の場合のこの位置エネルギーの物理的な意味は，次のように考えられる．

ばねにつながれているこの錘に外から水平な力 $F_{ex}(x)$ を加えて，原点 (ばねが自然長の位置) から x の位置までゆっくり運ぶ——$x > 0$ ならばねを引き伸ばす，$x < 0$ なら押し縮める——仕事を考える．ここで「ゆっくり」とは，前にも説明したように「各瞬間事実上つりあいを保って」，つまり途中 $F_{ex}(x) + F(x) = 0$ の状態を保って錘を運ぶことであり，それゆえ外から加える力は $F_{ex}(x) = -F(x) = kx$. このとき，ばねと錘からなるこのシステムにたいしてこの力のした仕事は

$$W_{ex} = \int_0^x F_{ex}(\chi)d\chi = \int_0^x k\chi d\chi = \frac{1}{2}kx^2. \quad (4.5)$$

しかしこの間，錘に働く力は事実上つりあっていたのであるから，錘の運動エネルギーは変化せず，この仕事はすべてばねを引き伸ばす (ないし押し縮める) のに使われたことになる．そしてその仕事は，x 伸びた ($|x|$ 縮んだ) 状態のばねに蓄えられていると考えられる．実際，この状態で支えをはずせば錘はばねに引かれて動き出し，ばねが自然長 (伸び縮みなし) の状態になるまでにばねが錘にする仕事は

$$W = \int_x^0 F(\chi)d\chi = \int_x^0 (-k\chi)d\chi = \frac{1}{2}kx^2 \quad (4.6)$$

で，たしかにこれは W_{ex} に等しい．つまり，x 伸びた ($|x|$ 縮んだ) ばねは $U(x) = kx^2/2$ に相当するだけの仕事をする能力——すなわち運動エネルギーを生み出す能力——を潜在的に保有しているのであり，物理的

にはこれをばねの**弾性エネルギー**と呼んでいる．つまり，この場合の位置エネルギー $U(x)$ はばねの弾性エネルギーのことである．

こうして，初期条件を $x(0) = x_0$, $v(0) = v_0$ とすれば，一般論として (3.38) に導いたように，今の場合も**エネルギー保存則**

$$\frac{1}{2}mv^2 + \frac{1}{2}kx^2 = \frac{1}{2}mv_0^2 + \frac{1}{2}kx_0^2 \qquad (4.7)$$

が成り立つ．物理的には錘の運動エネルギーとばねの弾性エネルギーの和が一定，つまりエネルギーは錘とばねの間で行き来しているが，その総量は増えも減りもしないことを表している．

もちろんこの結果は，(4.1) の 2 式を辺々掛け合わせ

$$mv\frac{dv}{dt} = -kx\frac{dx}{dt} \iff \frac{d}{dt}\left(\frac{m}{2}v^2 + \frac{k}{2}x^2\right) = 0$$

$$\therefore \quad \frac{m}{2}v^2 + \frac{k}{2}x^2 = E\,(\text{const.}). \qquad (4.8)$$

としても導くことができる．定数 E の値は初期条件から決まり，そうすればあらためて (4.7) が得られる．

したがって，錘の振動範囲は

$$\frac{1}{2}mv^2 = \frac{1}{2}mv_0^2 + \frac{1}{2}kx_0^2 - \frac{1}{2}kx^2 \geqq 0$$

より

$$|x| \leqq \sqrt{\frac{m}{k}v_0^2 + x_0^2} \equiv A. \qquad (4.9)$$

この A が振動の振幅を与える (図 4.2)．またこの振幅をもちいれば，上記のエネルギー保存則は

$$\frac{1}{2}mv^2 + \frac{1}{2}kx^2 = \frac{1}{2}kA^2 \qquad (4.10)$$

と書き直される．

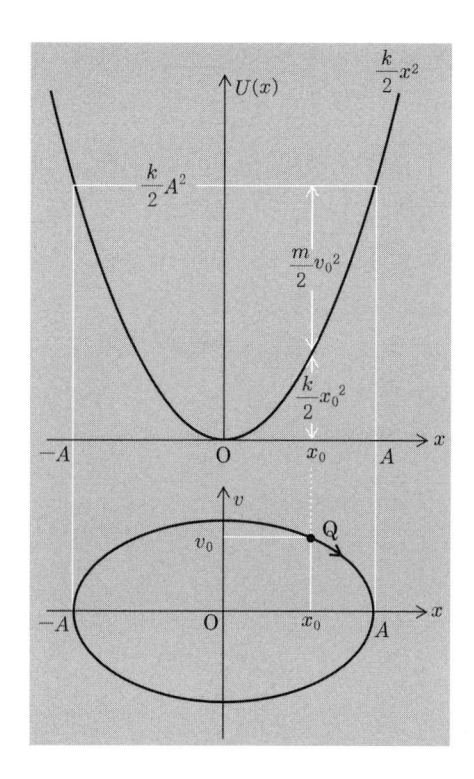

図 4.2　ポテンシャル (上) と解曲線 (下)

$x_0 = 0$ かつ $v_0 = 0$ であれば，$A = 0$ であり，つねに $x(t) = 0$ かつ $v(t) = 0$，つまりばねが自然長の位置で錘を静かに放せば，錘はその位置に静止しつづける．この解を**定常解**ないし**平衡解**と言う．

それ以外の場合，(4.10) 式すなわち

$$\frac{v^2}{(\sqrt{k/m}A)^2} + \frac{x^2}{A^2} = 1 \qquad (4.10)'$$

は相空間 Ω すなわち (x, v) 平面上の楕円である (例 2.3 参照)[*]．このように初期値の組 (x_0, v_0) がひとつ与えられたら，定常解以外では，楕円がひとつ決まる．つまり今の場合，状態を表す点 $Q(x, v)$ が相空間

[*] 例 2.3 の楕円の方程式

(2.41)　$\dfrac{x^2}{a^2} + \dfrac{y^2}{b^2} = 1.$

上に描く軌跡——解曲線——が楕円である.

次のように言ってもよい.もとの運動方程式は

$$\frac{d}{dt}\begin{pmatrix} x \\ v \end{pmatrix} = \begin{pmatrix} v \\ -kx/m \end{pmatrix} \tag{4.11}$$

と表される.この式の意味するところは,相空間 Ω にはこの式の右辺で与えられる速度ベクトル場が存在し (つまり図 4.3 のように相空間 Ω の各点 (x,v) にこの速度ベクトル $\vec{V}(x,v) = (v,-kx/m)$ が分布していて),点 Q は始点 (x_0,v_0) から (始点が原点でないか

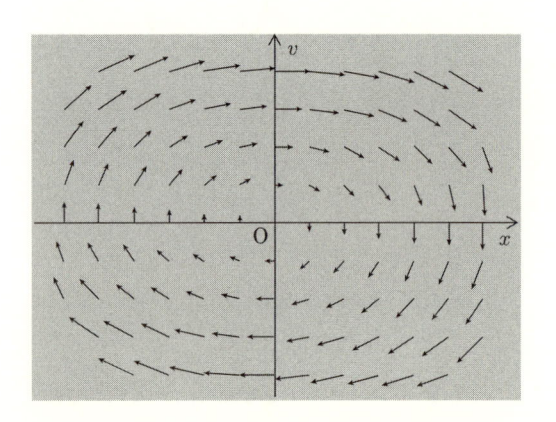

図 4.3　方程式 (4.11) のベクトル場

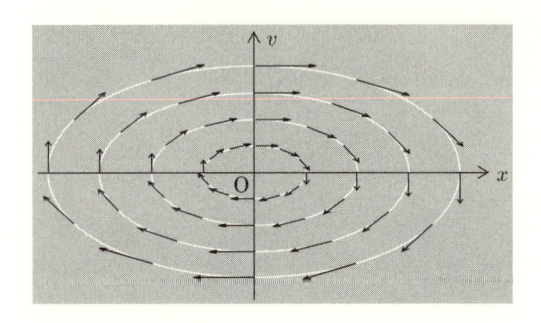

図 4.4　相空間 Ω 上のベクトル場と解曲線

ぎり），この各点 (x,v) での速度ベクトル $\vec{V}(x,v)$ に案内されて進んでゆくということである．こうして Q は相空間上にある軌跡——解曲線——を描くが，それがこの場合 (4.10) で表される楕円なのである（図 4.4）．各点で速度ベクトルはこの楕円に接している．

ところで，楕円は円を一方向に拡大ないし縮小したものであるから（例 2.3 参照），一方の座標軸をスケール変換することによってこの楕円を扱いやすい円に変形することができる．そこで，v のかわりに

$$u \equiv \sqrt{\frac{m}{k}}v \tag{4.12}$$

と定義した u をもちいると，解曲線 (4.10)′ は，新しい相空間 Ω' である (u,x) 平面上では

$$x^2 + u^2 = A^2 \tag{4.13}$$

と表される（図 4.5；議論の便宜のために Ω' では横軸

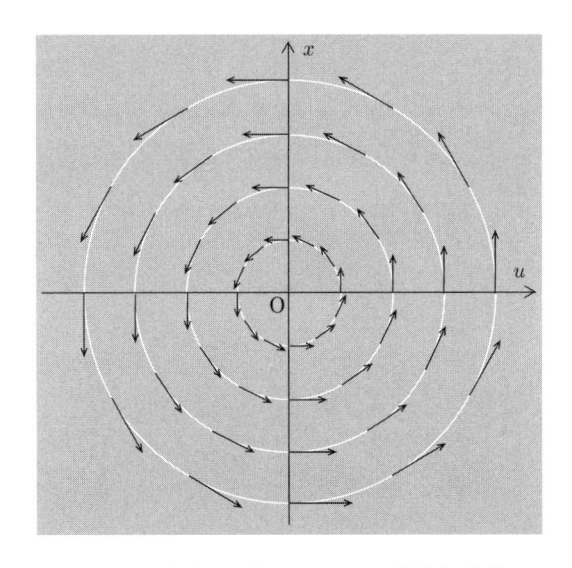

図 4.5 相空間 Ω' 上のベクトル場と解曲線

に u, 縦軸に x をとる). これは原点を中心とする半径 $A = \sqrt{(m/k)v_0^2 + x_0^2}$ の円である. そして, 状態を表す点 $Q'(u, x)$ は始点 $(u(0), x(0)) = (\sqrt{m/k}v_0, x_0)$ をとおるこの円周上を図で反時計まわりに動いてゆく. それというのも, この空間での運動方程式は

$$\frac{d}{dt}\begin{pmatrix} u \\ x \end{pmatrix} = \sqrt{\frac{k}{m}}\begin{pmatrix} -x \\ u \end{pmatrix} \quad (4.14)$$

であり, $u > 0$ (第 1, 第 4 象限) で $\dot{x} > 0$ すなわち x は増加, $u < 0$ (第 2, 第 3 象限) で $\dot{x} < 0$ すなわち x は減少だからである.

それゆえ, 時刻 t に直線 OQ' と u 軸のなす角を $\phi(t)$ として

$$u = A\cos\phi(t), \quad x = A\sin\phi(t)$$

と記すことができる (図 4.6a). このとき, (4.14) の右辺の速度ベクトル

$$\vec{V'}(u, x) = \sqrt{\frac{k}{m}}\begin{pmatrix} -x \\ u \end{pmatrix} = \sqrt{\frac{k}{m}}\begin{pmatrix} -A\sin\phi \\ A\cos\phi \end{pmatrix}$$
$$= \sqrt{\frac{k}{m}}\begin{pmatrix} A\cos(\phi + \pi/2) \\ A\sin(\phi + \pi/2) \end{pmatrix}$$

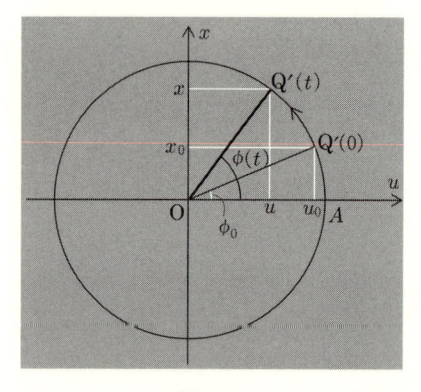

図 4.6a

は，長さがベクトル $\overrightarrow{OQ'} = (u, x)$ に比例し，向きは $\overrightarrow{OQ'}$ を反時計回りに $\pi/2$ 回転させた方向を向き，したがって $\overrightarrow{OQ'} = (u, x)$ に直交し，原点を中心とする同心円に接している (図 4.6b)．

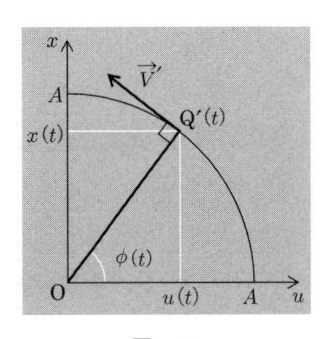

図 4.6b

そして $u = A\cos\phi(t)$，$x = A\sin\phi(t)$ を，運動方程式 (4.14) に代入して，三角関数の微分公式を使うと

$$\frac{d}{dt}A\cos\phi(t) = -A\sin\phi(t)\frac{d\phi(t)}{dt} = -\sqrt{\frac{k}{m}}A\sin\phi(t),$$

$$\frac{d}{dt}A\sin\phi(t) = A\cos\phi(t)\frac{d\phi(t)}{dt} = \sqrt{\frac{k}{m}}A\cos\phi(t).$$

したがって

$$\frac{d\phi(t)}{dt} = \sqrt{\frac{k}{m}}.$$

すなわち，図 4.6ab で点 Q′ は円周 (4.13) 上を一定角速度 $\sqrt{k/m} \equiv \omega$ で周回する．それゆえ $\phi(t)$ は，

$$\phi(t) = \omega t + \phi_0$$

と表され，方程式 (4.1)(4.2) の次の解が得られる：

$$\begin{aligned} x(t) &= A\sin(\omega t + \phi_0), \\ v(t) &= \omega u(t) = \omega A\cos(\omega t + \phi_0). \end{aligned} \quad (4.15)^{*)}$$

*) もちろん (4.15) 式の第 2 式は第 1 式より $v = dx/dt$ としても求まる．

この運動は相空間 Ω' の解曲線である円周を一周するごとに同一の運動をくり返すので，**周期運動**と言われる．その周期は円周を一周してもとの状態に戻る (位置と速度がともにもとの値に戻る) 時間であり，

$$\text{周期：} \quad T = \frac{2\pi}{\omega} = 2\pi\sqrt{\frac{m}{k}}. \qquad (4.16)^{*)}$$

これは振幅にはよらない．そのことを「ばね振動の等時性」と言う．図 4.5 で相空間上の速度 $\vec{V}$ の大きさが接する円の半径に比例して大きくなるので，一周する時間が円の大きさによらずに一定になるからである．

さて，こうして得られた解 (4.15) にはふたつの任意定数 (積分定数) A と ϕ_0 が含まれていて，これらは初期条件から

$$v(0) = v_0 = \omega A \cos\phi_0, \quad x(0) = x_0 = A\sin\phi_0$$

と決定される．A は相空間 Ω' で原点と始点 Q$'(0)$ までの距離，ϕ_0 は原点と始点 Q$'(0)$ を結ぶ直線と u 軸がなす角度である．ϕ_0 を $0 \leqq \phi_0 < 2\pi$ の範囲に，そして $A \geqq 0$ に決めておけば，どのような初期条件が与えられても，対応するように定数 A, ϕ_0 の組を一意的に選ぶことができる #)．それゆえこの解 (4.15) は，微分方程式 (4.1)(4.2) の一般解と言われる．

解の一意性，つまり与えられた初期条件を満たす解がこのひとつに限られることは，つぎのように示される．

もしもこれとおなじ初期条件の解が別にあったとして，それを x' と v' とする．もとの方程式に代入することによって，$x^* = x' - x$, $v^* = v' - v$ も解であることがわかる．ただし，この解の初期条件は $t = 0$ で $x^* = 0$, $v^* = 0$ ゆえ，この解にたいするエネルギー保存則は

---

*) $\omega = \sqrt{k/m}$ は相空間 Ω' でのベクトル $\overrightarrow{OQ}$ の回転角速度であるが，現実の錘の運動は 1 次元 (1 直線上) の振動であり，この振動運動にたいしては，ω は**角振動数**と言われる．

#) $A = \sqrt{x_0^2 + \frac{m}{k}v_0^2}$,
$\cos\phi_0 = v_0/\omega A$,
$\sin\phi_0 = x_0/A$.

$$\frac{1}{2}m(v^*)^2 + \frac{1}{2}k(x^*)^2 = 0,$$

したがって，恒等的に $x^* = 0$，$v^* = 0$，すなわちすべての時刻にたいして $x' = x$，$v' = v$．このことは，相空間上の解曲線が交差したり枝分かれしたりしないことを保証し，物理的には，はじめに位置と速度を与えると，その後の錘の運動が完全に決定されることを意味している．

なお，三角関数の微分法の公式より

$$\frac{d}{dt}\sin(\omega t) = \omega\cos(\omega t),$$
$$\frac{d}{dt}\cos(\omega t) = -\omega\sin(\omega t),$$
$$\therefore \quad \frac{d^2}{dt^2}\sin(\omega t) = -\omega^2\sin(\omega t),$$
$$\frac{d^2}{dt^2}\cos(\omega t) = -\omega^2\cos(\omega t)$$

であるから，$\omega = \sqrt{k/m}$ であれば $\sin(\omega t)$，$\cos(\omega t)$ はともに (4.1)(4.2) の解であり，したがって a と b を任意の定数として

$$\begin{aligned} x(t) &= a\sin(\omega t) + b\cos(\omega t), \\ v(t) &= \dot{x}(t) = \omega\{a\cos(\omega t) - b\sin(\omega t)\} \end{aligned} \quad (4.17)$$

も解である．この場合は a, b が積分定数であり，任意に与えられた初期条件 $x(0) = x_0$，$v(0) = v_0$ にたいして定数を $a = v_0/\omega$，$b = x_0$ と選ぶことができるので，この解も一般解である[*]．そして，この初期値問題の解は

$$x(t) = \frac{v_0}{\omega}\sin(\omega t) + x_0\cos(\omega t), \quad (4.18)$$
$$v(t) = v_0\cos(\omega t) - \omega x_0\sin(\omega t). \quad (4.19)$$

この結果と調和振動の方程式の初期値問題の解の一

[*] 一般に未知関数がひとつの 2 階の微分方程式ないし未知関数が二つの 1 階連立微分方程式の，任意定数を二つ含む解は**一般解**である．

意性から，三角関数の加法公式を導くことができる．

初期条件が $x(0) = A\sin\phi_0$, $v(0) = \omega A\cos\phi_0$ の解は，(4.18)(4.19) より

$$x(t) = A\{\cos\phi_0 \sin(\omega t) + \sin\phi_0 \cos(\omega t)\},$$

$$v(t) = \omega A\{\cos\phi_0 \cos(\omega t) - \sin\phi_0 \sin(\omega t)\}.$$

他方，

$$x(t) = A\sin(\omega t + \phi_0), v(t) = \omega A\cos(\omega t + \phi_0)$$

もおなじ初期値問題の解である．しかるに，解は一意的であるから，両者は等しい．それゆえ ωt, ϕ_0 をそれぞれ α, β と書き直せば，

正弦関数の加法公式:

$$\sin(\alpha + \beta) = \sin\alpha\cos\beta + \cos\alpha\sin\beta, \quad (4.20)$$

余弦関数の加法公式:

$$\cos(\alpha + \beta) = \cos\alpha\cos\beta - \sin\alpha\sin\beta. \quad (4.21)$$

4.2 不動点とその近傍の運動

前節で見た調和振動において，初期値が $x(0) = 0$, $v(0) = 0$ であれば解は定常解，つまり恒等的に $x(t) = 0$, $v(t) = 0$ であり，この解に相当する相空間の解曲線は動かない点で表される．相空間におけるこの点を**不動点**と言う．力学的にはつりあい点のことである．

このことは，ばね振動のケースでは，ばねが自然長の位置に速度を与えずに置かれた錘はいつまでのその点に静止し続けることを表している．とくにこの場合，つまり力が $F(x) = -kx$ の場合，錘をつりあい点 ($x = 0$) に置けば静止し続けるだけではなく，そこからわずかにずれたとしても，働く力は $x > 0$ では $F(x) < 0$, $x < 0$ では $F(x) > 0$ で，つねにそのつり

あい点にひき戻す向きであり，つりあい点から大きく離れてゆくことはない．その意味でそのつりあいは安定と言われる．このことは，位置エネルギー $U(x) = kx^2/2$ で言えば，原点 $(x = 0)$ は $U(x)$ の極小 (この場合は最小) でつりあい点であるだけではなく，力は位置エネルギーの低くなる向きであるから，原点の近くで錘はつねに原点に引き戻されると考えてもよい．つまり位置エネルギー (ポテンシャル) が極小になる点は**安定なつりあい**である．

一般的には，つぎのように言える．

1 次元の運動において，力が保存力で位置エネルギー (ポテンシャル) $U(x)$ が定義できる場合を考える．働く力は $F(x) = -dU(x)/dx$．いま $x = a$ がつりあい点だとすると，$F(a) = 0$．それゆえ，この点の近傍で力とポテンシャルは，$dF(x)/dx$ を $F'(x)$ で記して

$$F(x) = F'(a)(x-a),$$
$$U(x) = U(a) - \frac{1}{2}F'(a)(x-a)^2 \qquad (4.22)$$

と近似できる [*]．

とくに $F'(a) = -k < 0$ であれば，つりあい点 $x = a$ の近傍で

$$F(x) \fallingdotseq -k(x-a),$$
$$U(x) \fallingdotseq U(a) + \frac{k}{2}(x-a)^2 \qquad (4.23)$$

と近似でき，このつりあい点ではポテンシャルが極小で，近傍で力はつねにつりあい点 $(x = a)$ に戻す向きになり，このつりあいは**安定**である．そしてこの近くで物体は調和振動で近似できる微小振動をおこない，相空間の対応する不動点 $(a, 0)$ のまわりの解曲線は楕円で近似される．このとき，この不動点は**渦点**ないし**楕円型**と言われる．

[*] 一般に，微分可能な関数にたいして $x = a$ の近傍で $F(x) = F(a) + F'(a)(x-a) + O((x-a)^2)$ と書ける ((2.3) 参照)．ここで $F(a) = 0$ を考慮し，$(x-a)$ の 2 乗以上の項を無視すれば，

$$F(x) = F'(a)(x-a).$$

さらに $dU(x)/dx = -F(x)$ より，$(x-a)$ の 3 乗以上の項を無視して

$$U(x) = U(a) - \frac{1}{2}F'(a)(x-a)^2.$$

逆に，$F(a) = 0$ であるが，$F'(a) = k > 0$ の場合は，つりあい点 $x = a$ の近傍で

$$F(x) \fallingdotseq k(x-a), \quad U(x) \fallingdotseq U(a) - \frac{k}{2}(x-a)^2 \tag{4.24}$$

と近似でき，このつりあい点ではポテンシャルが極大で，近傍で力はつねにつりあい点から遠ざける向きになり，つりあいは**不安定**である．

この不安定なつりあい点の近傍の運動を考えるために，この点を原点にとる座標系に移ることにしよう．

このときこの点の近くでの運動方程式は

$$m\frac{dv}{dt} = kx \quad \text{ただし} \quad v = \frac{dx}{dt}, \tag{4.25}$$

すなわち

$$m\frac{d^2x}{dt^2} = kx. \tag{4.26}$$

相空間 Ω で表せば

$$\frac{d}{dt}\begin{pmatrix} x \\ v \end{pmatrix} = \begin{pmatrix} v \\ kx/m \end{pmatrix}. \tag{4.27}$$

この右辺で表される速度ベクトル場は図 4.7 のようになっている．

この場合，この点 (原点) の近くで位置エネルギーは

$$U(x) = U(0) - \frac{1}{2}kx^2 \tag{4.28}$$

と近似され，初期条件を $x(0) = x_0$, $v(0) = v_0$ とすれば，エネルギー保存則

$$\frac{1}{2}mv^2 - \frac{1}{2}kx^2 = \frac{1}{2}mv_0^2 - \frac{1}{2}kx_0^2 = E \tag{4.29}$$

が成り立つ．この値 E は初期条件によって正にも 0

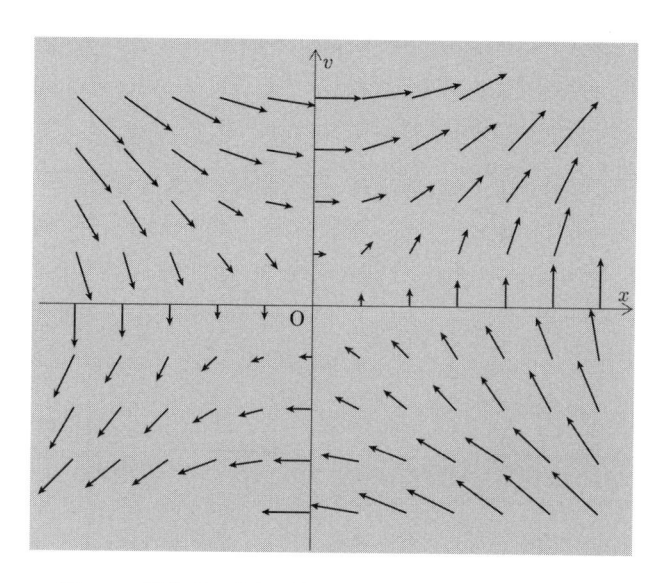

図 4.7　双曲型不動点 (鞍点) のまわりのベクトル場

にも負にもなりうる．

調和振動の場合と同様に $u \equiv \sqrt{m/k}v$ と定義すれば，相空間 Ω' 上での運動方程式は

$$\frac{d}{dt}\begin{pmatrix} u \\ x \end{pmatrix} = \sqrt{\frac{k}{m}} \begin{pmatrix} x \\ u \end{pmatrix}. \quad (4.30)$$

また解曲線は

$$u^2 - x^2 = \pm A^2 \quad (\text{符号はエネルギーの正負に対応}) \quad (4.31)$$

となり，これは $A \neq 0$ であれば双曲線を[*]，$A = 0$ では原点を通る直線 $(x = \pm u)$ を表す．

この場合も，運動方程式を解くことは可能である．実際，**双曲線関数**

[*] $u^2 - x^2 = \pm A^2$ が双曲線を表すことについては p.223 (6.87) 式参照．

$$\cosh\phi \equiv \frac{\exp(\phi)+\exp(-\phi)}{2},$$
$$\sinh\phi \equiv \frac{\exp(\phi)-\exp(-\phi)}{2}, \quad (4.32)$$

を定義すると，$A\neq 0$ で $E>0$ (力学的エネルギーが正) の場合

$$u = A\cosh\phi(t), \quad x = A\sinh\phi(t) \quad (4.33)$$

と表すことができる ($E<0$ の場合は u と x を入れ替えればよい)[*)]. 定義よりあきらかに

$$\frac{d\cosh\phi}{d\phi} = \sinh\phi, \quad \frac{d\sinh\phi}{d\phi} = \cosh\phi$$

であるから，これを運動方程式に代入すれば，$\phi(t)$ の満たす方程式とその解は

$$\frac{d\phi(t)}{dt} = \sqrt{\frac{k}{m}} \equiv \omega \quad \therefore \quad \phi(t) = \omega t + \phi_0. \quad (4.34)$$

初期条件が $t=0$ で $x=x_0$, $u=u_0=v_0/\omega$ の解は [#)]

$$x = x_0\cosh\omega t + u_0\sinh\omega t,$$
$$u = x_0\sinh\omega t + u_0\cosh\omega t.$$

あるいは x と v で表せば

$$x = x_0\cosh\omega t + \frac{v_0}{\omega}\sinh\omega t, \quad (4.35)$$
$$v = \omega x_0\sinh\omega t + v_0\cosh\omega t. \quad (4.36)$$

$A=0$ すなわち $E=0$ の場合，とくに $x_0=0$, $v_0=0$ であれば，解は恒等的に $x=0$, $v=0$ で，この点 (原点) は不動点である．

しかし原点の近くをとおる解曲線は双曲線であり (図 4.8)，前後に伸ばせばかならず原点から大きく離れてゆく．それゆえ，原点の近くの点から動き出した

[*)] 定義 (4.32) より
$\cosh^2\phi - \sinh^2\phi = 1$.

[#)]
$$\begin{cases} u_0 = \frac{A}{2}(e^{\phi_0}+e^{-\phi_0}), \\ x_0 = \frac{A}{2}(e^{\phi_0}-e^{-\phi_0}), \end{cases}$$
$\therefore$
$$\begin{cases} Ae^{\phi_0} = u_0 + x_0, \\ Ae^{-\phi_0} = u_0 - x_0. \end{cases}$$

物体は，x_0 や v_0 がいかに小さくとも，十分時間がたてば不動点からいくらでも遠ざかってゆく．この場合の不動点を**鞍点**ないし**双曲型**と言う．

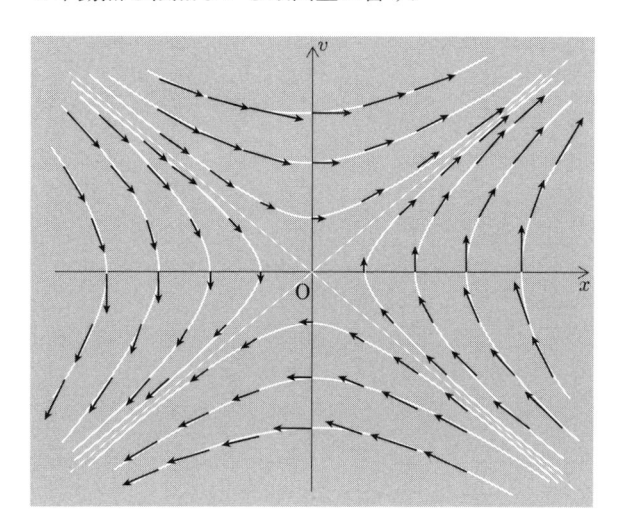

図 4.8　双曲型不動点の近くのベクトル場と解曲線

とくに $A = 0$ の場合，x_0 と v_0 が 0 でなければ解曲線は原点をとおる直線で，これは双曲線の漸近線になっている．そしてこの直線を境に運動の様子が大きく変わるので，この線を**分離線**と言う．

始点がこの分離線上の点 $x(0) = a \neq 0$, $v(0) = \omega a$ であれば，解は $x = a\exp(\omega t)$, $v = \omega a \exp(\omega t)$ で，$t \to -\infty$ で原点にいくらでも接近するが，過去の有限の時間に原点から出発したのではない．逆に $x(0) = a \neq 0$, $v(0) = -\omega a$ であれば，解は $x = a\exp(-\omega t)$, $v = -\omega a \exp(-\omega t)$ で，$t \to \infty$ で原点にいくらでも接近するが，有限の時間に原点に到達することはない．したがって，$x = 0$, $v = 0$ という不動点で表される定常解と，その点を通る直線 $x = \pm v/\omega$ で表される解は，異なる解である．つまり $E = 0$ の等エネルギー線

は原点で交差しているが，原点はそれだけで単独の解を表し，$x = v/\omega > 0$, $x = v/\omega < 0$, $x = -v/\omega > 0$, $x = -v/\omega < 0$ の 4 本の直線 (半直線) もそれぞれ異なる解曲線である．

しかしいずれにせよ，このような解析的な表現が得られることよりも，むしろ相空間上の解曲線によって運動の大局的な様相が見通せることのほうが重要な場合が多い．そのことが相空間による記述の利点と言える．

ところで，不動点が楕円型でポテンシャルの極小点になるケースは多く見られるが，このようにポテンシャルの極大で双曲型になる現象も，決して珍しくはない．

すこし人工的な例として，フックの復元力 $(-kx)$ のほかに伸びと縮みで非対称になる力 $(+kx^2/a)$ の加わったとき $(F = -kx + \dfrac{k}{a}x^2)$ の物体の運動を考えよう (k, a はともに正の定数で，a は長さの次元をもつ)．

相空間 Ω での運動方程式は

$$\frac{d}{dt}\begin{pmatrix} x \\ v \end{pmatrix} = \begin{pmatrix} v \\ -kx/m + kx^2/ma \end{pmatrix}.$$

右辺の速度ベクトル場は図 4.9 で与えられる．つりあい点は $F = 0$ より $x = 0, x = a$．したがって相空間上の不動点は $v = 0$ で $x = 0$ と $v = 0$ で $x = a$ の 2 点である．その周囲の様子をつぎのようにして調べよう．

位置エネルギーはこの場合，基準点を原点にとって

$$U(x) = -\int_0^x F(\chi)d\chi = -\int_0^x \left(-k\chi + \frac{k}{a}\chi^2\right)\chi$$
$$= \frac{k}{2}x^2 - \frac{k}{3a}x^3.$$

$x = 0$ は位置エネルギーの極小で安定なつりあい，他

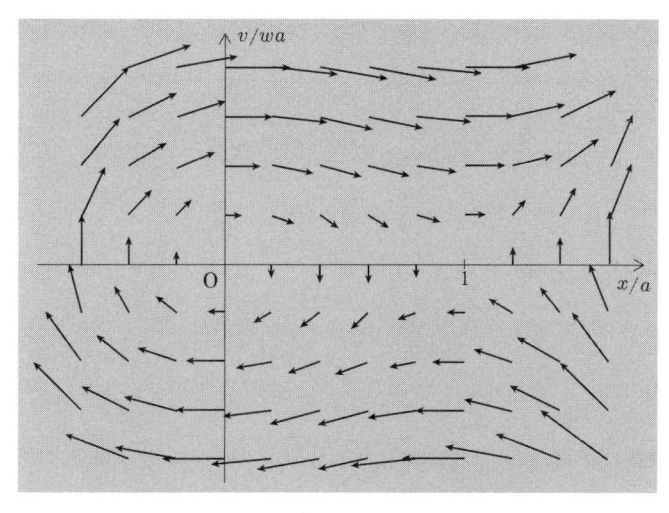

図 4.9 ベクトル場 $\begin{pmatrix} v \\ -kx/m + kx^2/ma \end{pmatrix}$

方, $x = a$ は位置エネルギーの極大で不安定なつりあい (図 4.10).

実際, $x = 0$ の近くでは力は $F \simeq -kx$ と近似され, つりあい点 ($x = 0$) に引き戻す向き. 他方, $x = a$ の近くでは $F = k(x-a) + \dfrac{k}{a}(x-a)^2 \simeq k(x-a)$ となり*), $x \gtreqless a$ で $F \gtreqless 0$. すなわち力はつりあい点 ($x = a$) から引き離す向き. したがって原点の不動点は楕円型, もう一方の不動点 $(a, 0)$ は双曲型.

解曲線はエネルギー保存則

$$\frac{m}{2}v^2 + \frac{k}{2}x^2 - \frac{k}{3a}x^3 = E$$

で与えられる (図 4.10). たしかにふたつの不動点はそれぞれ楕円型と双曲型の特徴を示している.

原点の近くで小さな運動エネルギー (E (全エネルギー)$< U(a) = ka^2/6$) を与えられた物体は原点の近

*)
$$\begin{aligned} F &= \frac{k}{a}x(x-a) \\ &= \frac{k}{a}(x-a+a)(x-a) \\ &= k(x-a) + \frac{k}{a}(x-a)^2. \end{aligned}$$

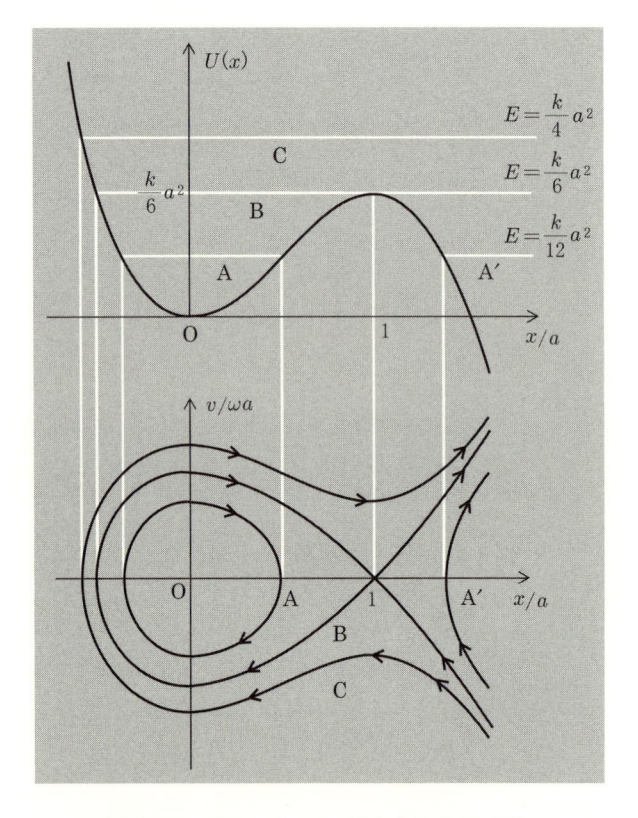

図 4.10 ポテンシャル (上) と解曲線 (下)

傍で振動運動をする．この運動は原点のまわりをまわる解曲線 A で表される．おなじ大きさのエネルギーでも，原点から正方向に十分遠く離れた点から原点方向に向けて動き出した物体では，$x = a$ のポテンシャルの山を越えることができず，跳ね返されて無限遠 ($x \to +\infty$) に飛び去る．この運動は図の解曲線 A′ で表される．原点の十分近くの振動では，$F \simeq -kx$ と近似され，その場合，運動は角振動数 $\omega = \sqrt{k/m}$ の調和振動で近似される．

それにたいしてポテンシャルの山を越えうるだけの

エネルギー $E > U(a) = ka^2/6$ を無限遠 $(x \to +\infty)$ で与えられた物体は，ポテンシャルの山を通り越して，さらに原点を越え，x が負のある点まで進んで運動エネルギーをなくし，そこで引き返して，ふたたび原点を越え，無限遠に飛び去る．この運動は解曲線 C で与えられる．

E (全エネルギー) $= U(a) = ka^2/6$ の運動の解曲線は分離線 B で表される．この場合は，$x = a$ に到達するのに無限の時間がかかり，不動点 $(a, 0)$ とそれに繋がる 3 本の曲線は別個の運動と見なされる．

もっと現実的な例として，アルファ粒子 (ヘリウム原子核) を原子番号の大きくて重い原子核に正面衝突させる場合を考える．ともに正電荷をもつ．標的原子核はアルファ粒子にくらべて十分に重いので，事実上動かないとする．

標的原子核 Q では正電荷 (電荷 $Q > 0$) が半径 a の球に一様に分布していると見なし，点状のアルファ粒子 P(電荷 $q > 0$, 質量 m) がその原子核 Q の電荷の中心をとおる線上を Q に接近してゆくとしよう．原子核 Q の中心を原点，P の運動にそって x 軸をとり，P の位置を x とする．

Q の球対称な電荷分布から P が受ける力 (クーロン斥力) は，P が Q の電荷分布の外側にある ($|x| \geqq a$) ときは Q の全電荷 Q が分布の中心 (原点) に集中したときの力とおなじ，また P が Q の電荷分布の内部にある ($|x| \leqq a$) ときは，P より外側にある電荷から受ける力の合力は 0 となり，内側にある電荷 $Q(|x|/a)^3$ のみが中心 (原点) に集中したときの力と同一であることが知られている [*]．

したがって x 軸上で P の受ける力は，クーロン力の比例定数を k_0 として

[*] たとえば *The Feynman Lectures on Physics* Vol.2, 5-7 参照．

$$a \leqq x;\ F = k_0 \frac{qQ}{x^2},$$
$$0 \leqq x \leqq a;\ F = k_0 \frac{qQ(|x|/a)^3}{x^2} = k_0 \frac{qQ}{a^3} x.$$

このとき，無限遠を基準とした P の位置エネルギーは，
$$a \leqq x;\ U(x) = -\int_\infty^x k_0 \frac{qQ}{x^2} dx$$
$$= k_0 \frac{qQ}{x},$$
$$0 \leqq x \leqq a;\ U(x) = -\int_a^x k_0 \frac{qQ}{a^3} x dx + U(a)$$
$$= -\frac{k_0 qQ}{2a^3} x^2 + \frac{3k_o qQ}{2a}.$$

($x < 0$ ではまったく対称になる．) 相空間 Ω 上の解曲線は，無限遠 (クーロン力の影響の事実上無視しうる点) でのアルファ粒子の運動エネルギーを E として

$$\frac{m}{2} v^2 + U(x) = E$$

で与えられる．位置エネルギーをいくつかのエネルギーの解曲線とあわせて図 4.11 に描いておいた．

　この場合，原点 $x = 0$ はつりあい点で，相空間の原点は不動点であるが，図よりわかるように位置エネルギーは原点で極大ゆえ，原点の不動点は双曲型である．

　いま無限遠から，運動エネルギー E をもった P がまっすぐ原点方向に進んでいったとする．原点に達するまで原点から遠ざける向きの Q からの斥力を受けて P は減速される．こうして，原点に近づくにつれて位置エネルギーが増えた分だけ運動エネルギーが減少するが，$E > U(0)$ であれば，運動エネルギーが 0 にまで減ることはなく，P は原点を通過して，正電荷分布を通り抜けてゆく．それが図の $A_\pm$ と $B_\pm$ の曲線である．それにたいして，$E < U(0)$ であれば，原点に到達する以前に $E = U(x)$ となる点で $v = 0$ とな

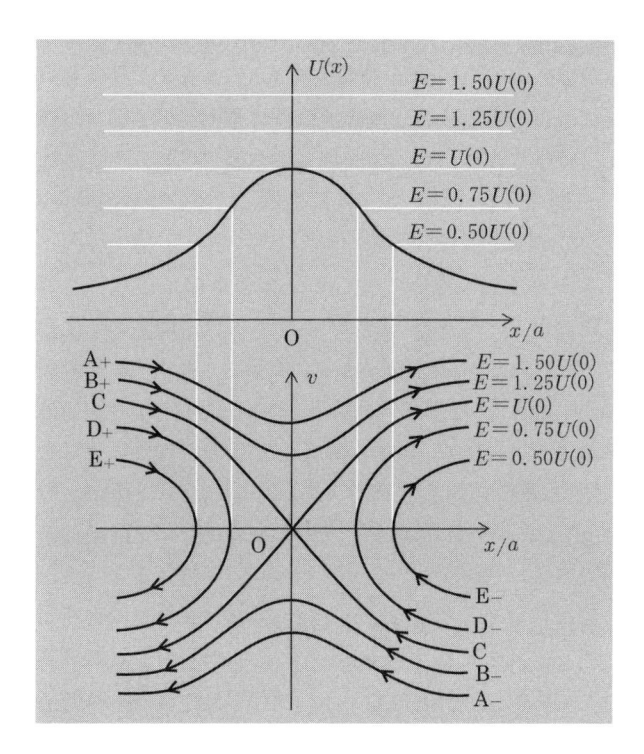

図 4.11　ポテンシャル (上) と解曲線 (下)

り，粒子はそこで一瞬静止してから，もとの方向に引き返してゆく．それが図の $D_\pm$ と $E_\pm$ の曲線である．ちょうど $E = U(0)$ の運動エネルギーで原点にむかった場合は，原点で速度が 0 になる．これは図の 4 本の曲線 C で与えられている．この曲線 C はこの場合の分離線である．

　ラザフォーは高速のアルファ粒子で金箔を照射したとき，いくつかの粒子がまうしろに跳ね返ってくることを観察した．そのことは，アルファ粒子 (e を電気素量として電荷 $q = 2e$) のエネルギー E が $U(0)$ 以下であったということで，これから金の原子核 (電荷 $Q = 79e$) の半径の上限を推定できる．すなわち

$$E < U(0) = \frac{3k_0 qQ}{2a} \quad \therefore \quad a < \frac{3k_0 qQ}{2E}.$$

この実験によって，正に帯電した原子核が原子にくらべてきわめて小さいことが判明したのである[*]．

以上はアルファ粒子が原子核に正面衝突する場合だが，原子核の横を通り過ぎて散乱される (進行方向を曲げられる) 場合の運動は後述 (6.4 節)

もうひとつ例を与えておこう．

滑らかで水平な棒にそって摩擦なく動くリング P(質量 m) にばね (ばね定数 k, 自然長 l) をつけて，ばねの他端を棒から距離 h 離れた点 A に固定したときの P の運動を考える (これは現実の大学の入試問題から採った)．A から棒に下ろした垂線の足を O, O を原点とし，棒にそって x 軸をとり，P の位置を x で表す (図 4.12)．ばねの質量は考えない．

[*] ラザフォードが使用したアルファ粒子の運動エネルギーは

$$E = 1.2 \times 10^{-12} \text{J}.$$

他方

$$k_0 e^2 = 2.3 \times 10^{-28} \text{Nm}^2.$$

これより

$$a < \frac{3 \times 2 \times 79 k_0 e^2}{2E}$$
$$= 4.5 \times 10^{-14} \text{m}.$$

すなわち，原子核の半径は原子の半径～10^{-10}m に比べて約 1/10000 小さい．

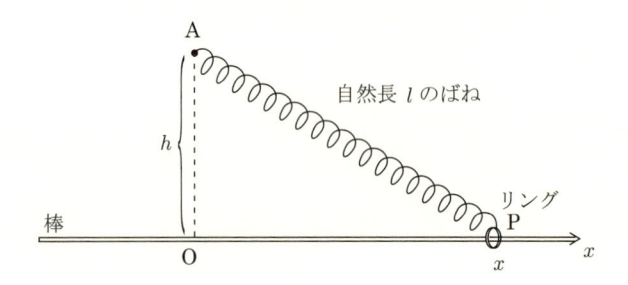

図 4.12

P に働くばねからの力は，$\overline{\text{AO}} = h > l$ の場合と $\overline{\text{AO}} = h < l$ の場合でそれぞれ図 4.13 のようになり，ばねの伸びが $\Delta l = \sqrt{x^2 + h^2} - l$ (これが負なら縮みが $|\sqrt{x^2 + h^2} - l|$) であるから，ばねの力の x 成分 (棒にそった成分) は [#]

$$F(x) = -k(\sqrt{x^2 + h^2} - l) \frac{x}{\sqrt{x^2 + h^2}}$$

[#] ばねの力の棒に垂直な成分は，棒からの抗力とつねに打ち消しあっている．

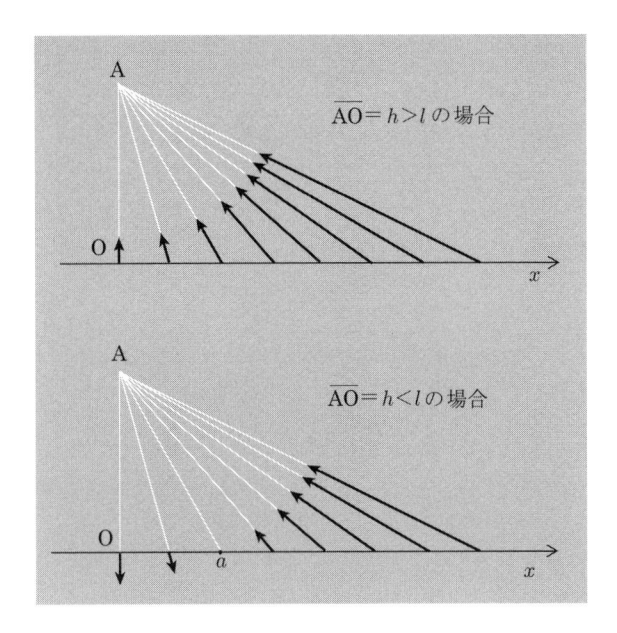

図 4.13 リング P に働くばねの力

$$= -k\left(1 - \frac{l}{\sqrt{x^2+h^2}}\right)x.$$

この力は

$$F(x) = -\frac{d}{dx}\left\{\frac{k}{2}(\sqrt{x^2+h^2}-l)^2\right\}$$

と表されるから，ポテンシャル (位置エネルギー)

$$U(x) = \frac{k}{2}(\sqrt{x^2+h^2}-l)^2 = \frac{k}{2}(\Delta l)^2$$

が定義できる．これは，物理的にはばねの弾性エネルギーにほかならない．

つりあい点は $F(x) = 0$ となる点で，そこではこの $U(x)$ が極値をとる．

$h > l$ すなわち $\overline{\mathrm{AO}}$ がばねの自然長より長い場合は，

つりあい点は $x=0$ のみ．つまりばねはつねに伸びている状態にあり，$x=0$ でばねの伸びは最小で，$U(x)$ も最小．この点 $(x=0)$ でばねの力は棒に垂直で，力の x 成分は $F=0$. その他の点では，力は $x>0$ で $F<0$, $x<0$ で $F>0$, すなわち，つねに原点に戻す向きで，原点のつりあいは安定．そして P は原点を

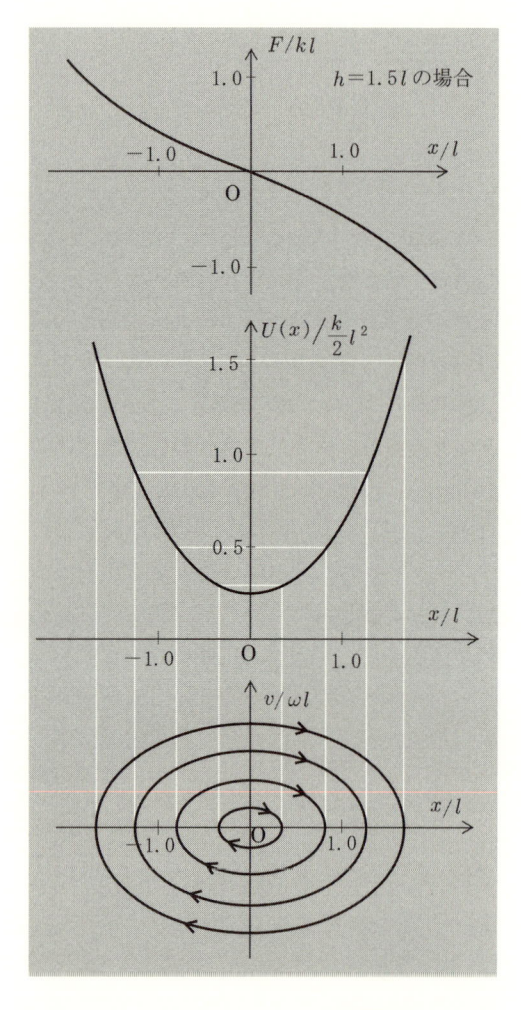

図 4.14 力とポテンシャルと解曲線 $(h>l)$

中心とする振動運動をする．したがって相空間の原点の不動点は楕円型 (渦点) で，近傍の解曲線は楕円で近似される (図 4.14).

他方，$h < l$ の場合，つりあい点は $x = 0$ のほかに $x = \pm\sqrt{l^2 - h^2} \equiv \pm a$ の合計 3 点．前者 ($x = 0$) ではばねは縮みで，ばねが P を押す力が棒に垂直で，棒にそった力の成分がゼロになる所，後者 ($x = \pm a$) はばねが自然長の所である．$|x| < a$ ではばねは縮みの状態にあり，原点以外では力は $x = \pm a$ に向けて押しやる向き．したがって $x = 0$ は不安定なつりあい．他方，$|x| > a$ ではばねは伸びの状態で，力は $x = \pm a$ に引き戻す向き．したがって $x = \pm a$ は安定なつりあいで，P は $x = \pm a$ の近傍で振動する．

$h < l$ の場合の運動の様子をもうすこし詳しく見てみよう．

$x = 0$ の近くでは，$|x| \ll h < l$ ゆえ，2 次の微小量を無視する近似で $h^2 + x^2 = h^2\{1 + (x/h)^2\} \fallingdotseq h^2$ としてよく，力は

$$F(x) \fallingdotseq -\left(1 - \frac{l}{h}\right)kx = Kx, \quad K \equiv \left(\frac{l}{h} - 1\right)k > 0$$

と近似され，この近傍では力は原点から遠ざける向き．これに対応してポテンシャルは

$$\begin{aligned}
U(x) &= \frac{k}{2}(\sqrt{x^2 + h^2} - l)^2 \\
&= \frac{k}{2}(h - l)^2 + \frac{1}{2}\left(1 - \frac{l}{h}\right)kx^2 + O(x^4) \\
&= U(0) - \frac{1}{2}Kx^2 + O(x^4)^{*)},
\end{aligned}$$

すなわち，$x = 0$ は $U(x)$ の極大．したがって，相空間上の原点の不動点は双曲型 (鞍点) であり，原点近くの解曲線は双曲線で近似される．

他方で，ばねが自然長になる点 $x = \pm a = \pm\sqrt{l^2 - h^2}$

*) 近似は
$$\begin{aligned}
&\sqrt{x^2 + h^2} \\
&= h\left\{1 + \left(\frac{x}{h}\right)^2\right\}^{1/2} \\
&= h + \frac{x^2}{2h} + O(x^4)
\end{aligned}$$
を使うとよい．

では $U(x)$ は極小で，$F(\pm a) = 0$，そして

$$\left.\frac{dF(x)}{dx}\right|_{x=\pm a} = -k\frac{l^2 - h^2}{l^2} < 0$$

ゆえ，$x = \pm a$ の近くでは力は

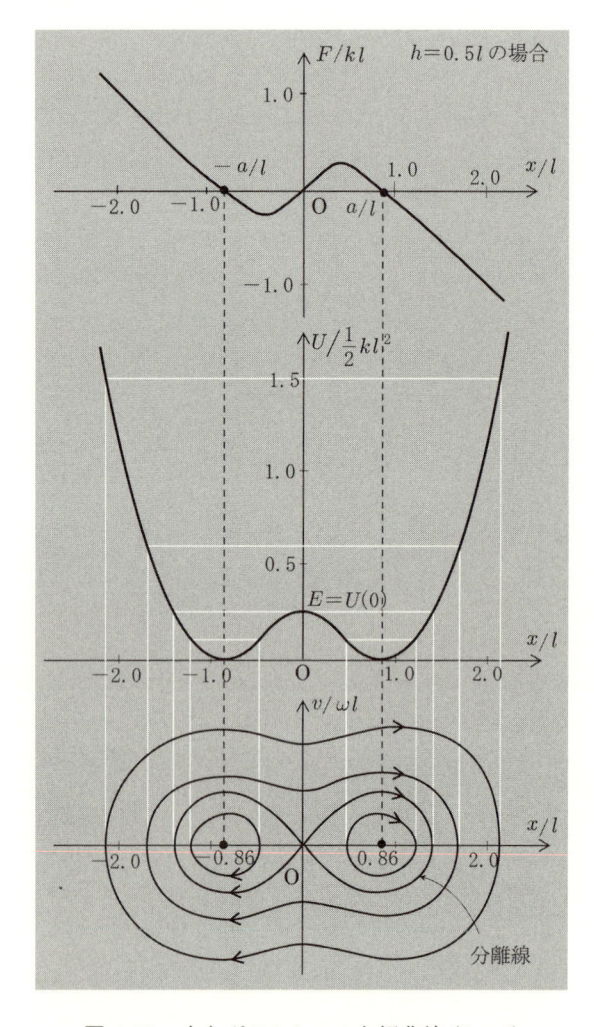

図 4.15 力とポテンシャルと解曲線 ($h < l$)

$$F(x) \fallingdotseq -k\frac{l^2 - h^2}{l^2}(x \mp a) = -K'(x \mp a)$$

となり ($K' = k\{1 - (h/l)^2\} > 0$), つねにつりあい点 ($x = \pm a$) に引き戻す向き. したがって, この点は安定なつりあいで, この近傍で P は振動運動をする. つまり相空間の点 $(\pm a, 0)$ は楕円型の不動点で, 近傍の解曲線は楕円で近似される (図 4.15).

エネルギー保存則は

$$\frac{1}{2}mv^2 + U(x) = E$$

で与えられる. 全力学的エネルギー E が原点の位置エネルギーの値 $U(0) = k(l-h)^2/2$ を超えれば, リングは $\pm a$ を超える範囲の振動をし, 解曲線は三つの不動点を囲む閉曲線になる. $E = U(0)$ の場合の解曲線は分離線である.

このように, $x(t)$ や $v(t)$ が t の関数として明示的に求められない運動でも, 相空間の速度ベクトル場や解曲線の概略を考察することで, 運動の大局的な様子を知ることができるのである.

4.3 減衰振動

ばね振動に空気抵抗として速度に比例する抵抗力が加わった場合の運動を考えよう.

運動方程式は

$$m\frac{dv}{dt} = -kx - \gamma v, \quad v = \frac{dx}{dt}. \tag{4.37}$$

ここでも, $\sqrt{k/m} = \omega$, $\gamma/m = 2\lambda = 2\lambda'\omega$ (係数 2 をつけたのは後の便宜のため) として, v のかわりに $u \equiv v/\omega$ をもちいれば, 相空間 Ω' 上での点 $Q'(u, x)$ の移動を表す方程式は

$$\frac{d}{dt}\begin{pmatrix} u \\ x \end{pmatrix} = \omega \begin{pmatrix} -x - 2\lambda' u \\ u \end{pmatrix}. \qquad (4.38)$$

この場合も，相空間の原点 O が不動点である．

*) 相空間 Ω' での速度ベクトルは
$$\vec{V}'(u,x) = \begin{pmatrix} V'_u \\ V'_x \end{pmatrix}$$
$$= \omega \begin{pmatrix} -x - 2\lambda' u \\ u \end{pmatrix}.$$

点 $Q'(u,x)$ でのこの速度ベクトル $\vec{V}'(u,x)$ *) は，自由振動で $\lambda' = 0$ であればベクトル $\overrightarrow{OQ'}$ に直交するように描けばよかったが，今の場合は次のように作図される．図 4.16 で Q' を通り x 軸に平行にひいた直線が直線 $x = -2\lambda' u$ と交わる点を R，R から x 軸におろした垂線の足を S とすれば，$\vec{V}'(u,x)$ は直線 SQ' に直交する．

実際，$\overline{Q'R} = x + 2\lambda' u$，$\overline{RS} = u$ であるから，直線 SQ' の傾きは $\tan(\angle Q'SR) = (x + 2\lambda' u)/u$，他方，速度ベクトル $\vec{V}$ の傾きは $V'_x/V'_u = -u/(x + 2\lambda' u)$ であり，たしかに $\vec{V}'(u,x)$ は直線 SQ' と直交している．

この作図で，$u > 0$ で S は $x < 0$ の位置，$u < 0$ で S は $x > 0$ の位置ゆえ，x 軸上をのぞいて，速度ベクトル $\vec{V}'(u,x)$ は自由振動の場合より原点に近づ

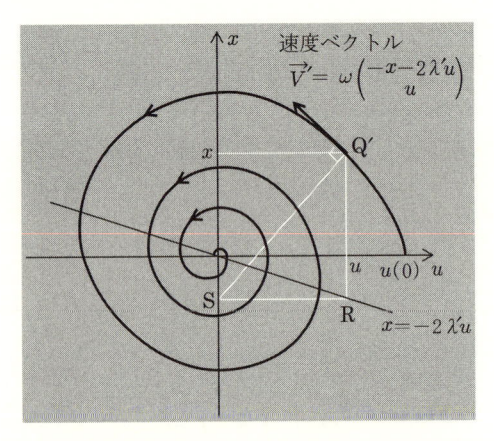

図 4.16 相空間 Ω' における減衰振動の速度ベクトル $\vec{V}'$ と解曲線 ($\lambda' = 0.1$ の場合)

く方向に傾き，したがってこの場合に Q' の描く曲線 (解曲線) は原点 (不動点) に近づいてゆく (図 4.16)．その様子は，$\lambda = \lambda'\omega$ の大小で異なるが，λ が比較的小さい場合には，渦巻きながら円の半径が徐々に減少するようにしてしだいに原点に接近してゆくであろうし，λ が大きい場合には，曲線を描いて急速に原点に接近してゆくであろうと，推察される．

物理的には，(4.37) の 2 式を辺々掛け合わせて

$$mv\frac{dv}{dt} = -kx\frac{dx}{dt} - \gamma v^2$$
$$\iff \frac{d}{dt}\left(\frac{m}{2}v^2 + \frac{k}{2}x^2\right) = -\gamma v^2 < 0. \quad (4.39)$$

これは，空気抵抗がなかった場合の力学的エネルギー E (運動エネルギーと位置エネルギーの和) が，空気抵抗により単位時間あたり γv^2 の割で失われてゆくことを示している．それゆえ，γ が小さい場合には，一回の振動ではほぼ単振動のように振舞うが，その振幅 $A = \sqrt{2E/k} = \sqrt{x^2 + (m/k)v^2}$ が次第に減少し，したがって相空間 Ω では楕円が縮まってゆき (相空間 Ω' では空気抵抗がなかったとした場合の等エネルギー円の半径が次第に小さくなり)，解曲線は渦巻きになる．この様子は図 4.17 のように，相空間 Ω の (x, v) 平面に垂直に E 軸をたて，この (x, v, E) 空間の曲面 $E = kx^2/2 + mv^2/2$ 上を E 軸のまわりに回転しながらスパイラルを描いて原点に近づいてゆくと考えればわかりやすいであろう *)．

与えられた初期条件のもとで座標 x と速度 v を t の関数として求める，すなわち方程式 (4.37) を解くのは，以下のようにすればよい．

もとの方程式は $\dot{x}$ が v で表され，$\dot{v}$ が v と x で表される連立微分方程式の形をしているので，はじめに v を消去して 2 階の微分方程式

*) 数学書ではこのような場合の E を x と v の関数と見て，リャプノフ関数と言っている．

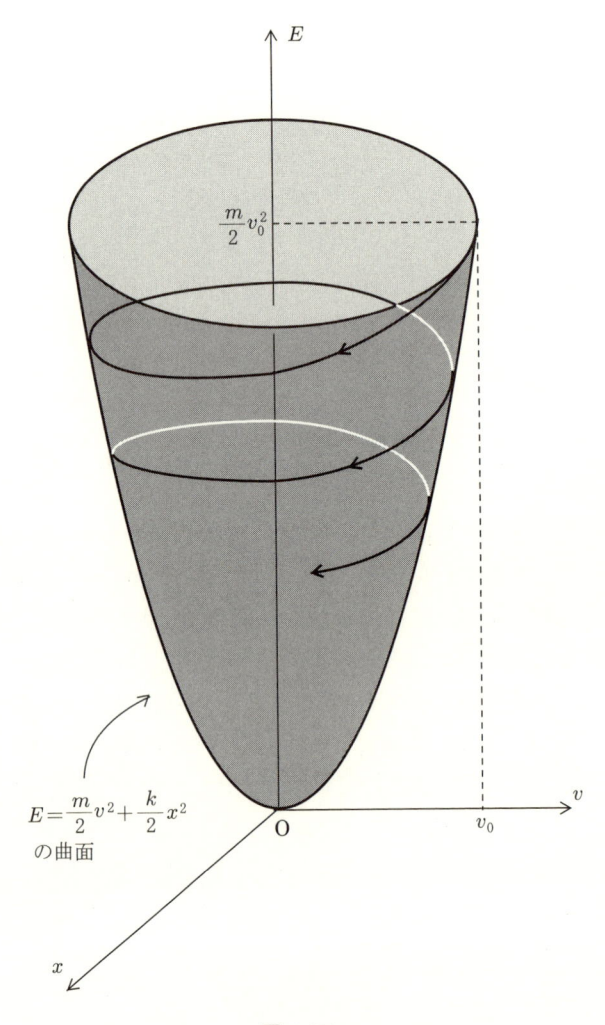

$E = \dfrac{m}{2}v^2 + \dfrac{k}{2}x^2$
の曲面

図 4.17

$$m\frac{d^2x}{dt^2} = -kx - \gamma\frac{dx}{dt} \quad \text{i.e.} \quad \frac{d^2x}{dt^2} + 2\lambda\frac{dx}{dt} + \omega^2 x = 0 \tag{4.40}$$

に書き直そう．

われわれがすでに解法を知っている微分方程式は，解が指数関数になる (3.12) の形のものと解が三角関

(3.12)
$$\frac{du}{dt} = -\lambda u,$$

数になる調和振動の方程式 (4.2) の二つであるから，今の場合の方程式 (4.40) をそのどちらかにもってゆくことを考える．

そこで $\dot{x}(t) - \alpha x(t) \equiv g(t)$ とおいて，この微分方程式が $\dot{g}(t) - \beta g(t) = 0$ の形になるように，定数 α と β を決めてみよう．すなわち

$$\frac{dg(t)}{dt} - \beta g(t) = \frac{d^2 x}{dt^2} - (\alpha + \beta)\frac{dx}{dt} + \alpha\beta x = 0.$$

これを (4.40) と見比べると，$\alpha + \beta = -2\lambda$, $\alpha\beta = \omega^2$，つまり 2 次方程式の解と係数の関係をもちいれば α と β を 2 次方程式

$$X^2 + 2\lambda X + \omega^2 = 0 \qquad (4.41)$$

の解

$$\alpha = -\lambda + \sqrt{\lambda^2 - \omega^2}, \quad \beta = -\lambda - \sqrt{\lambda^2 - \omega^2} \qquad (4.42)$$

にとればよいことがわかる．この 2 次方程式 (4.41) を微分方程式 (4.40) の**特性方程式**と言う．

はじめに $\lambda^2 \geqq \omega^2$，つまり α と β が実数のときを考える．

このとき微分方程式 $\dot{g}(t) - \beta g(t) = 0$ は (3.12) とおなじ形であり，その解は (3.15) より，C を積分定数として $g(t) = C \exp(\beta t)$，したがって，もとの方程式は

$$\frac{dx(t)}{dt} - \alpha x(t) = C \exp(\beta t),$$

i.e. $\quad \dfrac{d}{dt}\{x(t)\exp(-\alpha t)\} = C \exp\{(\beta - \alpha)t\}.$

$$(4.43)^{*)}$$

これより，$\lambda^2 > \omega^2$，すなわち $\beta \neq \alpha$ であれば

(4.2)
$$\frac{d^2 x}{dt^2} = -\frac{k}{m}x.$$

(3.12)(3.15)
$$\frac{du}{dt} = -\lambda u,$$
$$u(t) = u(0)e^{-\lambda t}.$$

*)
$$\frac{d}{dt}(xe^{-\alpha t})$$
$$= \frac{dx}{dt}e^{-\alpha t} - \alpha x e^{-\alpha t}$$
$$= \left(\frac{dx}{dt} - \alpha x\right)e^{-\alpha t}.$$

$$x(t)\exp(-\alpha t) = \int C\exp\{(\beta-\alpha)t\}dt + C'$$
$$= \frac{C}{\beta-\alpha}\exp\{(\beta-\alpha)t\} + C'.$$

したがって

$$x(t) = \frac{C}{\beta-\alpha}\exp(\beta t) + C'\exp(\alpha t)$$
$$= c_1\exp(\alpha t) + c_2\exp(\beta t)$$
$$= \{c_1\exp(\sqrt{\lambda^2-\omega^2}\,t) + c_2\exp(-\sqrt{\lambda^2-\omega^2}\,t)\}\exp(-\lambda t). \quad (4.44\text{a})$$

1 行目から 2 行目へは,積分定数を C, C' から c_1 と c_2 に書き直しだけである.

そしてこのとき

$$v(t) = \dot{x}(t) = \alpha c_1\exp(\alpha t) + \beta c_2\exp(\beta t). \quad (4.44\text{b})$$

結局,2 階の微分方程式 (4.40) にたいして,対応する特性方程式の解 α, β を使えば,もとの微分方程式 (4.41) の解は,c_1 と c_2 を任意定数 (積分定数) として $c_1\exp(\alpha t) + c_2\exp(\beta t)$ で与えられるのである.もちろんこれらの定数の値は初期値 $x(0)$ と $v(0)$ から決定される.

図 4.18 に $x(0) = 0$ で $\sqrt{\lambda^2-\omega^2} = \lambda/2$ の場合の $x(t)$ を描いておいた.

また $\lambda^2 = \omega^2$,すなわち $\beta = \alpha = -\lambda$ であれば,方程式 (4.43) とその解は

$$\frac{d}{dt}\{x(t)\exp(\lambda t)\} = C, \quad x(t) = (Ct + C')\exp(-\lambda t). \quad (4.45)$$

この場合も,積分定数 C と C' は初期条件から決定される.

α と β が実数になる (4.44)(4.45) の運動は,λ が大きくて (空気抵抗の影響が大きくて) 減衰が激しく,

$$x(0) = 0$$
$$x(t) = a\{\exp(\sqrt{\lambda^2 - \omega^2}\,t) - \exp(-\sqrt{\lambda^2 - \omega^2}\,t)\}\exp(-\lambda t)$$
$$\text{ただし } \omega = \frac{\sqrt{3}}{2}\lambda, \quad a = \frac{v_0}{2\sqrt{\lambda^2 - \omega^2}} = \frac{v_0}{\lambda}$$

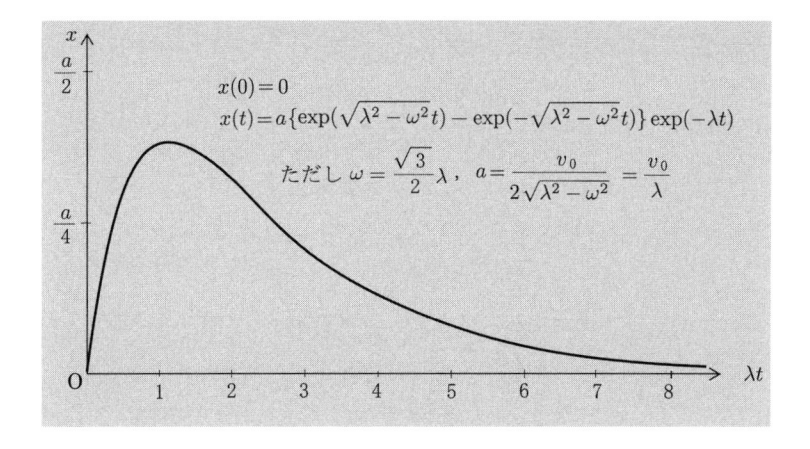

図 4.18　$\ddot{x} + 2\lambda\dot{x} + \omega^2 x = 0,\ \lambda > \omega$ の解

1 回も振動することなくつりあい点での静止状態に接近してゆくので**非周期的減衰**と言われる.

つぎに $\lambda^2 < \omega^2$, つまり特性方程式の解 α と β が複素数の場合を考える.

複素数を変数とする指数関数は，これまでの議論ではまだ定義されていないから，次のようにしよう. $x(t) \equiv \exp(-\lambda t)z(t)$ とおいて，これをもとの微分方程式 (4.40) に代入すると

$$\frac{d^2x(t)}{dt^2} + 2\lambda\frac{dx(t)}{dt} + \omega^2 x(t)$$
$$= \left\{\frac{d^2z(t)}{dt^2} + (\omega^2 - \lambda^2)z(t)\right\}\exp(-\lambda t) = 0.$$

$\omega^2 - \lambda^2 = \omega'^2 > 0$ と書けば，これは

$$\frac{d^2z(t)}{dt^2} + \omega'^2 z(t) = 0 \tag{4.46}$$

となり，調和振動の方程式ゆえ，一般解は

$$z(t) = a\sin(\omega' t) + b\cos(\omega' t), \tag{4.47}$$

すなわち，もとの方程式の解は

$$x(t) = \{a\sin(\omega' t) + b\cos(\omega' t)\}\exp(-\lambda t). \quad (4.48)$$

これは，振動しながらその振幅を徐々に減らしてゆく運動を表す．これを**減衰振動**と言う．振動周期は

$$T' = \frac{2\pi}{\omega'} = \frac{2\pi}{\sqrt{\omega^2 - \lambda^2}} > \frac{2\pi}{\omega} = T(自由振動の周期).$$

自由振動の場合より周期がわずかに長くなっているのは，空気抵抗により運動が妨げられるからである．

図 4.19 に $x(0) = 0$ で $\lambda = \omega/10$ の場合の $x(t)$ を描いておいた．

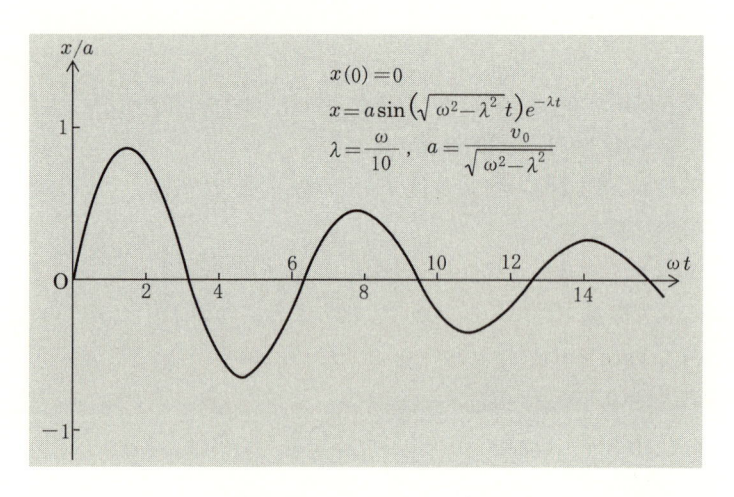

図 4.19 $\ddot{x} + 2\lambda\dot{x} + \omega^2 x = 0$, $\omega > \lambda$ の解

もちろんこの場合も，$x(t)$ と $v(t)$ の両方に $\exp(-\lambda t)$ の因子がかかっているので，$t \to \infty$ で $x(t) \to 0$, $v(t) \to 0$ となり，相空間上の解曲線は不動点としての原点のまわりを回りながら原点に接近してゆく．図 4.16 の曲線はその様子を相空間 Ω' で描いたものである．相空間 Ω では図 4.17 の曲線 (スパイラル) を (x, v) 平面に射影したものになっている．

4.4 テーラー展開とオイラーの公式

なお，指数関数の変数が虚数 (ないし複素数) の場合，それは何を表しているのか——なんと解釈すべきなのか——を調べるために，調和振動の方程式 (4.46) の解 (4.47) と，それを特性方程式をもちいて形式的に解いた解を比べてみよう．この場合の特性方程式は $Z^2 + \omega'^2 Z = 0$ ゆえ，その解は純虚数で $\pm i\omega'$ ($i = \sqrt{-1}$ は虚数単位)．

(4.46)
$$\frac{d^2 z}{dt^2} + \omega'^2 z = 0.$$

この 2 通りの解き方による解は，それぞれ

$$\begin{cases} z(t) = a\sin(\omega' t) + b\cos(\omega' t), \\ \dot{z}(t) = \omega'\{a\cos(\omega' t) - b\sin(\omega' t)\}, \end{cases}$$

および

$$\begin{cases} z(t) = c_1 \exp(i\omega' t) + c_2 \exp(-i\omega' t), \\ \dot{z}(t) = i\omega'\{c_1 \exp(i\omega' t) - c_2 \exp(-i\omega' t)\}.^{*)} \end{cases}$$

*) この 2 式は (4.44ab) に $\alpha = i\omega', \beta = -i\omega'$ を形式的に代入したもの．
$$\frac{d}{dt} e^{\pm i\omega' t} = \pm i\omega' e^{\pm i\omega' t}$$
がたしかに成立することは，後述 (4.59) 参照．

ところで調和振動の方程式では与えられた初期条件にたいする解が一意的に決まることを先に示した．それゆえ，2 通りに表されたこの解にたいして，おなじ初期条件を与えれば，それらの解は等しくなければならない．

すなわち，初期条件 $z(0) = z_0$，$\dot{z}(0) = 0$ の解は

$$z(t) = z_0 \cos(\omega' t) = z_0 \frac{\exp(i\omega' t) + \exp(-i\omega' t)}{2},$$

初期条件 $z(0) = 0$，$\dot{z}(0) = w_0$ の解は

$$z(t) = \frac{w_0}{\omega'} \sin(\omega' t) = \frac{w_0}{\omega'} \frac{\exp(i\omega' t) - \exp(-i\omega' t)}{2i}.$$

この結果を考慮すれば，虚数変数の指数関数を

$$\exp(\pm i\omega' t) = \cos(\omega' t) \pm i\sin(\omega' t) \quad (4.49)$$

と定義することが妥当と考えられる．これを**オイラー**

の公式と言う．

このことの整合性は，以下のように示すことができる．

閉区間 $0 \leqq \theta \leqq b$ で n 回微分可能な関数にたいしてマクローリンの定理：

$$f(\theta) = f(0) + \frac{\dot{f}(0)}{1!}\theta + \frac{\ddot{f}(0)}{2!}\theta^2 +$$
$$\cdots + \frac{f^{(n-1)}(0)}{(n-1)!}\theta^{n-1} + \frac{f^{(n)}(\eta\theta)}{n!}\theta^n,$$
$$0 < \eta < 1 \qquad (4.50)$$

が成り立つ（$f^{(n)}(\theta)$ は，$f(\theta)$ の n 次導関数）．

証明は多少技巧的であるが，次のようにすればよい．

$$f(b) - \left\{ f(0) + \frac{\dot{f}(0)}{1!}b + \frac{\ddot{f}(0)}{2!}b^2 + \right.$$
$$\left. \cdots + \frac{f^{(n-1)}(0)}{(n-1)!}b^{n-1} \right\} = b^n \varGamma$$

とおき，関数

$$F(\theta) = f(\theta) + \frac{\dot{f}(\theta)}{1!}(b-\theta) +$$
$$\cdots + \frac{f^{(n-1)}(\theta)}{(n-1)!}(b-\theta)^{n-1} + (b-\theta)^n \varGamma$$

を考える．あきらかに $F(b) = F(0) = f(b)$ であり，しかもこの $F(\theta)$ は $0 \leqq \theta \leqq b$ で連続で $0 < \theta < b$ で微分可能であるから，ロルの定理 (p.23) が適用可能で，$0 < \eta < 1$ を満たす η で $\dot{F}(\eta b) = 0$ となるものがある．ところで，実際に微分すれば

$$\dot{F}(\theta) = \frac{f^{(n)}(\theta)}{(n-1)!}(b-\theta)^{n-1} - n(b-\theta)^{n-1}\varGamma$$

であるから，これに $\theta = \eta b$ を代入して

$$\dot{F}(\eta b) = \frac{f^{(n)}(\eta b)}{(n-1)!}(b-\eta b)^{n-1} - n(b-\eta b)^{n-1}\varGamma = 0$$

$$\therefore \quad \varGamma = \frac{f^{(n)}(\eta b)}{n!}$$

したがって

$$f(b) = f(0) + \frac{\dot{f}(0)}{1!}b + \frac{\ddot{f}(0)}{2!}b^2 +$$
$$\cdots + \frac{f^{(n-1)}(0)}{(n-1)!}b^{n-1} + \frac{f^{(n)}(\eta b)}{n!}b^n.$$

この式で，b を θ に書き直せば，証明すべき式 (4.50) である．

ところで，指数関数，三角関数は，実数全域で連続で何回でも微分可能であり，これらの関数にたいしてはすべての θ にたいしてマクローリンの定理にもとづく冪展開が可能で，しかも n をいくらで大きくしてゆくことができる．そこで

$$f(\theta) = f(0) + \frac{\dot{f}(0)}{1!}\theta + \frac{\ddot{f}(0)}{2!}\theta^2 +$$
$$\cdots + \frac{f^{(n-1)}(0)}{(n-1)!}\theta^{n-1} + \frac{f^{(n)}(0)}{n!}\theta^n + R_{n+1}$$
$$\equiv \sigma_n(\theta) + R_{n+1}$$

とおくと，指数関数 $f(\theta) = \exp\theta$ では，$f(0) = 1$ かつ $\dot{f}(\theta) = f(\theta)$ ゆえ，

$$\sigma_n(\theta) = 1 + \frac{\theta}{1!} + \frac{\theta^2}{2!} + \frac{\theta^3}{3!} + \cdots + \frac{\theta^n}{n!},$$
$$R_{n+1} = \frac{f^{(n+1)}(\eta\theta)}{(n+1)!}\theta^{n+1} = \frac{\theta^{n+1}}{(n+1)!}\exp(\eta\theta).$$

ここで正の整数 k をとると，$|\theta| < k$ をみたす任意の θ にたいして以下のことが成り立つ．

$n > 2k$ となる n にたいして

$$\frac{|\theta|^{n+1}}{(n+1)!} = \frac{|\theta|^{2k}}{(2k)!}\frac{|\theta|}{2k+1}\frac{|\theta|}{2k+2}\frac{|\theta|}{2k+3}\cdots\frac{|\theta|}{n+1}$$
$$< \frac{|\theta|^{2k}}{(2k)!}\left(\frac{1}{2}\right)^{n-2k+1},$$

かつ
$$\exp(\eta\theta) < \exp(k).$$

それゆえ, $n \to \infty$ で $|R_{n+1}| \to 0$, したがって
$$\lim_{n\to\infty} |\exp(\theta) - \sigma_n(\theta)| = \lim_{n\to\infty} \left|\exp(\theta) - \sum_{j=0}^{n} \frac{\theta^j}{j!}\right| = 0$$

すなわち,
$$\exp\theta = 1 + \frac{\theta}{1!} + \frac{\theta^2}{2!} + \frac{\theta^3}{3!} + \cdots + \frac{\theta^n}{n!} + \cdots. \quad (4.51)$$

まったく同様にして
$$\sin\theta = \theta - \frac{\theta^3}{3!} + \frac{\theta^5}{5!} - \cdots + (-1)^n \frac{\theta^{2n+1}}{(2n+1)!} + \cdots, \quad (4.52)$$

$$\cos\theta = 1 - \frac{\theta^2}{2!} + \frac{\theta^4}{4!} - \cdots + (-1)^n \frac{\theta^{2n}}{(2n)!} + \cdots \quad (4.53)$$

が示される.これらを指数関数,三角関数のそれぞれの**テーラー展開**と言う [*].

逆に,これらの展開式でもって指数関数や三角関数を定義することも可能である.そうすれば, θ が純虚数の場合も,通常の指数関数の自然な拡張として定義することができる.

そして実際に, (4.51) に $\theta = i\omega' t$ を代入し, $i^2 = -1$ をもちいれば,たしかにつぎの関係が得られる:

$$\exp(\pm i\omega' t) = \left\{1 - \frac{(\omega' t)^2}{2!} + \frac{(\omega' t)^4}{4!} - \cdots + (-1)^n \frac{(\omega' t)^{2n}}{(2n)!} + \cdots\right\}$$
$$\pm i\left\{\omega' t - \frac{(\omega' t)^3}{3!} + \frac{(\omega' t)^5}{5!} - \cdots + (-1)^n \frac{(\omega' t)^{2n+1}}{(2n+1)!} + \cdots\right\}$$
$$= \cos(\omega' t) \pm i\sin(\omega' t).$$

[*] うるさく言えば,なめらかな関数 $f(\theta)$ の $\theta = 0$ のまわりの展開をマクローリン展開と言い,任意の値のまわりの展開をテーラー展開と区別される.

これはオイラーの公式 (4.49) に他ならない．これは
あたかも「太平洋と大西洋をつなぐパナマ運河」のよ
うに「指数関数の世界と三角関数の世界を結びつける
驚異的な公式」だと言われる (遠山啓『微分と積分』
p.113).

ここで複素数について少し触れておこう．

一般に複素数 z は x と y を実数として $z = x + iy$
と表され，x を z の実数部，y を z の虚数部と言い，
$\mathrm{Re}\, z = x$, $\mathrm{Im}\, z = y$ のような表し方をする．そして二
つの複素数が等しいということは，その実数部と虚数
部がそれぞれ等しいことを言う．また $z^* = x - iy$ を
z の「複素共役」，$|z| \equiv \sqrt{zz^*} = \sqrt{x^2 + y^2}$ を z の
「絶対値」と呼ぶ．

そして任意の複素数 $z = x + iy$ は $y/x = \tan\phi$ と
して

$$z = x + iy = |z| \left(\frac{x}{\sqrt{x^2+y^2}} + i \frac{y}{\sqrt{x^2+y^2}} \right)$$
$$= |z|(\cos\phi + i\sin\phi) = |z|\exp(i\phi)$$

と表すことができる．このことは，横軸を $\mathrm{Re}\, z = x$,
縦軸を $\mathrm{Im}\, z = y$ とする直交座標で表した 2 次元空間
の点として複素数を表しうることを示している．この
空間を**ガウス平面**と言う．

また，二つの複素数 z_1, z_2 にたいして

$$\exp z_1 \exp z_2$$
$$= \sum_{n=0}^{\infty} \frac{z_1^n}{n!} \sum_{m=0}^{\infty} \frac{z_2^m}{m!} = \sum_{k=0}^{\infty} \left(\sum_{n=0}^{k} \frac{z_1^n z_2^{k-n}}{n!(k-n)!} \right)$$
$$= \sum_{k=0}^{\infty} \frac{(z_1+z_2)^k}{k!} = \exp(z_1 + z_2).$$

すなわち，実数の場合と同様に指数法則が成り立つ [*].

したがってもちろん，複素数 $-\lambda t \pm i\omega' t$ にたいし

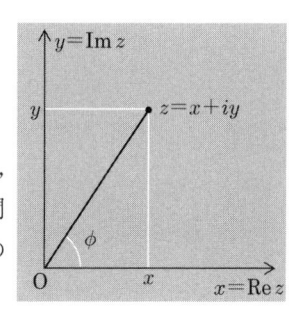

図 4.20　ガウス平面

[*] ただしここで無限級数
の和の順序を変えられるのは，
$\sum |z|^n/n!$ が収束するからで
ある．小林昭七『微分積分読
本』Ch.1.7, 定理 8 参照．

ては
$$\exp(-\lambda t \pm i\omega' t) = \exp(\pm i\omega' t)\exp(-\lambda t)$$
$$= \{\cos(\omega' t) \pm \sin(\omega' t)\}\exp(-\lambda t). \tag{4.54}$$

それゆえオイラーの公式 (4.49) をもちいれば，特性方程式の解 α と β が複素数のときも，減衰振動の方程式 (4.40) の解を
$$x(t) = c_1 \exp(\alpha t) + c_2 \exp(\beta t) \tag{4.55}$$
と書き下すことができる．

なお，オイラーの公式と指数法則
$$\{\exp(i\theta)\}^n = \exp(in\theta),$$
$$\exp(i\alpha)\exp(i\beta) = \exp\{i(\alpha+\beta)\}$$
をもちいれば，三角関数について，以下の公式が簡単に導かれる：

ド・モアブルの公式：
$$(\cos\theta + i\sin\theta)^n = \cos(n\theta) + i\sin(n\theta), \tag{4.56}$$
正弦関数の加法公式：
$$\sin(\alpha+\beta) = \sin\alpha\cos\beta + \cos\alpha\sin\beta, \tag{4.57}$$
余弦関数の加法公式：
$$\cos(\alpha+\beta) = \cos\alpha\cos\beta - \sin\alpha\sin\beta. \tag{4.58}$$

またオイラーの公式よりただちに
$$\frac{d}{dt}\exp(\pm i\omega t) = \frac{d}{dt}\{\cos(\omega t) \pm i\sin(\omega t)\}$$
$$= \pm i\omega\{\cos(\omega t) \pm i\sin(\omega t)\}$$
$$= \pm i\omega\exp(\pm i\omega t) \tag{4.59}$$

が導かれる．

逆に調和振動の方程式 (4.14) は，$u + ix = w$ とすれば

$$\frac{dw}{dt} = \frac{d}{dt}(u+ix) = i\omega(u+ix) = i\omega w \quad (4.60)$$

(4.14)
$$\frac{d}{dt}\begin{pmatrix} u \\ x \end{pmatrix} = \omega \begin{pmatrix} -x \\ u \end{pmatrix},$$
$$\omega = \sqrt{k/m}.$$

と表せる．この一般解が

$$w = u + ix = A_0 \cos(\omega t + \phi_0) + iA_0 \sin(\omega t + \phi_0)$$
$$= A_0 \exp\{i(\omega t + \phi_0)\} = A \exp(i\omega t) \quad (4.61)$$

であり，実数 A_0(振幅) と ϕ_0(初期位相) ないし複素数 $A = A_0 \exp(i\phi_0)$(複素振幅) は積分定数で，初期条件 $w = w(0) = u_0 + ix_0$ から決定されること，さらには，そのとき解が一意的であることは，調和振動のところで見たとおりである．

このことは複素数の関数にたいする微分方程式である (4.60) にたいして，変数分離法を機械的に適用して

$$\int \frac{dw}{w} = \int i\omega \, dt \quad \therefore \quad \log w = i\omega t + C$$

とし，さらには，積分定数 C がこの場合には複素数であることに注意して，これより

$$w = \exp(i\omega t + C) = A_0 \exp\{i(\omega t + \phi_0)\}$$

としてよいことを示している *)．

*) この場合の複素数
$$e^C = A_0 e^{i\phi_0} \equiv A$$
を複素振幅と言う．

4.5 強制振動

運動方程式 (4.40) のもとで減衰振動をする物体に外から力 $f(t)$ を加えたときの運動を考えよう．運動方程式は

$$m\frac{d^2x}{dt^2} = -kx - \gamma\frac{dx}{dt} + f(t)$$
$$\text{i.e.} \quad \ddot{x}(t) + 2\lambda\dot{x}(t) + \omega^2 x(t) = \frac{1}{m}f(t). \quad (4.62)$$

(4.40)
$$m\ddot{x} = -kx - \gamma\dot{x},$$
$$k = m\omega^2,$$
$$\gamma = 2\lambda m.$$

$f(t) = 0$ の場合の方程式を**同次方程式**と言うのにたいして，このように $f(t)$ の項を含む方程式を**非同次方程式**と言う．

この非同次方程式の一般解はつぎのように考えればよい．

はじめに空気抵抗のない場合 ($\gamma = 2m\lambda = 0$ の場合) を考えよう．

ひとつのやり方は，**定数変化法**と言われているもので，同次方程式 $\ddot{x} = -\omega^2 x$ の一般解 (4.17) すなわち

$$x = a\sin\omega t + b\cos\omega t$$

の積分定数 a, b が，外力 $f(t)$ が加わることによって変化すると考えるものである．つまり

$$x(t) = a(t)\sin\omega t + b(t)\cos\omega t$$

と置き，非同次方程式を満たすように $a(t), b(t)$ を決めるのである．

これも $u = v/\omega$ をもちいて運動方程式を

$$\frac{du}{dt} = -\omega x + \frac{f(t)}{m\omega}, \quad \frac{dx}{dt} = \omega u \qquad (4.63)$$

として，さらに複素数 $w = u + ix$ をもちいて，ひとまとめに

$$\frac{dw}{dt} = i\omega w + \frac{f(t)}{m\omega} \qquad (4.64)$$

と表すのが便利である．そして $f(t) = 0$ のときの解 $w = A\exp(i\omega t)$ において，外力 $f(t)$ が加わったことによって複素定数 (複素振幅) A が変化すると考える．

はじめに，きわめて短時間 (t と $t + \Delta t$ の間) に自由振動の力 $-kx$ 以外に力 $f(t)$ が作用し，これによって $w(t) = A\exp(i\omega t)$ の振動が

$$w(t+\Delta t) = (A+\Delta A)\exp\{i\omega(t+\Delta t)\}$$
$$= A\exp(i\omega t) + (i\omega\Delta t)A\exp(i\omega t) + \Delta A\exp(i\omega t)$$
$$= w(t) + i\omega w(t)\Delta t + \Delta A\exp(i\omega t)$$

に変わったとしよう[*]．他方，運動方程式 (4.64) から得られるその間の変化は

$$w(t+\Delta t) = w(t) + \frac{dw(t)}{dt}\Delta t$$
$$= w(t) + \left\{i\omega w(t) + \frac{f(t)}{m\omega}\right\}\Delta t.$$

[*] 微小な $\Delta\theta$ にたいする近似式 $F(\theta+\Delta\theta) = F(\theta) + F'(\theta)\Delta\theta$ を使って得られる次の近似式をもちいる：
$$\exp(i\theta + i\Delta\theta)$$
$$= \exp i\theta + i\Delta\theta\exp i\theta.$$

この二つの表式を見比べて，外力 $f(t)$ の Δt 間の力積による，複素振幅 A の変化が得られる：

$$\Delta A = \frac{f(t)}{m\omega}\exp(-i\omega t)\Delta t. \qquad (4.65)$$

時刻 $t=0$ から $f(t)$ の力を加え続けたとすれば，これを積分して (つまり積み立てて)，複素振幅は [#]

$$A(t) = A(0) + \int_0^t \frac{f(s)}{m\omega}\exp(-i\omega s)ds.$$

[#]
$$A(0) = A_0 e^{i\phi_0}$$
$$= A_0(\cos\phi_0 + i\sin\phi_0)$$
$$= a(0) + ib(0).$$

これより，

$$w(t) = A(0)\exp(i\omega t) + \frac{1}{m\omega}\left\{\exp(i\omega t)\int_0^t f(s)\exp(-i\omega s)ds\right\}.$$

座標 x は，この虚数部分をとればよい．すなわち

$$x(t) = A_0(\cos\phi_0\sin\omega t + \sin\phi_0\cos\omega t) + \frac{1}{m\omega}\int_0^t f(s)\sin\omega(t-s)ds$$
$$= a(0)\sin\omega t + b(0)\cos\omega t + \frac{1}{m\omega}\int_0^t f(s)\sin\omega(t-s)ds. \qquad (4.66)$$

きわめて簡単なケースとして，鉛直に吊るしたばねと錘の系を考えよう．ばねが自然長のときの錘の位置を原点，鉛直下向きに x 軸をとる (図 4.21)．ばねの

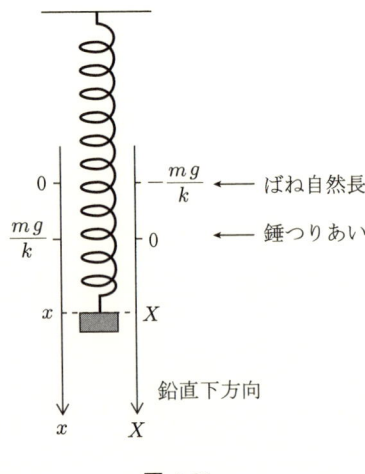

図 4.21 の左側: 0, $\frac{mg}{k}$, x ↓x
図 4.21 の右側: $-\frac{mg}{k}$ ← ばね自然長, 0 ← 錘つりあい, X ↓鉛直下方向 X

図 4.21

力の他に重力が加わるから，運動方程式は

$$m\frac{d^2x}{dt^2} = -kx + mg. \qquad (4.67)$$

これを調和振動の方程式 (4.2) に外から $f(t) = mg$ の力が加わったものと見なすと，上の結果 (4.66) が利用でき，解は

$$\begin{aligned}x(t) &= a(0)\sin\omega t + b(0)\cos\omega t + \frac{1}{m\omega}\int_0^t mg\sin\omega(t-s)ds \\ &= a(0)\sin\omega t + b(0)\cos\omega t + \frac{mg}{k}(1-\cos\omega t)\end{aligned}$$

ただし $\omega = \sqrt{\dfrac{k}{m}}$.

初期値を $x(0)$, $v(0)$ とすると $a(0) = v(0)/\omega$, $b(0) = x(0)$.

しかし，この方程式 (4.67) は，座標原点をつりあい点 $x = mg/k$ にまでずらした座標軸 $X = x - mg/k$ をもちいると，$\ddot{x} = \ddot{X}$ に注意すれば，既知の調和振動の方程式

$$m\frac{d^2 X}{dt^2} = -kX \qquad (4.68)$$

に帰着し，一般解は $X = A\sin\omega t + B\cos\omega t$，すなわちもとの座標に戻って

$$x = X + \frac{mg}{k} = A\sin\omega t + B\cos\omega t + \frac{mg}{k}. \quad (4.69)$$

これにおなじ初期条件を課すと，上で求めたものと同一の解が得られる．

この例はあまりにも単純すぎるので，いまひとつ，$f(t) = mG\cos\Omega t$ の場合を考えよう．つまり振動する系をある角振動数 Ω で外部から揺さぶる場合である．ただし $\Omega \neq \omega$ とする．運動方程式は (質量 m で割って)

$$\ddot{x}(t) + \omega^2 x(t) = G\cos\Omega t. \qquad (4.70)$$

解は，公式 (4.66) を使うのであれば，$f(t) = mG\cos\Omega t$ を代入して積分を実行し

$$x(t) = a(0)\sin\omega t + b(0)\cos\omega t + \frac{G}{\omega^2 - \Omega^2}(\cos\Omega t - \cos\omega t).$$

ここで初期条件 $t=0$ で $x = x(0)$, $v = v(0)$ を満たすようにすれば

$$x(t) = x(0)\cos\omega t + \frac{v(0)}{\omega}\sin\omega t + \frac{G}{\omega^2 - \Omega^2}(\cos\Omega t - \cos\omega t). \quad (4.71)$$

次のように考えてもよい．

同次方程式の一般解を $x_0(t)$ とする．これには積分定数が 2 個含まれている．そこで，もとの非同次方程式の解をどんな解でもよいからひとつ見つければ，それを $x_1(t)$ として，$x(t) = x_0(t) + x_1(t)$ がこの非同次方程式の一般解である．というのも，

$$\frac{d^2}{dt^2}(x_0 + x_1) + \omega^2(x_0 + x_1)$$

$$= \left(\frac{d^2x_0}{dt^2} + \omega^2 x_0\right) + \left(\frac{d^2x_1}{dt^2} + \omega^2 x_1\right) = 0 + \frac{f(t)}{m}$$

で，$x_0(t) + x_1(t)$ はたしかにもとの非同次方程式を満たし，しかも積分定数を 2 個含むからである．

したがって，問題は非同次方程式の解をなんでもよいからひとつ見つけることに帰着する．

この事実は調和振動の方程式にかぎられるものではなく，その他の微分方程式にもあてはまる．たとえばきわめて簡単な例として (3.11) の方程式を考える．これは 1 階の同次方程式 $\dot{v} = -\lambda v$ に非同次の項 $-g$ が加わったものと見ることができる．同次方程式 $\dot{v} = -\lambda v$ の一般解は $v_0(t) = C \exp(-\lambda t)$，他方 $v_1(t) = -g/\lambda$ は非同次方程式のひとつの解，したがって

$$v(t) = v_0(t) + v_1(t) = C\exp(-\lambda t) - \frac{g}{\lambda}$$

はもとの方程式の一般解である ((3.17) 参照)．

あるいは，はじめの鉛直な錘の振動の例では，同次方程式 $m\ddot{x} = -kx$ の一般解は $x_0(t) = A\sin\omega t + B\cos\omega t$，それにたいして $x_1(t) = mg/k$ はたしかに非同次方程式 $m\ddot{x} = -kx + mg$ を満たしている．したがって非同次方程式の一般解として

$$x(t) = x_0(t) + x_1(t) = A\sin\omega t + B\cos\omega t + \frac{mg}{k}$$

が得られる．これは (4.69) とおなじものである．

微分方程式 (4.70) の場合，非同次方程式のひとつの解 $x_1(t)$ を求めるために，$x_1(t) = C\cos\Omega t$ とおいて，(4.70) に代入すれば

$$\ddot{x}_1 + \omega^2 x_1 = (\omega^2 - \Omega^2)C\cos\Omega t = G\cos\Omega t.$$

それゆえ

$$C = \frac{G}{\omega^2 - \Omega^2}, \qquad x_1 = \frac{G\cos\Omega t}{\omega^2 - \Omega^2}$$

(3.11)(3.17)
$$\frac{dv}{dt} = -g - \lambda v,$$
$$v = Ce^{-\lambda t} - \frac{g}{\lambda}.$$

として得られる x_1 は，非同次方程式のひとつの解である．したがって一般解は

$$x = x_0 + x_1 = a^* \sin\omega t + b^* \cos\omega t + \frac{G\cos\Omega t}{\omega^2 - \Omega^2}.$$

ここで，初期条件 $t=0$ で $x=x(0)$, $v=v(0)$ を代入して積分定数 a^* と b^* を決めれば

$$x(0) = b^* + \frac{G}{\omega^2 - \Omega^2}, \quad v(0) = \omega a^*$$

となり，これは上で求めた (4.71) と同一の解である．

ところで，この結果 (4.71) で Ω を ω に近づけると

$$\lim_{\Omega \to \omega} \frac{\cos\Omega t - \cos\omega t}{\omega^2 - \Omega^2}$$
$$= \lim_{\Omega \to \omega} \frac{2\sin\{(\Omega+\omega)t/2\}\sin\{(\Omega-\omega)t/2\}}{(\Omega+\omega)(\Omega-\omega)}$$
$$= \frac{t\sin\omega t}{2\omega}$$

ゆえ，

$$x(t) = x(0)\cos\omega t + \frac{2v(0) + Gt}{2\omega}\sin\omega t \quad (4.72)$$

となり，時間とともに振幅がいくらでも大きくなって，振動が破壊されることになる．

この結果は $\lambda = 0$ の場合であるが，現実には，抵抗力が働くので，振幅が無限に大きくなることはない．

そこで，速度に比例した抵抗力のあるときを考えよう．このときも同次方程式の一般解 $x_0(t)$ と非同次方程式

$$\ddot{x} + 2\lambda\dot{x} + \omega^2 x = G\cos\Omega t \quad (4.73)$$

のひとつの解 $x_1(t)$ が求まれば，$x_0(t) + x_1(t)$ が非同次方程式の一般解になる．$x_1(t)$ を求めるために $x_1(t) = C\cos(\Omega t - \delta)$ とおいて方程式 (4.73) に代入

してみよう:

$$(\omega^2-\Omega^2)C\cos(\Omega t-\delta)-2\Omega\lambda C\sin(\Omega t-\delta)=G\cos\Omega t.$$

この左辺は

$$\sqrt{(\omega^2-\Omega^2)^2+(2\Omega\lambda)^2}\,C\cos(\Omega t-\delta+\phi_0)$$

ただし $\quad \tan\phi_0=\dfrac{2\Omega\lambda}{\omega^2-\Omega^2}$

とまとめられるので,この場合の定数 C と δ は

$$C=\frac{G}{\sqrt{(\omega^2-\Omega^2)^2+(2\Omega\lambda)^2}},\quad \delta=\phi_0 \quad (4.74)$$

ととればよい.

次のようにやってもよい.最終的には実数部分のみが物理的に意味をもつという約束で,運動方程式を

$$\ddot{x}+2\lambda\dot{x}+\omega^2 x=G\exp(i\Omega t)$$

と書く.ここで $x=C'\exp(i\Omega t)$ として代入すると [*]

$$C'(\omega^2-\Omega^2+2i\Omega\lambda)\exp(i\Omega t)=G\exp(i\Omega t).$$

このようにして求めた C' を x に代入して,その実数部をとれば,おなじ結果が得られる.複素数使用の便利さである.

こうしてもとの非同次方程式の一般解は

$$x(t)=c_1\exp(\alpha t)+c_2\exp(\beta t)$$
$$+\frac{G}{\sqrt{(\omega^2-\Omega^2)^2+(2\Omega\lambda)^2}}\cos(\Omega t-\phi_0) \quad (4.75)$$

と得られる $(\tan\phi_0=2\Omega\lambda/(\omega^2-\Omega^2))$.

同次方程式の解 $x_0(t)=c_1\exp(\alpha t)+c_2\exp(\beta t)$ は $\exp(-\lambda t)$ の因子を含むので [#],時間がたつと減衰してしまい,その後は,$x_1(t)$ すなわち角振動数 Ω の振

[*] C' は複素定数であり,(4.74) の C との関係は
$$C'=C\exp(-i\phi_0)$$
すなわち $C=|C'|$.

[#] (4.44a)(4.45)(4.48) 参照.

動だけが残り，この振動系は外力の角振動数 Ω の振動を続ける．この振動

$$x(t) = \frac{G}{\sqrt{(\omega^2 - \Omega^2)^2 + (2\Omega\lambda)^2}} \cos(\Omega t - \phi_0)$$
(4.76)

を**強制振動**と言う．その場合の振幅 C は，外部からの力の振動数 Ω が振動系自身の振動数 (固有振動の振動数) ω に近いときわめて大きくなる．この現象を**共鳴**と言う．λ が小さいときには，その現象は顕著である．

$$\frac{C}{G/\omega^2} = \frac{1}{\sqrt{\left\{1 - \left(\frac{\Omega}{\omega}\right)^2\right\}^2 + 4\left(\frac{\Omega}{\omega}\right)^2\left(\frac{\lambda}{\omega}\right)^2}}$$

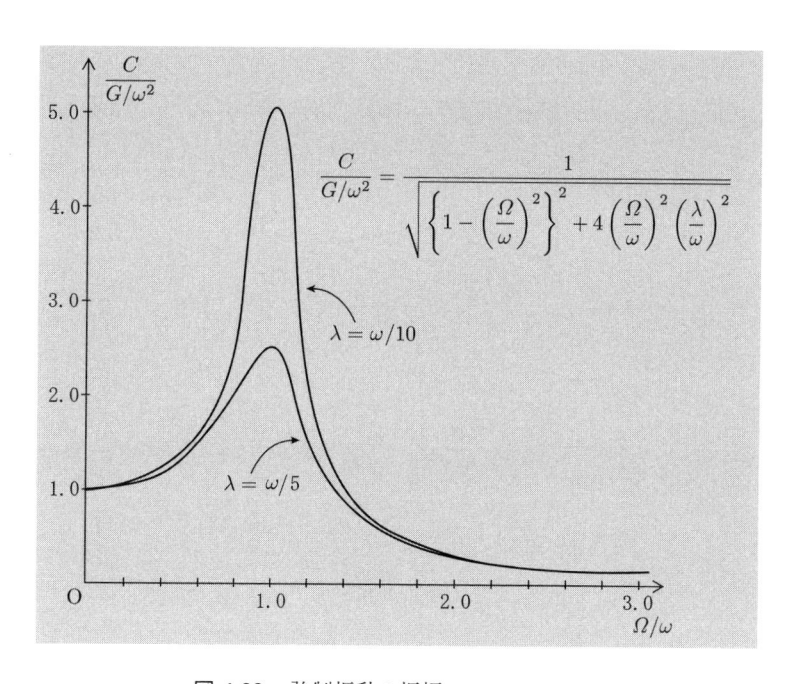

図 4.22　強制振動の振幅

外力と空気抵抗が働いているにもかかわらず，十分時間が経過した状態で (4.76) で表される一定振幅の振動が残るのは，この状態で外力の供給する仕事と空気抵抗によるエネルギー・ロスが平衡状態になるから

である．

実際，もとの運動方程式 (4.62) の両辺に $v = dx/dt$ を掛けて整理すると

$$\frac{d}{dt}\left(\frac{m}{2}v^2 + \frac{k}{2}x^2\right) = (f(t) - \gamma v)v.$$

振動が (4.76) になった状態では

$$v(t) = \frac{dx}{dt} = -\frac{\Omega G}{\sqrt{(\omega^2 - \Omega^2)^2 + (2\Omega\lambda)^2}}\sin(\Omega t - \phi_0).$$

他方，$2m\lambda = \gamma$ に注意して

$$f(t) = mG\cos(\Omega t - \phi_0 + \phi_0)$$
$$= mG\{\cos(\Omega t - \phi_0)\cos\phi_0 - \sin(\Omega t - \phi_0)\sin\phi_0\}$$
$$= mG\frac{(\omega^2 - \Omega^2)\cos(\Omega t - \phi_0) - 2\Omega\lambda\sin(\Omega t - \phi_0)}{\sqrt{(\omega^2 - \Omega^2)^2 + (2\Omega\lambda)^2}}$$
$$= mG\frac{(\omega^2 - \Omega^2)\cos(\Omega t - \phi_0)}{\sqrt{(\omega^2 - \Omega^2)^2 + (2\Omega\lambda)^2}} + \gamma v(t).$$

したがって

$$(f(t) - \gamma v(t))v(t)$$
$$= -\frac{mG^2\Omega(\omega^2 - \Omega^2)}{(\omega^2 - \Omega^2)^2 + (2\Omega\lambda)^2}\cos(\Omega t - \phi_0)\sin(\Omega t - \phi_0)$$
$$= -\frac{mG^2\Omega(\omega^2 - \Omega^2)}{2\{(\omega^2 - \Omega^2)^2 + (2\Omega\lambda)^2\}}\sin\{2(\Omega t - \phi_0)\}$$

となり，この時間平均はたしかに 0 である．

第5章

2次元・3次元の運動

5.1 ベクトルの導入

以下では2次元の運動(平面上の運動)および3次元の運動(空間内の運動)を見てゆくことにする.そのため,空間内での位置の指定の仕方からはじめよう.

校舎の屋上からグランドにむけて紙飛行機を飛ばしたとする(図5.1).グランドの一角を原点 O として,水平なグランド上で東向きに x 軸,北向きに y 軸,そして校舎にそって鉛直上向きに z 軸をとる.ある時刻 t での飛行機の代表点 P の位置はつぎのように指定される.

グランド上の P の真下の点 (P からグランドに下ろした垂線の足) を H,H から x 軸に下ろした垂線の足を I,H から y 軸に下ろした垂線の足を J,そして P から z 軸に下ろした垂線の足を K とする.P の位置は次の三つの量で指定される:

$$x = \overline{OI} = \overline{JH} = \text{P から } yz \text{ 面までの距離},$$

$$y = \overline{OJ} = \overline{IH} = \text{P から } zx \text{ 面までの距離},$$

$$z = \overline{OK} = \overline{HP}$$

$$= \text{P から } xy \text{ 面 (グランド) までの距離}.$$

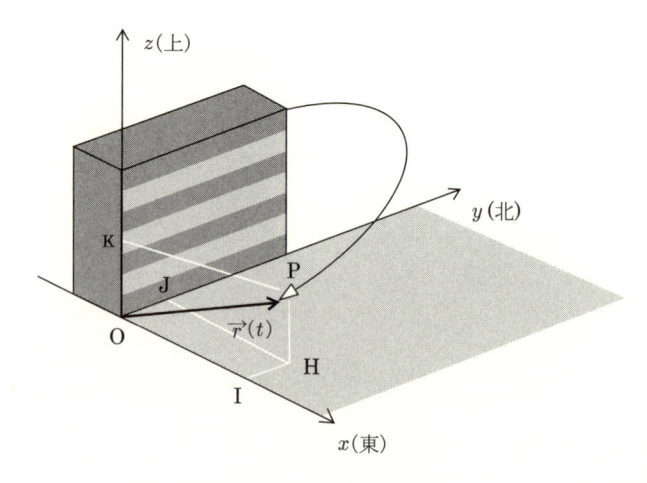

図 5.1 3 次元の運動

この三つの量の組を点 P の座標 (デカルト座標) と言って (x, y, z) と表す。x, y, z のそれぞれは座標成分と言われる．原点 O はもちろん $(0, 0, 0)$.

あるいは O から P へ引いた矢印を

$$\overrightarrow{\mathrm{OP}} = \begin{pmatrix} x \\ y \\ z \end{pmatrix} \tag{5.1}$$

のように表し，これで P の位置を表してもよい．これを P の**位置ベクトル**と言い，$\overrightarrow{\mathrm{OP}} = \vec{r}$ と記す．そのとき x, y, z はそれぞれ位置ベクトル $\vec{r}$ の x 成分，y 成分，z 成分 と言われる．OP 間の距離 (矢印 $\overrightarrow{\mathrm{OP}}$ の長さ) は

$$|\overrightarrow{\mathrm{OP}}| = \sqrt{x^2 + y^2 + z^2} \tag{5.2}$$

で与えられ，矢印の方向は 3 成分とこの距離の比で示される．このように距離の決められた空間を**ユークリッド空間**と言う．つまり位置ベクトル $\vec{r}$ は 3 次元

ユークリッド空間のベクトルであり，長さと方向を持ち，三つの成分で表される．

いま「成分」と呼ばれる三つ量の組からなるものをわかりきったことのように**ベクトル**と言ったが，そのことの意味をちょっと立ち止まって考えてみよう．

話を見やすくするために，2 次元で考える (3 次元でも本質的な違いはない)．つまり，図 5.1 の例で，グランド上で運動している物体 P を考える．この場合はつねに $z = 0$ であるから，P の座標を (x, y) で，したがって P の位置ベクトルを

$$\overrightarrow{\mathrm{OP}} = \vec{r} = \begin{pmatrix} x \\ y \end{pmatrix} \tag{5.3}$$

と表そう．OP 間の距離は $|\overrightarrow{\mathrm{OP}}| = \sqrt{x^2 + y^2} = r$ で与えられる．つまりこの場合の P の運動平面は 2 次元ユークリッド空間であり，(5.3) の $\vec{r}$ はその空間の位置ベクトルである．

しかしこの成分 x や y のそれぞれはたまたま設定した座標軸による量で，$\vec{r}$ と x 軸のなす角度を ϕ とすると $x = r\cos\phi, y = r\sin\phi$ であり，もちろん座標軸が変わればその値は変わる．しかし座標系を変えても位置ベクトル $\vec{r}$ 自体が変わるわけではない．そのためにはこのベクトルの成分は座標変換にさいしてある決まった変換規則に従わなければならないであろう．その関係を求めるために，z 軸のまわりに角度 ϑ 回転した座標系 (X, Y) での成分を考えよう (図 5.2)．OP が X 軸となす角度は $\varPhi = \phi - \vartheta$ ゆえ，その成分は

$$X = r\cos(\phi - \vartheta) = r\cos\phi\cos\vartheta + r\sin\phi\sin\vartheta$$
$$= x\cos\vartheta + y\sin\vartheta, \tag{5.4}$$
$$Y = r\sin(\phi - \vartheta) = r\sin\phi\cos\vartheta - r\cos\phi\sin\vartheta$$
$$= -x\sin\vartheta + y\cos\vartheta. \tag{5.5}$$

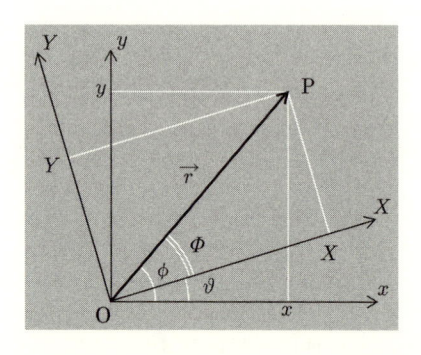

つまり座標の回転にさいして位置ベクトルの成分はこの変換規則にしたがって変換されなければならない．(3次元でも同様に議論することができる．ただし3次元では x 軸，y 軸，z 軸の各軸まわりの回転が考えられるので，回転角は三つあり．)

図 5.2

ここで2次元ユークリッド空間の二つの位置ベクトル

$$\vec{r_1} = \begin{pmatrix} x_1 \\ y_1 \end{pmatrix}, \quad \vec{r_2} = \begin{pmatrix} x_2 \\ y_2 \end{pmatrix},$$

の**内積**をつぎの式で定義する：

$$\vec{r_1} \cdot \vec{r_2} = x_1 x_2 + y_1 y_2. \tag{5.6}$$

ϑ だけ回転した座標系ではこれら二つのベクトルの成分は

$$X_1 = x_1 \cos\vartheta + y_1 \sin\vartheta,$$
$$Y_1 = -x_1 \sin\vartheta + y_1 \cos\vartheta,$$
$$X_2 = x_2 \cos\vartheta + y_2 \sin\vartheta,$$
$$Y_2 = -x_2 \sin\vartheta + y_2 \cos\vartheta,$$

に変換される．しかしその内積の値は変わらない．実際

$$X_1 X_2 + Y_1 Y_2$$
$$= (x_1 \cos\vartheta + y_1 \sin\vartheta)(x_2 \cos\vartheta + y_2 \sin\vartheta)$$
$$+ (-x_1 \sin\vartheta + y_1 \cos\vartheta)(-x_2 \sin\vartheta + y_2 \cos\vartheta)$$
$$= x_1 x_2 + y_1 y_2.$$

つまり内積は座標系の回転によって変わらない．このように，座標系の変換 (回転) によって変わらない量を**スカラー**ないし**スカラー量**と言う．

　内積はスカラー量であり，その意味で**スカラー積**とも言われる．

　特に OP 間の距離は
$$\overline{\mathrm{OP}} = \sqrt{x^2 + y^2} = \sqrt{\vec{r} \cdot \vec{r}}$$

のように $\vec{r}$ どうしの内積で表され，座標系を回転しても変わらない．これをベクトル $\vec{r}$ の**長さ**ないし**絶対値**と言い，$|\vec{r}|$ または簡単に r で表す．ベクトル $\vec{r}$ の長さ (絶対値) $|\vec{r}| = r = \sqrt{x^2 + y^2}$ はスカラーである．

　また二つの位置ベクトル
$$\vec{r_1} = \begin{pmatrix} x_1 \\ y_1 \end{pmatrix} = \begin{pmatrix} r_1 \cos\phi_1 \\ r_1 \sin\phi_1 \end{pmatrix},$$
$$\vec{r_2} = \begin{pmatrix} x_2 \\ y_2 \end{pmatrix} = \begin{pmatrix} r_2 \cos\phi_2 \\ r_2 \sin\phi_2 \end{pmatrix}$$

の内積を考える：
$$\vec{r_1} \cdot \vec{r_2} = r_1 r_2 (\cos\phi_1 \cos\phi_2 + \sin\phi_1 \sin\phi_2)$$
$$= r_1 r_2 \cos(\phi_1 - \phi_2). \tag{5.7}$$

ところが，今見たように内積はスカラーでありベクトルの長さ r_1, r_2 もスカラーであるから，$\cos(\phi_1 - \phi_2)$ もスカラーである．要するに，二つの位置ベクトルの

なす角度 $\Delta\phi = \phi_1 - \phi_2$ は座標系によらない．

なお，直交するベクトルでは $\Delta\phi = \pi/2$ で $\cos\Delta\phi = 0$ であるから，内積は 0 である．もちろんその逆も言える．つまり，長さが 0 でない二つのベクトルの内積が 0 であれば，それらは直交している．

ここまで位置ベクトルについて論じてきたが，原点を始点とする有向線分だけでは制約が大きいので，かならずしも原点を始点としないベクトルに話を広げたい．そのため，つぎのように考える．

2 次元ユークリッド空間の位置ベクトルの 2 成分は座標変換にさいして (5.4)(5.5) の規則にしたがうことを先に示したが，ここで議論を逆転させ，座標変換にさいして (5.4)(5.5) の規則にしたがう二つの量の組を成分とするものを 2 次元ユークリッド・ベクトルと定義しよう (3 次元でも同様)．

いま

$$\vec{a} = \begin{pmatrix} a_x \\ a_y \end{pmatrix}, \quad \vec{b} = \begin{pmatrix} b_x \\ b_y \end{pmatrix},$$

がそれぞれ，この意味でユークリッド・ベクトルとする．つまりそれぞれの成分が座標回転にさいして (5.4)(5.5) の規則にしたがって変換されるとする．その場合も，ベクトルの内積や長さ (絶対値) は位置ベクトルの場合と同様に，それぞれ

$$\vec{a} \cdot \vec{b} = a_x b_x + a_y b_y = ab\cos\theta,$$
$$a = |\vec{a}| = \sqrt{\vec{a} \cdot \vec{a}} = \sqrt{a_x^2 + a_y^2}$$

で定義され (θ は $\vec{a}$ と $\vec{b}$ のなす角)，同様にこれらはスカラー量である．

また，C をスカラー量として，ベクトルの和とスカラー倍を

$$\vec{a}+\vec{b}=\begin{pmatrix}a_x+b_x\\a_y+b_y\end{pmatrix},\quad C\vec{a}=\begin{pmatrix}Ca_x\\Ca_y\end{pmatrix}$$

で定義する．こうして定義された 2 成分の量からなる組は，成分がやはり (5.4)(5.5) の変換規則に支配されているので，もちろんユークリッド・ベクトルである．

そうすれば，位置ベクトル $\vec{r}_1$ で記される点 P_1 から $\vec{r}_2$ で記される点 P_2 への移動，すなわち変位

$$\overrightarrow{P_1P_2}=\begin{pmatrix}x_2-x_1\\y_2-y_1\end{pmatrix} \tag{5.8}$$

もやはり，ユークリッド・ベクトルであり，このベクトルを $\overrightarrow{OP_2}-\overrightarrow{OP_1}=\vec{r}_2-\vec{r}_1$ と記す (図 5.3)．すなわち

$$\vec{r}_2-\vec{r}_1=\begin{pmatrix}x_2\\y_2\end{pmatrix}-\begin{pmatrix}x_1\\y_1\end{pmatrix}=\begin{pmatrix}x_2-x_1\\y_2-y_1\end{pmatrix}.$$

そして P_1P_2 間の距離は，スカラー量

$$|\vec{r}_2-\vec{r}_1|=\sqrt{(x_2-x_1)^2+(y_2-y_1)^2} \tag{5.9}$$

で与えられる [*]．

以上の議論は，もちろん 3 次元でも変わりはない．

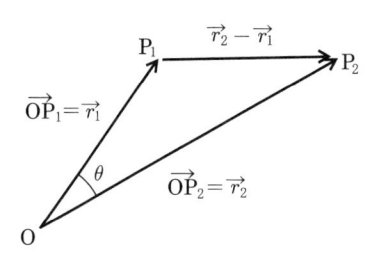

図 5.3

[*] 内積の定義より
$$\vec{r}_1\cdot\vec{r}_2=\vec{r}_2\cdot\vec{r}_1,$$
$$\vec{r}\cdot(a\vec{r}_1+b\vec{r}_2)$$
$$=a\vec{r}\cdot\vec{r}_1+b\vec{r}\cdot\vec{r}_2.$$
したがって
$$(\vec{r}_2-\vec{r}_1)\cdot(\vec{r}_2-\vec{r}_1)$$
$$=\vec{r}_1\cdot\vec{r}_1+\vec{r}_2\cdot\vec{r}_2$$
$$\quad-2\vec{r}_1\cdot\vec{r}_2$$
$$=r_1^2+r_2^2-2r_1r_2\cos\theta.$$
これは**余弦定理**である．

5.2 速度と加速度——2次元・3次元への拡張

このように物体の代表点 P の位置を表す三つの量の組 (x, y, z) は点 P を表すとともに位置ベクトル $\overrightarrow{\mathrm{OP}} = \vec{r}$ をも表すので,以下では空間内の点と位置ベクトルを区別しない.また,物体の代表点 P を簡単に物体 P と言う.

そして P が位置変化としての運動をするということは,P の位置が時々刻々変わってゆくことであり,そのとき各成分 x, y, z は時間の関数となる.つまり,考えているすべての時刻 t にたいして x, y, z の値が対応付けられているわけで,そのことを $x(t), y(t), z(t)$ と表す.

話をわかりやすくするため,2次元で見てゆこう.2次元 (平面上) の運動では,運動平面を $z = 0$ すなわち xy 平面ととれば,位置ベクトルは (z 成分を省略して)

$$\vec{r}(t) = \begin{pmatrix} x(t) \\ y(t) \end{pmatrix}. \tag{5.10}$$

これは平面上の軌道,つまり xy 平面上の t をパラメータとするパラメータ表示の曲線 C を表している (図 5.4).

時刻 t と $t + \Delta t$ のあいだの変位 (P の移動) は

$$\Delta \vec{r}(t) = \vec{r}(t + \Delta t) - \vec{r}(t) = \begin{pmatrix} x(t + \Delta t) - x(t) \\ y(t + \Delta t) - y(t) \end{pmatrix},$$

したがって,P の速度は

$$\vec{v}(t) = \lim_{\Delta t \to 0} \frac{\Delta \vec{r}(t)}{\Delta t}$$
$$= \lim_{\Delta t \to 0} \frac{1}{\Delta t} \begin{pmatrix} x(t + \Delta t) - x(t) \\ y(t + \Delta t) - y(t) \end{pmatrix},$$

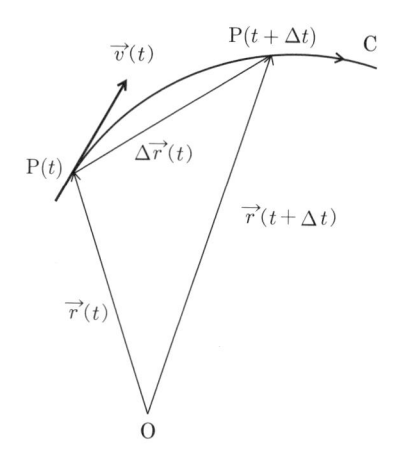

図 5.4　変位 $\Delta\vec{r}$ と速度ベクトル $\vec{v}$

すなわち次のベクトルで与えられる：

$$\vec{v}(t) = \frac{d\vec{r}(t)}{dt}, \quad \text{i.e.} \quad \begin{pmatrix} v_x(t) \\ v_y(t) \end{pmatrix} = \begin{pmatrix} \dot{x}(t) \\ \dot{y}(t) \end{pmatrix}. \tag{5.11}$$

このベクトル $\vec{v}$ は曲線 C の，点 $\vec{r}(t) = (x(t), y(t))$ での接ベクトルになっている．なお，本書で論じている力学 (いわゆる「ニュートン力学」) では座標系を回転しても時間変数は影響を受けないから，この 2 次元速度ベクトル (5.11) の成分は (5.4)(5.5) とおなじ座標変換の規則にしたがっている．その意味でこの量がユークリッド・ベクトルの資格を有するのである．

同様に，3 次元空間での速度は

$$\vec{v}(t) = \begin{pmatrix} v_x(t) \\ v_y(t) \\ v_z(t) \end{pmatrix} = \lim_{\Delta t \to 0} \frac{1}{\Delta t} \begin{pmatrix} x(t+\Delta t) - x(t) \\ y(t+\Delta t) - y(t) \\ z(t+\Delta t) - z(t) \end{pmatrix} = \begin{pmatrix} \dot{x}(t) \\ \dot{y}(t) \\ \dot{z}(t) \end{pmatrix}. \tag{5.12}$$

これも 3 次元空間での軌道をあらわす曲線上の点 $\vec{r}(t)$ でその曲線に接するベクトルになっている．

2次元の場合も3次元の場合も,「速さ」は速度ベクトルの絶対値 ($|\vec{v}|=v$) で定義される.すなわち,3次元では
$$v=|\vec{v}|=\sqrt{\vec{v}\cdot\vec{v}}=\sqrt{v_x^2+v_y^2+v_z^2}.$$

そして加速度は,速度の時間変化率で定義される.2次元では
$$\vec{\alpha}(t)=\lim_{\Delta t\to 0}\frac{\Delta\vec{v}(t)}{\Delta t}$$
$$=\lim_{\Delta t\to 0}\frac{1}{\Delta t}\begin{pmatrix}v_x(t+\Delta t)-v_x(t)\\v_y(t+\Delta t)-v_y(t)\end{pmatrix},$$

すなわち
$$\vec{\alpha}(t)=\frac{d\vec{v}(t)}{dt},\quad\text{i.e.}\quad\begin{pmatrix}\alpha_x(t)\\\alpha_y(t)\end{pmatrix}=\begin{pmatrix}\dot{v}_x(t)\\\dot{v}_y(t)\end{pmatrix}. \tag{5.13}$$

3次元の運動でも,まったく同様
$$\vec{\alpha}(t)=\frac{d\vec{v}(t)}{dt},\quad\text{i.e.}\quad\begin{pmatrix}\alpha_x(t)\\\alpha_y(t)\\\alpha_z(t)\end{pmatrix}=\begin{pmatrix}\dot{v}_x(t)\\\dot{v}_y(t)\\\dot{v}_z(t)\end{pmatrix}. \tag{5.14}$$

5.3 偏微分と方向微分

後で必要となるので,2変数関数の微分に触れておこう (3変数への拡張はたやすい).

xy 平面上の各点に値 $W(x,y)$ が対応づけられている2変数関数を考えよう.たとえば,平面上に描かれた地図上の各点にその点の高度を対応づける場合や,あるいは平面上の温度分布や圧力分布はこのように表される.

この xy 平面に直交する z 軸をとり，$z = W(x, y)$ とすれば，これは 3 次元空間 (x, y, z) における曲面を表す．その曲面を S と記そう．

いま，この平面 (x, y) 上の点 $\mathrm{P}(a, b)$ を通り xz 平面に平行な平面 ($y = b$ の平面) を考えると，この平面と曲面 S の交線は一つの曲線 $z = W(x, b)$ を表している．そこでその曲線上の点 $\mathrm{Q}(a, b, W(a, b))$ での変化率 (接線 QR の勾配)，すなわち

$$\lim_{h \to 0} \frac{W(a+h, b) - W(a, b)}{h}$$

を考える (図 5.5a)．これは言うならば関数 $W(x, y)$ において y を定数と見なして，x についてだけ微分することで，これを W の点 (a, b) における x についての**偏微分係数**と言う．

まったく同様に y についての偏微分係数を，yz 面に

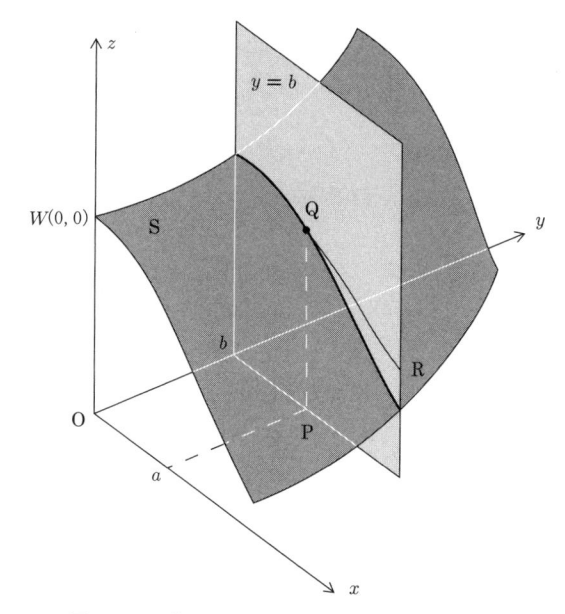

図 5.5a　曲面 $z = W(x, y)$ とその接線 QR

平行な平面 $x = a$ と曲面 $z = W(x, y)$ との交線としての曲線 $z = W(a, y)$ の点 Q での変化率 (接線 QT の勾配) として定義できる (図 5.5b).

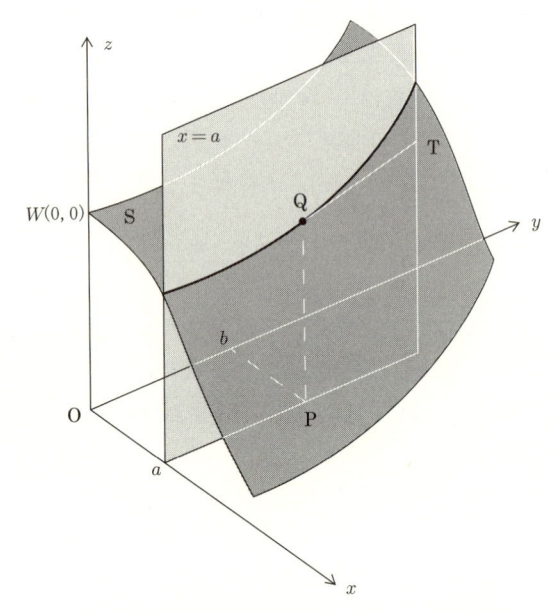

図 5.5b 曲面 $z = W(x, y)$ とその接線 QT

そして, 平面 (x, y) の各点にその点の偏微分係数を対応付ける関数を**偏導関数**, x と y について, それぞれの偏導関数を求めることを「偏微分する」と言い, それぞれ記号 $\dfrac{\partial W}{\partial x}$ および $\dfrac{\partial W}{\partial y}$, ないし簡単に $\partial_x W$ および $\partial_y W$ で表す. すなわち

$$\frac{\partial W(x,y)}{\partial x} = \lim_{h \to 0} \frac{W(x+h, y) - W(x, y)}{h}, \quad (5.15)$$

$$\frac{\partial W(x,y)}{\partial y} = \lim_{k \to 0} \frac{W(x, y+k) - W(x, y)}{k}. \quad (5.16)$$

もちろん, このような偏微分が可能であるためには, つまり点 (a, b) で y 軸に平行な方向と x 軸に平行な方向のそれぞれにたいして変化率が定義できるために

は，A および B を定数として $h \to 0$, $k \to 0$ で

$$W(a+h,b) - W(a,b) = Ah + o(h),$$
$$W(a,b+k) - W(a,b) = Bk + o(k)$$

と表されなければならない．そしてこのとき，2個の定数 A, B が偏微分係数，すなわち $A = \dfrac{\partial W}{\partial x}(a,b)$, $B = \dfrac{\partial W}{\partial y}(a,b)$ である．しかし，これだけでは任意の方向の変化率を定義しうるためにはまだ不十分で，そのためにはより強い条件

$$W(a+h,b+k) - W(a,b) = Ah + Bk + o(\sqrt{h^2+k^2})$$

が必要である．以下ではこの関数が定義された領域のすべての点でこの条件が満たされているとする．

ところで，xy 平面上の位置ベクトル成分の，座標系の回転 (z 軸まわりの角度 ϑ の回転) にともなう変換規則は以前に (5.4)(5.5) 式で与えておいた．逆変換の規則はこれを解くことによって [*]

$$x = X\cos\vartheta - Y\sin\vartheta \equiv x(X,Y), \qquad (5.17)$$
$$y = X\sin\vartheta + Y\cos\vartheta \equiv y(X,Y). \qquad (5.18)$$

それにたいして関数 $W(x,y)$ は (x,y) 平面上の温度分布のように，この平面上の各点で決まった値をとる関数であり，座標軸を回転させてもその値は変わらない．すなわち，$W(x,y)$ はスカラー量で，座標軸のこの回転により $W(x,y)$ が $W^*(X,Y)$ に変わったとすると $W^*(X,Y) = W(x(X,Y), y(X,Y))$ である．それゆえ，

$$\frac{\partial W^*}{\partial X} = \frac{\partial W}{\partial x}\frac{\partial x}{\partial X} + \frac{\partial W}{\partial y}\frac{\partial y}{\partial X}$$
$$= \frac{\partial W}{\partial x}\cos\vartheta + \frac{\partial W}{\partial y}\sin\vartheta,$$

[*] または次のように考える．同一の点が二つの座標軸でそれぞれ (x,y) と (X,Y) で表されるとして
$$x = r\cos\phi$$
$$= r\cos(\phi - \vartheta + \vartheta)$$
$$= r\cos(\phi - \vartheta)\cos\vartheta$$
$$\quad - r\sin(\phi - \vartheta)\sin\vartheta$$
$$= X\cos\vartheta - Y\sin\vartheta,$$
$$y = r\sin\phi$$
$$= r\sin(\phi - \vartheta + \vartheta)$$
$$= r\cos(\phi - \vartheta)\sin\vartheta$$
$$\quad + r\sin(\phi - \vartheta)\cos\vartheta$$
$$= X\sin\vartheta + Y\cos\vartheta.$$

$$\frac{\partial W^*}{\partial Y} = \frac{\partial W}{\partial x}\frac{\partial x}{\partial Y} + \frac{\partial W}{\partial y}\frac{\partial y}{\partial Y}$$
$$= -\frac{\partial W}{\partial x}\sin\vartheta + \frac{\partial W}{\partial y}\cos\vartheta.$$

この結果は，上に定義した二つの偏導関数 $\partial_x W, \partial_y W$ が座標軸の回転にたいして 2 次元位置ベクトル成分 (x, y) の変換規則 (5.4)(5.5) と同一の変換規則にしたがい，それゆえ 2 次元ユークリッド空間のベクトル成分の性質を持つことを示している．

そこで，この二つの偏導関数を 2 成分とするベクトルを定義し，それを**勾配ベクトル**ないしグラディエントと呼び，$\nabla W(x, y)$ で表す*). すなわち

$$\nabla W(x, y) = \begin{pmatrix} \partial_x W(x, y) \\ \partial_y W(x, y) \end{pmatrix}. \tag{5.19}$$

(5.4)(5.5)
$$X = +x\cos\vartheta + y\sin\vartheta,$$
$$Y = -x\sin\vartheta + y\cos\vartheta.$$

*) 勾配ベクトルは $\vec{\nabla}W$ あるいは $\mathrm{grad}\, W$ のようにも記される．∇ は 2 次元では (∂_x, ∂_y)，3 次元では $(\partial_x, \partial_y, \partial_z)$ を成分とするベクトルの微分演算子で，**ナブラ**と呼ばれる．

ここで勾配ベクトルの意味を，つぎのように考えよう．

$$W(x, y) = C \quad (C \text{ は定数})$$

は xy 平面上の曲線の陰関数表示である．$W(x, y)$ が xy 平面上の地図の各点での高さを表すとすれば，この曲線は地図上の等高線を表す．同様に $W(x, y)$ が圧力であれば天気図の等圧線，温度であれば等温線を表す．ここではわかりやすく等高線と考えよう．

関数 $W(x, y)$ のこの等高線にそった変化率は 0 でなければならないから，等高線にそった (接している) 微小ベクトル $\Delta\vec{r} = (h, k)$ をとれば

$$W(x+h, y+k) - W(x, y)$$
$$= \partial_x W(x,y) h + \partial_y W(x,y) k + o(\sqrt{h^2+k^2})$$
$$= o(\sqrt{h^2+k^2})$$

すなわち

$$\partial_x W(x,y)h + \partial_y W(x,y)k = \Delta\vec{r}\cdot\nabla W = 0.$$

このことは勾配ベクトルが等高線にそったベクトルと直交，すなわち等高線それ自体と直交していることを意味する．

他方で，関数 $W(x,y)$ の勾配ベクトル自体の方向にそった変化を考えると，微小ベクトル $\Delta\vec{r} = (h,k)$ が勾配ベクトルの方向の微小ベクトルであるとして，つまり $\Delta\vec{r} = (h,k) = \varepsilon\nabla W(x,y) = (\varepsilon\partial_x W, \varepsilon\partial_y W)$，ただし $\varepsilon > 0$ とすれば

$$W(x+h, y+k) - W(x,y)$$
$$= \partial_x W(x,y)h + \partial_y W(x,y)k + o(\sqrt{h^2+k^2})$$
$$= \varepsilon\{(\partial_x W)^2 + (\partial_y W)^2\} + o(\sqrt{h^2+k^2}) > 0.$$

すなわち，勾配ベクトル ∇W は $W(x,y)$ の大きくなる向きのベクトルであることがわかる．

たとえば $W(x,y) = ax + by$，ただし $a > 0, b > 0$ のとき，C を定数として，等高線は $ax + by = C$ という直線で与えられ，C が大きくなるとともに，つまりこの直線が原点から遠ざかるとともに W は大きくなってゆく（図 5.6）．それにたいしてこの関数の勾配ベクトルは $\nabla W = (a,b)$ であり，このベクトルはたしかに直線 $ax + by = C$ に直交し，原点から遠ざかる向きである．

同様に，$W(x,y) = x^2 + y^2$ のとき，等高線 $W(x,y) = C > 0$ は半径 $\sqrt{C}$ の円であり，他方，$\nabla W(x,y) = (2x, 2y)$ は，この円に直交し，外向き，すなわち C の大きくなる向きのベクトルである．

あるいは $P(x,y)$ を (x,y) 平面上の点 (x,y) での圧力を表すとする．$P(x,y) = C$ は等圧線であり，$-\nabla P$ は等圧線に直交し，圧力の低い方を向いたベクトルである（図 5.7）．そして空気はこの向きに力をうける

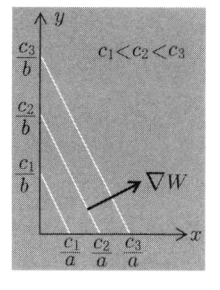

図 5.6

(実際には地球が自転しているため風の方向は等圧線に正確に直交せず,空気は圧力の低い方に渦巻きながら流れる).

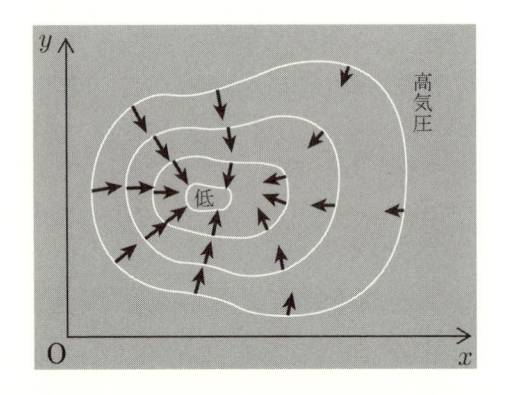

図 5.7 等圧線と風向

なお,xy 平面上での t をパラメータとするパラメータ表示の曲線 $(x(t), y(t))$ にそった関数 $W(x, y)$ の変化率は

$$\frac{d}{dt}W(x(t), y(t)) = \frac{\partial W}{\partial x}\frac{dx(t)}{dt} + \frac{\partial W}{\partial y}\frac{dy(t)}{dt}$$
$$= \nabla W(x, y) \cdot \vec{v}(t) \qquad (5.20)$$

(2.7)
$$F(t) = f(x(t)) \text{ にたいして}$$
$$\frac{dF(t)}{dt} = \frac{d}{dt}f(x(t))$$
$$= \frac{df(x)}{dx}\frac{dx}{dt}.$$

で与えられる.これは 1 変数の合成関数の導関数の公式 (2.7) の 2 変数への拡張であり,曲線 $(x(t), y(t))$ にそった**方向微分**と言われる.これも $W(x, y)$ がたとえば平面上の温度分布だとすると,この式は,曲線 $(x(t), y(t))$ 上を速度 $\vec{v}(t) = (\dot{x}(t), \dot{y}(t))$ で運動している人が観測する温度変化率をあたえる.

5.4 力学原理

5.4.1 運動の第 1 法則と第 2 法則

力学原理としての運動方程式はすでに 1 次元の場合に (3.1) 式で導入したが，それをベクトルに書き直すことによって，ただちに 2 次元・3 次元に拡張しうる．すなわち

$$m\vec{a}(t) = \vec{F} \quad \text{i.e.} \quad m\frac{d\vec{v}(t)}{dt} = \vec{F}, \qquad (5.21)$$

または，成分をもちいて書くならば，3 次元では

$$m\frac{d}{dt}\begin{pmatrix} v_x(t) \\ v_y(t) \\ v_z(t) \end{pmatrix} = \begin{pmatrix} F_x \\ F_y \\ F_z \end{pmatrix}. \qquad (5.22)$$

これらは 1 次元の場合と同様に，質量 m の物体に力 $\vec{F}$ が働いたならば，結果としてその物体には加速度 $\vec{a} = d\vec{v}/dt$ が生じるという因果法則を表している．これからわかるように，力 $\vec{F}$ はベクトル量と考えられている．物体に働いている力がいくつもあるときは，$\vec{F}$ はそのベクトル和としての合力である．

ただしこれは，質量 m が変化しない場合の式である．質量が時間的に変化する場合，運動方程式は (3.1)′ 式に対応して

$$\frac{d}{dt}(m\vec{v}) = \vec{F}. \qquad (5.23)$$

この左辺の $m\vec{v}$ というベクトル量を**運動量**と言う．

このように 2 次元や 3 次元の運動では運動量も力積もベクトル量となり，1 次元の場合の (3.3) 式が各成分にたいして成り立つ．すなわち

$$m\vec{v}(b) - m\vec{v}(a) = \int_a^b \vec{F}(t)dt. \qquad (5.24)$$

(3.3)
$$mv(b) - mv(a) = \int_a^b F(t)dt.$$

*)
$$\int_a^b \vec{F}dt \equiv \begin{pmatrix} \int_a^b F_x(t)dt \\ \int_a^b F_y(t)dt \\ \int_a^b F_z(t)dt \end{pmatrix}.$$

右辺のベクトルとしての力積は, 力の各成分を積分したものを成分とするベクトルを表している *)。

本書の以下の議論には, これだけのことがわかっていればよいが, 一応, 力学の原理について, 一般的に語りうることを記しておこう. 先を急ぐ諸君は, この後, 本節の終わりまではとばしてもよい.

はじめに, 外から力が働いていない物体, つまり他の物体や電場・磁場の影響を事実上受けていない物体を考えよう. この物体にたいしては,

$$m\frac{d\vec{v}}{dt} = \vec{0} \quad \therefore \quad \vec{v} = 定ベクトル \qquad (5.25)$$

が成り立ち, この物体は等速度運動をおこなう ($\vec{0}$ はゼロ・ベクトルすなわちすべての成分が 0 のベクトル). つまり, 外から力を受けなければ物体はおなじ速度で動き続ける (同一の運動状態を持続する). これも以前に述べた慣性の現れであり, 通常この事実が**慣性の法則**と呼ばれているものである.

ところで書物によっては, 力が働かなければ物体は速度を維持するというこの形の慣性の法則を「運動の第 1 法則」, 運動方程式を「運動の第 2 法則」と記しているものもある. しかし, この意味での「慣性の法則」は運動方程式から導かれるものであるから, 運動方程式と並列に扱うのは意味がない.

むしろ, 論理的にはつぎのように整理するべきであろう.「慣性の法則」の成り立つ座標系を**慣性座標系**ないし簡単に**慣性系**と名づける. そして力学の原理としては, 慣性座標系の存在要請を最初に据えるべきである. すなわち

運動の第 1 法則: 宇宙には慣性座標系がすくなくとも 1 個存在する.

運動の第 2 法則：慣性座標系では，運動方程式 (5.21) ないし (5.23) が成り立つ．

ある物体の慣性系 Σ での速度を $\vec{v}$ とすれば，Σ で見た運動方程式は $m\dfrac{d\vec{v}}{dt} = \vec{F}$ で，ここに $\vec{F}$ は他の物体ないし電場や磁場から及ぼされた力の和であり，それぞれの力はかならず物理的起源をもつ (これらの力はかならず「何かある物理的実在」から及ぼされている)．

慣性系 Σ にたいして速度 $\vec{V}$ で動いている座標系 Σ' で見たならば，この物体の速度は $\vec{u} = \vec{v} - \vec{V}$，したがって Σ' で見た運動方程式は $m\dfrac{d\vec{u}}{dt} = \vec{F} - m\dfrac{d\vec{V}}{dt}$．

それゆえ $\dfrac{d\vec{V}}{dt} = \vec{0}$，すなわち $\vec{V} =$ 定ベクトル の場合，Σ' で見た運動方程式は $m\dfrac{d\vec{u}}{dt} = \vec{F}$ で，この座標系でも慣性の法則 ($\vec{F} = \vec{0}$ なら $\vec{u} =$ 一定) が成り立つ．すなわち，**慣性系にたいして一定の速度で動いている座標系はすべて慣性系である**．

他方，$\dfrac{d\vec{V}}{dt} = \vec{\beta} \neq \vec{0}$ の場合，つまり座標系 Σ' が慣性系 Σ にたいしてゼロでない加速度 $\vec{\beta}$ をもつとする．このとき，Σ' で見た運動方程式は $m\dfrac{d\vec{u}}{dt} = \vec{F} - m\vec{\beta}$ となり，この座標系では，たとえ力が働いていなくて (他の物体や場の影響を受けていなくて) $\vec{F} = \vec{0}$ のときでも物体は加速度 $\dot{\vec{u}} = -\vec{\beta}$ をもち，「慣性の法則」は成り立たない．

すなわち，**慣性系にたいしてゼロではない加速度 $\vec{\beta}(\neq \vec{0})$ をもつ座標系は非慣性系である**．そしてその座標系 (非慣性系) での運動方程式は，

$$m\frac{d\vec{u}}{dt} = \vec{F} - m\vec{\beta}. \tag{5.26}$$

右辺第 2 項 $-m\vec{\beta}$ は，たんに数学的に出てきた項で，物理的起源を有する力ではない (なんらかの物理的実在から及ぼされたものではない)．しかし，あたかもこのような力が働いているかのように考えればこの Σ' を慣性系と同様に扱うことができる．そのように，「見かけ上の力」を表すものとしてのこの項 $-m\vec{\beta}$ を**慣性力**と言う．すなわち，非慣性系で見た物体の運度は，慣性力を考慮することによって慣性系と同様に扱うことができる *)．

以下では，とくにことわらないかぎり，座標系は慣性座標系とする．

*) 慣性系と非慣性系の区別はニュートン力学では必要であるが，アインシュタインの一般相対性理論ではその区別は意味を失う．

5.4.2　運動の第 3 法則と運動量の保存

以上の運動の法則を見るならば，力学においては力がきわめて重要な役割を果たしていることがわかる．

しかし，自然界にどのような力が存在するのかは経験的に与えられることで，力学理論から導かれるものではない．実際に，現在までのところ知られている力は，基本的な力としては，重力 (万有引力)，電磁力 (クーロン力とローレンツ力)，強い相互作用と言われる核力，そして弱い相互作用の 4 種類である．ただし，強い相互作用と弱い相互作用は原子核と素粒子の領域においてのみ現れるもので，古典力学には事実上登場しない．

地球をふくむ天体や太陽系を構成している力 (地球がバラバラにならないようにしている力，太陽系の惑星たちを太陽のまわりにつなぎとめている力) は重力である．原子や分子を構成している力，そして地球上に見られる巨視的な物質を構成している分子間の力は電磁力であり，そのような物体間に働く抗力や摩擦力

や張力や弾性力のような力はすべて分子間力の合力である．そしてこれらの力の振る舞いもさまざまで，やはり経験的に知られることである．

ただし，これらすべての力にたいして成り立つ法則がある．

それは物体 A が物体 B に力を及ぼすならば，物体 B はおなじ大きさで逆向きの力を物体 A に及ぼすことである．それが力学の第 3 の原理としての **作用・反作用の法則** である．すなわち B が A に及ぼす力を $\vec{F}_{\mathrm{AB}}$，A が B に及ぼす力を $\vec{F}_{\mathrm{BA}}$ として，

運動の第 3 法則 (作用・反作用の法則)：

$$\vec{F}_{\mathrm{AB}} = -\vec{F}_{\mathrm{BA}}. \qquad (5.27)^{*)}$$

*) この場合，$\vec{F}_{\mathrm{AB}}$ と $\vec{F}_{\mathrm{BA}}$ の一方を「作用」とすれば，他方は「反作用」と言われる．そして「作用・反作用の法則」は，作用と反作用は大きさが同じで向きが逆と表現される．

いま，A と B がたがいに力を及ぼしあっているが，それ以外には力を受けていない (A と B よりなるシステムは孤立している) とする．このとき，それぞれの運動方程式は

$$\frac{d}{dt}(m_{\mathrm{A}}\vec{v}_{\mathrm{A}}) = \vec{F}_{\mathrm{AB}}, \quad \frac{d}{dt}(m_{\mathrm{B}}\vec{v}_{\mathrm{B}}) = \vec{F}_{\mathrm{BA}}.$$

辺々足して作用・反作用の法則を顧慮すると

$$\frac{d}{dt}(m_{\mathrm{A}}\vec{v}_{\mathrm{A}} + m_{\mathrm{B}}\vec{v}_{\mathrm{B}}) = \vec{F}_{\mathrm{AB}} + \vec{F}_{\mathrm{BA}} = \vec{0}.$$

したがって

$$m_{\mathrm{A}}\vec{v}_{\mathrm{A}} + m_{\mathrm{B}}\vec{v}_{\mathrm{B}} = 定ベクトル.$$

すなわち，たがいに相互作用をしているが他からは孤立した 2 物体の運動量の和は保存する．作用・反作用の法則にかえてこの事実を「運動の第 3 法則」としてもよい．

もちろんこのことは，多くの物体ないし質点からな

るシステムにも拡大できる．

そこで，大きさのある物体を N 個の質点の集合 (質点系) と見て，その k 番目の質点の質量を m_k, 位置ベクトルを $\vec{r}_k$ とする．質点は事実上大きさの無視できる物体を数学的にモデル化したものである．

質量は加算されるので，質点系と見なしたこの物体の全質量は $M = \sum_{k=1}^{N} m_k$. そしてこの物体すなわち質点系の**質量中心** $\vec{R}_{\mathrm{CM}}$ (しばしば**重心**と呼ばれる) を，各質点の位置ベクトルの重みつき平均で定義し，それに応じて質量中心の速度 (重心速度) $\vec{V}_{\mathrm{CM}}$ をその時間変化率で定義する：

$$\vec{R}_{\mathrm{CM}} = \frac{m_1 \vec{r}_1 + m_2 \vec{r}_2 + \cdots + m_N \vec{r}_N}{m_1 + m_2 + \cdots + m_N} = \frac{1}{M} \left(\sum_{k=1}^{N} m_k \vec{r}_k \right), \tag{5.28}$$

$$\vec{V}_{\mathrm{CM}} = \frac{d\vec{R}}{dt} = \frac{m_1 \vec{v}_1 + m_2 \vec{v}_2 + \cdots + m_N \vec{v}_N}{m_1 + m_2 + \cdots + m_N} = \frac{1}{M} \left(\sum_{k=1}^{N} m_k \vec{v}_k \right). \tag{5.29}$$

この質量中心を質点系としての物体の代表点と考えたときの運動を考えよう．

(5.29) より，

$$\sum_{k=1}^{N} m_k \vec{v}_k = M \vec{V}_{\mathrm{CM}}. \tag{5.30}$$

すなわち，質点系の全運動量は全質量が質量中心に集中した場合の運動量とおなじである．

この質点系内の 1 個の質点 (k 番目の質点) に着目し，その運動を考える．この質点には，質点系の外から $\vec{F}_k$ の力 (外力) が働くだけではなく，質点系内部の他の質点からも力を受けうるであろう．そこでこの質点系内部の j 番目 ($j \neq k$) の質点から $\vec{f}_{kj}$ の力 (内力) が働いているとする．そのとき，この k 番目の質点の運動方程式は

$$m_k \frac{d\vec{v}_k}{dt} = \vec{F}_k + \sum_{j \neq k}^{N} \vec{f}_{kj} \qquad (5.31)$$

であり，これはきわめて複雑である．そもそもが，固形の物体の場合，内部の質点間に働く力 $\vec{f}_{kj}$ の詳細はわからないのが普通である．

しかし，質量中心の運動自体は，じつは簡単になる．実際，(5.30)(5.31) より

$$M\frac{d\vec{V}_{\mathrm{CM}}}{dt} = \sum_{k=1}^{N} m_k \frac{d\vec{v}_k}{dt} = \sum_{k=1}^{N} \left(\vec{F}_k + \sum_{j \neq k}^{N} \vec{f}_{kj} \right).$$

ここで，右辺第 2 項は

$$\sum_{k=1}^{N} \left(\sum_{j \neq k}^{N} \vec{f}_{kj} \right) = \sum_{k=1}^{N} \sum_{j=1}^{k-1} (\vec{f}_{jk} + \vec{f}_{kj})$$

であるが，作用・反作用の法則 (5.27) を考慮すればこの和は $\vec{0}$，したがって，質量中心の運動方程式は

$$M\frac{d\vec{V}_{\mathrm{CM}}}{dt} = \sum_{k=1}^{N} \vec{F}_k. \qquad (5.32)$$

すなわち，**物体の質量中心の運動は全質量と全外力の作用点が質量中心に集中したと見なしたときの質点の運動と同一であり，そのさい質点系内部で及ぼしあっている力を考慮する必要はない**．それゆえはじめに言ったように，質量中心を物体の代表点に選べば，物体の大きさを無視してその位置変化を調べることができる．

また，質点系 (ないし多くの物体からなるシステム) が内部でどのように複雑な力を及ぼしあっていたとしても，システムの外からの力がなければ (システムが孤立していれば)(5.32) より

$$M\frac{d\vec{V}_{\mathrm{CM}}}{dt} = \vec{0}$$

$$\therefore \quad \sum_{k=1}^{N} m_k \vec{v}_k = M\vec{V}_{\mathrm{CM}} = 定ベクトル. \quad (5.33)$$

すなわち，全運動量は保存し，重心は等速度運動を続ける．

たとえば太陽系では太陽と惑星のあいだにも，惑星どうしのあいだにも力 (万有引力) がはたらいている．しかし太陽系全体を考えると，銀河系内の他の天体からの影響はほとんどないと考えられるので，その質量中心 (実際には太陽の質量が圧倒的に大きいので太陽の中心のすぐ近くにある) は，等速度運動をし，全体の運動量も一定である．

5.4.3 仕事と位置エネルギー

以前に，1 次元の場合に，仕事をされることによって物体の運動エネルギーが増加するという関係 (3.27) を導いたが，この関係を 2 次元の運動に拡張しよう．運動方程式 (5.21) を成分にわけて書く：

(3.27)
$$\frac{m}{2}v(b)^2 - \frac{m}{2}v(a)^2 = \int_{x(a)}^{x(b)} F(x)dx.$$

$$m\frac{dv_x}{dt} = F_x, \quad m\frac{dv_y}{dt} = F_y. \quad (5.34)$$

このそれぞれに v_x, v_y を掛けて辺々足すと

$$m\left(v_x\frac{dv_x}{dt} + v_y\frac{dv_y}{dt}\right) = F_x v_x + F_y v_y.$$

これは $m\dot{\vec{v}} = \vec{F}$ の両辺と $\vec{v}$ の内積をとったことであり，右辺は $\vec{F}\cdot\vec{v}$, 左辺は

$$m\left(v_x\frac{dv_x}{dt} + v_y\frac{dv_y}{dt}\right) = \frac{m}{2}\frac{d}{dt}(v_x^2 + v_y^2) = \frac{d}{dt}\left(\frac{m}{2}v^2\right)$$

であるから *), 結果は

*) 1 次元運動の場合の運動エネルギー $K = \frac{m}{2}v^2$ の拡張として，2 次元，3 次元の運動での運動エネルギーを
$$K = \frac{m}{2}v^2 = \frac{m}{2}\vec{v}\cdot\vec{v}$$
で定義する．2 次元では
$$K = \frac{m}{2}(v_x^2 + v_y^2),$$
3 次元では
$$K = \frac{m}{2}(v_x^2 + v_y^2 + v_z^2).$$

$$\frac{d}{dt}\left(\frac{m}{2}v^2\right) = \vec{F}\cdot\vec{v} \quad \text{i.e.} \quad \frac{dK}{dt} = \vec{F}\cdot\vec{v}. \quad (5.35)$$

もちろん，3 次元でもまったく同様に議論できる．

なお，この式の右辺の $\vec{F}\cdot\vec{v}$ すなわち物体に働く $\vec{F}$ とその力によって動かされる物体の速度 $\vec{v}$ の内積が，2 次元 (3 次元) の運動の場合の**仕事率**を与える．その意味で (5.35) 式は 1 次元の場合の (3.32) 式の自然な拡張になっている．

ベクトル $\vec{F}$ と速度ベクトル $\vec{v}$ のなす角度を θ とすれば，仕事率は $\vec{F}\cdot\vec{v}=|\vec{F}||\vec{v}|\cos\theta$ と表されるから，物体に働く力のうち，物体の進行方向成分 $|\vec{F}|\cos\theta$ のみが仕事に寄与する．つまり物体の速さ (速度の大きさ) を増減させ，運動エネルギーを変化させるのは物体の進行方向成分の力だけであり，進行方向に垂直な力の成分は物体運動の方向を変えさせる (軌道を曲げる) だけで，運動エネルギーを変化させることはない．

そしてこの場合も $0<\theta<\pi/2$ で $|\vec{F}|\cos\theta>0$ のとき，つまり力の速度成分が物体の進行方向を向いているとき $\vec{F}\cdot\vec{v}>0$ で，物体は加速され運動エネルギーは増加，$\pi/2<\theta<\pi$ で $|\vec{F}|\cos\theta<0$ のとき，つまり力の速度成分が物体の進行と逆方向のとき $\vec{F}\cdot\vec{v}<0$ で，物体は減速され運動エネルギーは減少．

力が物体の位置と速度による $\vec{F}(\vec{r}(t),\vec{v}(t))$ のようなベクトルの場合，$\vec{r}(t)$ と $\vec{v}(t)$ を実際の運動の過程でとる値として，この式を積分すると (つまり運動の経路にそって積分すると)，左辺は

$$\int_{t_0}^{t_1}\frac{d}{ds}\left(\frac{m}{2}v^2\right)ds=\frac{m}{2}v^2(t_1)-\frac{m}{2}v^2(t_0)$$
$$=K(t_1)-K(t_0).$$

右辺は

$$\int_{t_0}^{t_1}\vec{F}(\vec{r}(s),\vec{v}(s))\cdot\vec{v}(s)ds\equiv W \quad (5.36)$$

(3.32)
$$\frac{dK}{dt}=Fv.$$

(3.31)
$$W = \int_{x(a)}^{x(b)} F(x)dx.$$

(3.34)
$$F(x) = -\frac{dU(x)}{dx}.$$

*) 3次元では，関数 $U = U(x,y,z)$ があり，力が
$$\vec{F} = -\nabla U(x,y,z)$$
$$= -\begin{pmatrix} \partial_x U(x,y,z) \\ \partial_y U(x,y,z) \\ \partial_z U(x,y,z) \end{pmatrix}$$
と表されるとき，その力は保存力と言われる．

で，ここでもこの量を $\vec{r}(t_0)$ から $\vec{r}(t_1)$ までの間にこの力がした**仕事**と定義する．これも1次元の場合の仕事概念 (3.31) の自然な拡張であり，この場合も，物体は仕事をされたことによってそのぶんだけ運動エネルギー $K(t)$ が増加するという一般的な関係が得られる：

$$K(t_1) - K(t_0) = W. \tag{5.37}$$

とくに，力 $\vec{F}$ が $\vec{r}$ の関数で

$$\vec{F}(\vec{r}) = -\nabla U(\vec{r}) = \begin{pmatrix} -\partial_x U(x,y) \\ -\partial_y U(x,y) \end{pmatrix}. \tag{5.38}$$

の形に表されるとき，その力は**保存力**と言われる．(5.38) は1次元の場合の (3.34) 式の2次元への拡張である *)．このとき，この力が物体にする仕事

$$\int_{t_0}^{t_1} \vec{F}(\vec{r}(s)) \cdot \vec{v}(s) ds = -\int_{t_0}^{t_1} \left(\frac{\partial U}{\partial x}\frac{dx}{ds} + \frac{\partial U}{\partial y}\frac{dy}{ds} \right) ds$$
$$= -\int_{t_0}^{t_1} \frac{dU(\vec{r}(s))}{ds} ds$$
$$= -\{U(\vec{r}(t_1)) - U(\vec{r}(t_0))\}$$
$$\tag{5.39}$$

は物体の移動経路によらず，始めと終わりの位置だけで決定される．そしてこれよりエネルギー保存則

$$K(t_1) + U(\vec{r}(t_1)) = K(t_0) + U(\vec{r}(t_0)) \tag{5.40}$$

が導かれる．この議論はもちろんそのまま3次元に拡張される．

この $U(\vec{r})$ は，この式が表しているように，$\vec{r}$ の位置で物体が運動エネルギーとともに有しているエネルギーという意味では，位置エネルギーないしポテンシャル・エネルギーと言われるが，(5.38) のように力の場を与える関数という意味では単にポテンシャルと

言われる．

そして (5.38) 式は，力が等ポテンシャル面 (2 次元では等ポテンシャル線) に直交し，ポテンシャルの小さくなる向きに働くことを示している．

たとえば地上における物体の運動を 3 次元で扱い，鉛直上方向に z 軸をとったとき，位置エネルギーは $U(x,y,z) = mgz$，等ポテンシャル面は $z = \text{const.}$ の等高面．そしてこれに対応する力 (重力) $\vec{F} = -\nabla U$ は，その成分が $F_z = -mg$, $F_x = F_y = 0$ で鉛直下向き，つまり等ポテンシャル面に垂直でポテンシャルの低くなる向きである．

あるいは，2 次元の問題で，ポテンシャル U が原点からの距離 $r = \sqrt{x^2+y^2}$ の関数 $U(r)$ であれば，等ポテンシャル線 $U(r) = \text{const.}$ は $r = \text{const.}$ すなわち原点を中心とする円で，力の成分は*)

$$F_x = -\frac{\partial U}{\partial x} = -\frac{dU}{dr}\frac{\partial r}{\partial x} = -\frac{dU}{dr}\frac{x}{r},$$
$$F_y = -\frac{\partial U}{\partial y} = -\frac{dU}{dr}\frac{\partial r}{\partial y} = -\frac{dU}{dr}\frac{y}{r},$$

すなわち

$$\vec{F} = -\nabla U = -\frac{dU}{dr}\frac{\vec{r}}{r}. \tag{5.41}$$

*) 計算は，つぎの関係を使う．$r^2 = x^2 + y^2$ の両辺を x で偏微分して
$$2r\frac{\partial r}{\partial x} = 2x \quad \therefore \quad \frac{\partial r}{\partial x} = \frac{x}{r},$$
まったく同様に $\frac{\partial r}{\partial y} = \frac{y}{r}$．

いま，この $U(r)$ が r とともに大きくなる (原点から遠ざかるほどポテンシャルが高くなる) 場合，$dU/dr > 0$ ゆえ，この力は原点方向，逆に $U(r)$ が r とともに小さくなる場合，$dU/dr < 0$ ゆえ，この力は原点から遠ざかる向き．いずれの場合でも，力はたしかに等ポテンシャル線に直交し位置エネルギーの低くなる向きである．

このように，位置エネルギーが中心からの距離のみの関数であれば，その力は大きさが中心からの距離の

みにより，つねに中心方向ないし中心から遠ざかる方向を向いている．そのような力を**中心力**と言う．中心力のもとでの運動は第 6 章で論じる．

5.5 円運動

5.5.1 円運動の方程式

2 次元運動の例として，物体 (質点) の円運動を見てゆこう．平面上での質点の円運動は，2 次元の運動には違いないが，定点からの回転角だけで物体の位置が指定できる．このようにパラメータがひとつで位置が指定できる運動は「1 自由度の運動」と言われ，x 座標だけで位置の指定できる 1 次元の運動と同様に論じることができる．

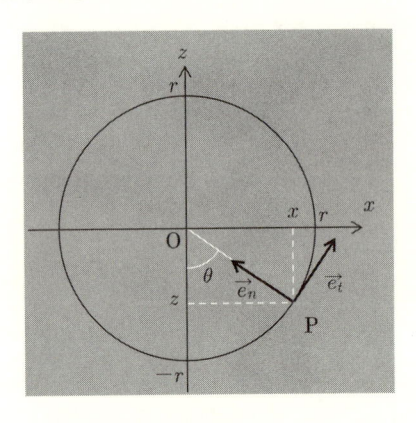

図 5.8

半径 r の円運動を考える．半径 r の円形のリングに穴のあいた小さなビーズ P を通した例で見てゆこう．ビーズ P は小さくて質点と見なしうるとする．リングの中心を原点 O，リングの置かれている平面を xz 平面にとる．P の位置ベクトルと $-z$ 軸のなす角を $\theta(t)$ とすると (図 5.8)，P の位置ベクトルは

5.5 円運動

$$\overrightarrow{\mathrm{OP}} = \vec{r}(t) = r \begin{pmatrix} \sin\theta(t) \\ 0 \\ -\cos\theta(t) \end{pmatrix}, \quad r = |\vec{r}| = \text{const.} \tag{5.42}$$

これより瞬間的な回転角速度を $d\theta(t)/dt = \dot{\theta}$ として，速度は

$$\vec{v}(t) = \frac{d\vec{r}(t)}{dt} = r\dot{\theta} \begin{pmatrix} \cos\theta(t) \\ 0 \\ \sin\theta(t) \end{pmatrix}, \tag{5.43}$$

同様に $d^2\theta(t)/dt^2 = \ddot{\theta}$ として，加速度は

$$\vec{\alpha}(t) = \frac{d\vec{v}(t)}{dt}$$
$$= r\ddot{\theta} \begin{pmatrix} \cos\theta(t) \\ 0 \\ \sin\theta(t) \end{pmatrix} + r\dot{\theta}^2 \begin{pmatrix} -\sin\theta(t) \\ 0 \\ \cos\theta(t) \end{pmatrix}. \tag{5.44}$$

P の位置での円の接線方向の単位ベクトル $\vec{e}_t$ (θ が増す向き正) と向心方向の単位ベクトル $\vec{e}_n$ は [*]

$$\vec{e}_t = \begin{pmatrix} \cos\theta(t) \\ 0 \\ \sin\theta(t) \end{pmatrix}, \quad \vec{e}_n = \begin{pmatrix} -\sin\theta(t) \\ 0 \\ \cos\theta(t) \end{pmatrix}. \tag{5.45}$$

[*] 添字の t は tangential (接する), n は normal (垂直の) の意味.

であるから (図 5.8)，速度と加速度は

$$\vec{v} = r\dot{\theta}\vec{e}_t, \quad \vec{\alpha} = r\ddot{\theta}\vec{e}_t + r\dot{\theta}^2\vec{e}_n \tag{5.46}$$

と表される．このように円運動では，速度は接線方向に $r\dot{\theta} = v$ の 1 成分のみ，加速度は接線方向 (θ の増す向き正) に $r\ddot{\theta} = \dot{v}$ と向心方向に $r\dot{\theta}^2 = v^2/r$ の 2 成分を持つ．接線方向の加速度成分は速度の大きさ ($r\dot{\theta}$)

の変化による加速度，向心方向の加速度成分は速度の向き ($\vec{e}_t$) の変化による加速度で，たとえ等速であっても円運動では速度の向きがつねに変化するので，加速度の向心成分は 0 でない．

そこで力 $\vec{F}$ も同様に接線成分 $F_t = \vec{F} \cdot \vec{e}_t$ と向心成分 $F_n = \vec{F} \cdot \vec{e}_n$ に分解することで，**円運動の方程式**は，$m(r\ddot{\theta}\vec{e}_t + r\dot{\theta}^2\vec{e}_n) = F_t\vec{e}_t + F_n\vec{e}_n$ と表され，これを成分にわけて書くと

$$\text{接線成分}: mr\ddot{\theta} = F_t, \tag{5.47}$$

$$\text{向心成分}: mr\dot{\theta}^2 = F_n. \tag{5.48}$$

(円運動は 2 次元の運動であるから，任意の直交する 2 方向の成分に分解することができるが，このように接線成分と向心成分に分解するのが，物理的な意味が明白で数学的にも扱いやすい．)

5.5.2 見かけの力としての「遠心力」

ここで，ちょっとわき道にそれるが，ときどき誤解の見られる**遠心力**の概念に触れておこう．簡単のため，等速円運動で論じる．等速円運動 ($v = r\dot{\theta} = \text{const.}$) であれば，力の接線成分と加速度の接線成分はともになく ($F_t = 0$, $r\ddot{\theta} = \dot{v} = 0$)，運動方程式も向心成分 (5.48) だけでよい．このとき働いている力 $\vec{F} = F_n\vec{e}_n$ はときに**向心力** (centripetal force) と呼ばれる，文字どおり向心方向の力である．つまり (5.48) 式は物体には向心力 F_n が働き，その結果，物体には向心加速度 $r\dot{\theta}^2$ が生じることを表している．ここには「遠心力」なるものはどこにもない．

では，よく耳にする「遠心力」とはなんだろう．たとえば**静止衛星**を考える．静止衛星といっても静止しているわけではない．赤道面上 (緯度 0 度) で地球中心から距離 $r = 42169\,\text{km}$ (地球半径の約 6.6 倍)

の高度の円軌道の衛星は地球の自転角速度 Ω_E とおなじ角速度で地球のまわりを周回するので，地球から見ればあたかも静止しているかのように見えるだけである *)．

たとえば気象衛星「ひまわり」はつねに北緯 0 度，東経 140 度の上空 (だいたいパプア・ニューギニアの上空) に静止しているように見える．この衛星に働く地球の重力を $F_G \vec{e}_n$ とすれば，その運動方程式は，地球の外から見れば $mr\Omega_E^2 \vec{e}_n = F_G \vec{e}_n$. つまり「ひまわり」は，この場合の向心力である地球の重力に引かれることで，地球に向かって加速され，その結果，円軌道の接線方向に飛び去ってしまうことなく地球のまわりを周回しつづけているのである．

しかしこの運動を地球に固定した座標系 (回転座標系) で見たならば，そのとき「ひまわり」は静止して見えるから，加速度は 0 である．そのかわり，記述の座標系が非慣性系であるから，運動方程式は見かけの力としての慣性力 (座標系の加速度 $\vec{\beta} = r\Omega_E^2 \vec{e}_n$ と逆方向の $-m\vec{\beta} = -mr\Omega_E^2 \vec{e}_n$) をくわえて，$\vec{0} = F_G \vec{e}_n - mr\Omega_E^2 \vec{e}_n$ となる．回転座標系で見たときのこの遠心方向の慣性力 $-mr\Omega_E^2 \vec{e}_n$ を**遠心力** (centrifugal force) と言っている．つまり，地球に固定した座標系 (回転系) で観察すれば，向心力としての地球の重力と座標系の回転による見かけの力としての遠心力がつりあって静止しているかのように見えるのである．円運動をしているから遠心力があるのではない．

*) 気象衛星「ひまわり」の運動方程式
$$mr\dot{\theta}^2 = G\frac{Mm}{r^2}.$$
地表 $(r = R)$ での重力
$$G\frac{Mm}{R^2} = mg.$$
ゆえに「ひまわり」の回転角速度
$$\dot{\theta} = \sqrt{\frac{GM}{r^3}} = \sqrt{\frac{R^2 g}{r^3}},$$
「ひまわり」の公転周期
$$T = \frac{2\pi}{\dot{\theta}} = 2\pi\sqrt{\frac{r^3}{R^2 g}}.$$
$r = 6.6R = 4.2 \times 10^7 \mathrm{m}$,
$g = 9.8 \, \mathrm{m/s^2}$ を代入して
$T = 8.58 \times 10^4 \mathrm{s} = 1 \, \mathrm{day}$.
すなわち $\dot{\theta}$ は地球の自転角速度 Ω_E に等しい．

5.5.3 鉛直面内の円運動

さて，話をもどして，具体例として，このリングにそったビーズ P の運動を考えよう．リングは滑らかで摩擦がないとする．円が鉛直平面内にあるので，P には鉛直下方向に大きさ mg の重力とリングからの垂直

抗力 $N\vec{e}_n$ が働いている (図 5.9). そのさい, この垂直抗力は, P がリングにそって動く (リングに拘束されている) からリングから働いているであろうと推測されるが, その値 (大きさ N) は未知で, そのような力は**拘束力**と言われる.

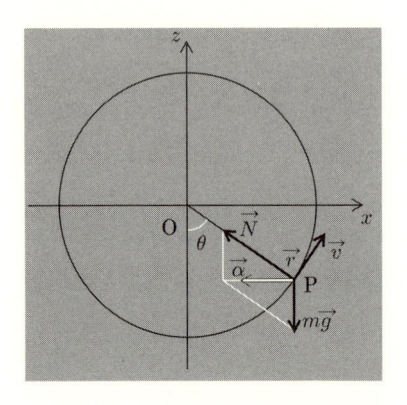

図 5.9

z 軸を鉛直上向きにとると, 運動方程式は

$$\text{接線成分}: mr\ddot{\theta} = -mg\sin\theta, \\ \text{向心成分}: mr\dot{\theta}^2 = N - mg\cos\theta. \tag{5.49}$$

この前者の両辺に $v = r\dot{\theta}$ を掛けると

$$mr^2\dot{\theta}\ddot{\theta} = -mgr\sin\theta\dot{\theta}$$

$$\text{i.e.} \quad \frac{d}{dt}\left\{\frac{m}{2}(r\dot{\theta})^2 - mgr\cos\theta\right\} = 0.$$

これより, エネルギー積分

$$\frac{m}{2}v^2 - mgr\cos\theta = C \quad (\text{ただし } v = r\dot{\theta})$$

が得られる. 最下点 ($z = -r, \theta = 0$) で P に速度 v_0 を与えたとすると, 積分定数 C は, $C = \frac{1}{2}mv_0^2 - mgr$ と決まり, これより

$$\frac{m}{2}v^2 + mgr(1-\cos\theta) = \frac{m}{2}v_0^2. \qquad (5.50)$$

これはエネルギー保存則である．実際，$r(1-\cos\theta)$ は最下点から測った P の高さゆえ

$$U(\theta) \equiv mgr(1-\cos\theta) \qquad (5.51)$$

はリングの最下点を基準とした重力の位置エネルギーである．

　エネルギー保存則が運動方程式の向心成分と無関係に接線成分だけから導かれた理由は，力の向心成分がつねに速度と直交しているため，仕事をしないからである．そのことは，この計算をベクトルで書いた運動方程式

$$m(r\ddot{\theta}\vec{e}_t + r\dot{\theta}^2\vec{e}_n) = F_t\vec{e}_t + F_n\vec{e}_n$$

と $\vec{v} = r\dot{\theta}\vec{e}_t$ の内積を作ることによっておこなえば，もっとはっきりする．実際こうすれば，$\vec{e}_t \cdot \vec{e}_n = 0$ ゆえ自動的に力の向心成分が消去される．

　さて，こうしてエネルギー保存則 (5.50) から $\dot{\theta}^2 = (v/r)^2$ が得られたならば，これを運動方程式の向心成分に代入することによって，未知量としての垂直抗力 N の値が求まる．すなわち

$$\begin{aligned}
N &= mr\dot{\theta}^2 + mg\cos\theta \\
&= m\frac{v^2}{r} + mg\cos\theta \\
&= m\frac{v_0^2}{r} - mg(2 - 3\cos\theta).
\end{aligned}$$

　つまりこの場合，運動方程式の接線成分は加えられた力から運動すなわち $\theta(t)$ と $\dot{\theta}(t)$ を求める式であるが，向心成分では，P の運動が円運動である (リングに拘束されている) ことより加速度の形が決まる (加速度が $\theta(t)$ と $\dot{\theta}(t)$ で表される) ので，これから未知の拘束力として垂直抗力が求まるのである．

5.5.4 相空間 $(\theta, \dot{\theta})$ での記述

この場合，自由度が 1 であるから，運動状態の変化を 2 次元の相空間に描くことによって運動の様子を知ることができる．この相空間を $(\theta, \dot{\theta})$ 平面で表そう $(v = r\dot{\theta})$．θ が 2π 進むと質点はもとの位置に戻るから，n を整数として θ と $\theta + 2n\pi$ は同じ点と解釈する．

運動方程式 (5.49) の接線成分は未知関数 $\theta(t)$ についての 2 階の微分方程式であるが，これを相空間上の点 $(\theta, \dot{\theta})$ の移動を表す方程式に書き直すと

$$\frac{d}{dt}\begin{pmatrix} \theta \\ \dot{\theta} \end{pmatrix} = \begin{pmatrix} \dot{\theta} \\ -(g/r)\sin\theta \end{pmatrix}. \tag{5.52}$$

そして，この運動方程式の相空間上の解曲線は式 (5.50) で表される (図 5.10；図で $\theta = +\pi$ と $\theta = -\pi$ はおなじ点)．

最下点 $\theta = 0$ は位置エネルギーの基準点 $U(0) = 0$ で，最高点は $\theta = \pi$ ゆえ，はじめに最下点で与える運動エネルギー $K_0 = mv_0^2/2$ と $U(\pi) = 2mgr$ の大小で，運動の様子は大きく変わる．

$K_0 < U(\pi)$ すなわち $v_0 < \sqrt{4gr}$ では，P は最高点に達することなく，$U(\theta) = mv_0^2/2$ すなわち $\cos\theta = 1 - v_0^2/2gr(> -1)$ となる角度 θ_m まであがって，そこで引き返し，$\theta = 0$ を通過して $\theta = -\theta_m$ まで振れてふたたび逆転する振動をくり返す．相空間の解曲線では，$\dot{\theta}$ 軸上の $\dot{\theta} = v_0/r$ の点から第 1 象限を時計まわりに動き，$\theta = \theta_m$ で θ 軸を切り，第 4 象限に入り，$\dot{\theta} = -v_0/r$ の点で $\dot{\theta}$ 軸を切り，第 3 象限をとおって，$\theta = -\theta_m$ で θ 軸を切り，第 2 象限をとおってもとの点に戻る，閉じた曲線になる (図 5.10 の A, B, C)．

それにたいして $K_0 > U(\pi)$ すなわち $mv_0^2/2 >$

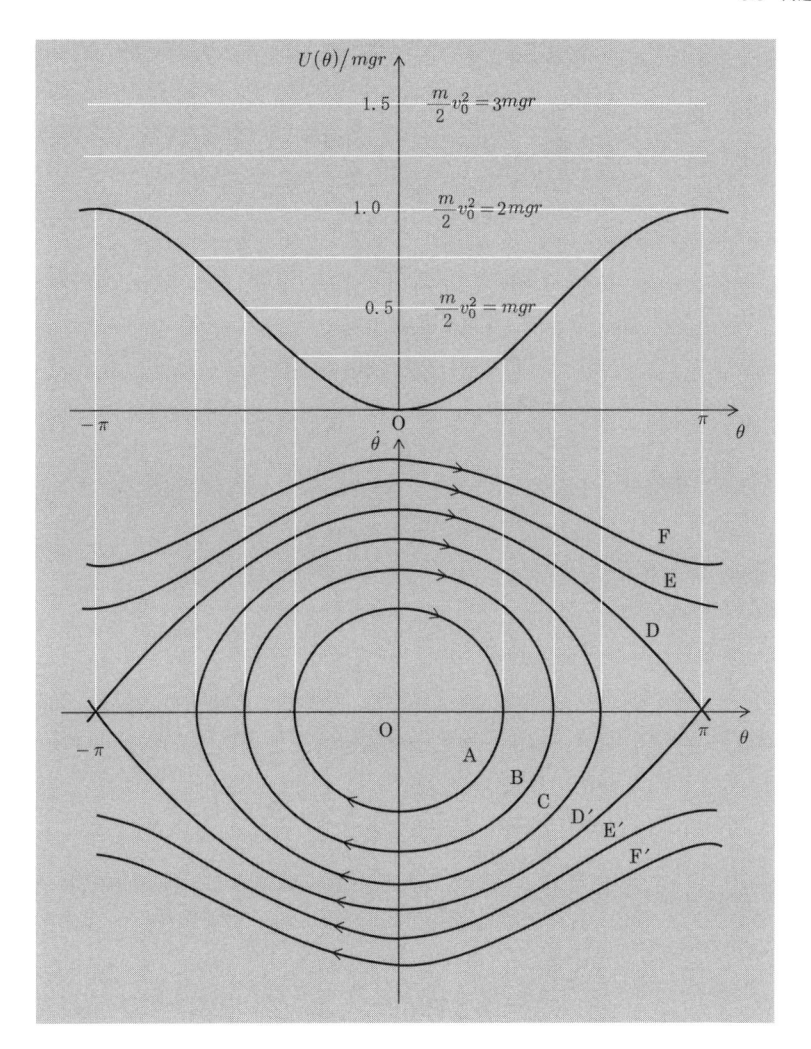

図 5.10 ポテンシャル $U(\theta) = mgr(1-\cos\theta)$ と相空間 $(\theta, \dot\theta)$ の解曲線

$2mgr$ では,
$$\frac{m}{2}v^2 = \frac{m}{2}v_0^2 - mgr(1-\cos\theta)$$
$$> mgr(1+\cos\theta) \geqq 0$$

で, P は静止することはありえないから, 一方向の回

転運動を続ける．相空間では，$\dot{\theta} > 0$ から動き出したものは θ が増加し続け (図 E, F)，$\dot{\theta} < 0$ から動き出したものは，θ が減少し続ける (図 E′, F′)．これらが θ 軸を切る ($\dot{\theta} = 0$ となる) ことはない．

$K_0 = U(\pi)$ すなわち $v_0 = \sqrt{4gr}$ のとき，(5.50) は $\frac{1}{2}m(r\dot{\theta})^2 - mgr(1+\cos\theta) = 0$ となり，分離線を与える (図 D, D′)．

つりあいは $(g/r)\sin\theta = 0$ すなわち $\theta = 0$ および $\theta = \pm\pi$，したがって相空間上のそれに対する不動点は $\dot{\theta} = 0, \theta = 0$ および $\dot{\theta} = 0, \theta = \pm\pi$ である．

一方のつりあい点である $\theta = 0$ の近傍では θ が小さいので，$\sin\theta \fallingdotseq \theta$, $\cos\theta \fallingdotseq 1 - \theta^2/2$ と近似することができ[*]，位置エネルギーは

$$U(\theta) = mgr(1-\cos\theta) \fallingdotseq \frac{m}{2}gr\theta^2.$$

[*] (4.52)(4.53) のテーラー展開の 2 次までとったもの．

つまり $\theta = 0$ は位置エネルギーの極小 (この場合は最小) で，つりあいは安定．その近傍での解曲線は

$$\frac{m}{2}(r\dot{\theta})^2 + \frac{m}{2}gr\theta^2 \fallingdotseq \frac{m}{2}v_0^2.$$

対応する相空間上の不動点は $\theta = 0, \dot{\theta} = 0$ で，その近傍の解曲線は近似的に楕円で，この不動点は楕円型である．

このとき運動は最下点 $\theta = 0$ の近傍でのほとんど水平な振動であるから，$x = r\sin\theta \fallingdotseq r\theta$ で P の位置を表すと，運動方程式 (5.52) は

$$m\ddot{x} = -m(g/r)x.$$

この方程式の一般解は $x = A\sin(\sqrt{g/r}\,t + \delta)$，すなわち周期 $T = 2\pi\sqrt{r/g}$ の調和振動．

これは一端を固定した長さ r の糸の他端に錘をつけて鉛直に垂らし，微小な振幅で振動させる単ふり子と

事実上同じものゆえ，T は単ふり子の周期を与える．$r = 1.0\,\mathrm{m}$ では

$$T = 2\pi\sqrt{\frac{r}{g}} = 2\pi\sqrt{\frac{1.0}{9.8}}\,\mathrm{s} = 2.0\,\mathrm{s}.$$

もうひとつのつりあい点 $\theta = \pi$ の近傍では[*]，

$$\begin{aligned}U(\theta) &= mgr(1 - \cos\theta) \\ &= mgr\{1 + \cos(\theta - \pi)\} \\ &\fallingdotseq 2mgr - \frac{m}{2}gr(\theta - \pi)^2.\end{aligned}$$

すなわち，$\theta = \pi$ は位置エネルギーの極大 (この場合は最大) で，つりあいは不安定．また $mv_0^2/2 = U(\pi) + \varepsilon = 2mgr + \varepsilon$ として，対応する相空間の不動点 $\theta = \pi, \dot{\theta} = 0$ の近傍の解曲線は

$$\frac{m}{2}(r\dot{\theta})^2 - mgr(1+\cos\theta) \fallingdotseq \frac{m}{2}v^2 - \frac{m}{2}gr(\theta-\pi)^2 = \varepsilon$$

となり，この不動点は双曲型．そしてこの点をとおる解曲線 (図 D, D′) が分離線になっている．

[*] 近似は
$$\theta - \pi = \delta,\ |\delta| \ll 1$$
として
$$\begin{aligned}\cos(\theta - \pi) &= \cos\delta \\ &= 1 - \frac{\delta^2}{2} + O(\delta^4) \\ &\fallingdotseq 1 - \frac{1}{2}(\theta - \pi)^2.\end{aligned}$$

5.6 回転する円周にそった運動

前節の設定で，ビーズ P がまわるリングを中心を通る鉛直軸である z 軸のまわりに一定の角速度 ω で回転させた場合を考えよう (図 5.11)．リングの置かれている面の x 軸から角度を $\phi = \omega t$ とする．P の位置ベクトルは

$$\overrightarrow{\mathrm{OP}} = \vec{r} = r\begin{pmatrix}\sin\theta\cos\phi \\ \sin\theta\sin\phi \\ -\cos\theta\end{pmatrix}, \tag{5.53}$$

$(r = |\vec{r}| = \mathrm{const.})$．速度は，$\dot{\phi} = \omega$ に注意して，

$$\vec{v} = \frac{d\vec{r}}{dt} = r \begin{pmatrix} \cos\theta\cos\phi\dot\theta - \sin\theta\sin\phi\omega \\ \cos\theta\sin\phi\dot\theta + \sin\theta\cos\phi\omega \\ \sin\theta\dot\theta \end{pmatrix}, \tag{5.54}$$

加速度は

$$\vec{\alpha} = \frac{d^2\vec{r}}{dt^2}$$
$$= r \begin{pmatrix} \cos\theta\cos\phi\ddot\theta - \sin\theta\cos\phi\dot\theta^2 - 2\cos\theta\sin\phi\omega\dot\theta - \sin\theta\cos\phi\omega^2 \\ \cos\theta\sin\phi\ddot\theta - \sin\theta\sin\phi\dot\theta^2 + 2\cos\theta\cos\phi\omega\dot\theta - \sin\theta\sin\phi\omega^2 \\ \sin\theta\ddot\theta + \cos\theta\dot\theta^2 \end{pmatrix}. \tag{5.55}$$

円の接線方向の単位ベクトル $\vec{e}_t$ (θ が増す向き正) と向心方向の単位ベクトル $\vec{e}_n$, その両者に直交し水平で ϕ の増す向きの単位ベクトル $\vec{e}_b$[*], すなわち

*) b は binormal (陪法線) を表す.

$$\vec{e}_t = \begin{pmatrix} \cos\theta\cos\phi \\ \cos\theta\sin\phi \\ \sin\theta \end{pmatrix},$$

$$\vec{e}_n = \begin{pmatrix} -\sin\theta\cos\phi \\ -\sin\theta\sin\phi \\ \cos\theta \end{pmatrix}, \tag{5.56}$$

$$\vec{e}_b = \begin{pmatrix} -\sin\phi \\ \cos\phi \\ 0 \end{pmatrix}$$

#) ベクトル

$$\sin\theta\,\vec{e}_n - \cos\theta\,\vec{e}_t$$
$$= \begin{pmatrix} -\cos\phi \\ -\sin\phi \\ 0 \end{pmatrix}$$

は, リングのある面内にあり水平で z 軸にむかう方向を向いた単位ベクトル.

をもちいると, 速度と加速度は

$$\vec{v} = r\dot\theta\vec{e}_t + (r\sin\theta)\omega\vec{e}_b, \tag{5.57}$$
$$\vec{\alpha} = r\ddot\theta\vec{e}_t + r\dot\theta^2\vec{e}_n + 2(r\cos\theta)\omega\dot\theta\vec{e}_b$$
$$+ (r\sin\theta)\omega^2(\sin\theta\vec{e}_n - \cos\theta\vec{e}_t). \tag{5.58}[#]$$

速度の式の第 2 項 $(r\sin\theta)\omega\vec{e}_b$ と加速度の式の最後の項 $\vec\beta \equiv (r\sin\theta)\omega^2(\sin\theta\vec{e}_n - \cos\theta\vec{e}_t)$ は, リングの回

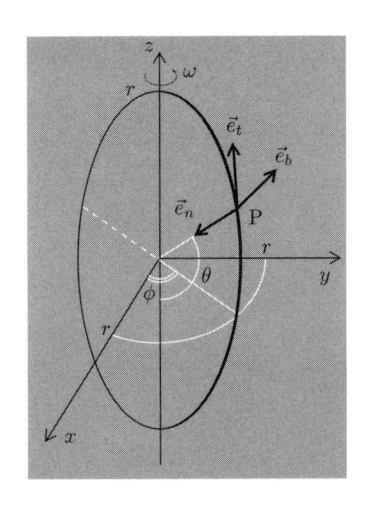

図 5.11 z 軸まわりを角速度 ω で回転するリング上をすべるビーズ P.

転によりビーズ P がおこなう回転半径 $r\sin\theta$, 回転角速度 ω の水平な円運動に起因する水平方向への速度と回転軸方向 (z 軸方向) への水平な向心加速度である.

P に働く力は重力 $m\vec{g} = -mg(\sin\theta\vec{e}_t + \cos\theta\vec{e}_n)$ のほかに, リングからの抗力があり, 抗力は向心方向の力 $N\vec{e}_n$ と水平方向の力 $N'\vec{e}_b$ (リングの回転にそって P を円に垂直に押す力) に分解される. それゆえ, 運動方程式は, リングとともに回転する座標系で見れば, 左辺の $m\vec{\beta}$ の項を移項して

$$m\{r\ddot{\theta}\vec{e}_t + r\dot{\theta}^2\vec{e}_n + 2(r\cos\theta)\omega\dot{\theta}\vec{e}_b\} = m\vec{g} + N\vec{e}_n + N'\vec{e}_b - m\vec{\beta}.$$

右辺の $-m\vec{\beta}$ は, もちろんリングに固定した座標系 (回転座標系) で見たときの慣性力としての**遠心力**である. 右辺は, 成分で表せば

$$-mg(\sin\theta\vec{e}_t + \cos\theta\vec{e}_n) + N\vec{e}_n + N'\vec{e}_b - m(r\sin\theta)\omega^2(\sin\theta\vec{e}_n - \cos\theta\vec{e}_t)$$

となり, 運動方程式の接線方向成分は

$$mr\ddot{\theta} = -mg\sin\theta + mr\sin\theta\cos\theta\omega^2. \qquad (5.59)$$

他の 2 成分は P をリングに拘束する抗力 N と N' を求めるための式になっている．

前と同様に接線方向の運動方程式 (5.59) の両辺に $v = r\dot\theta$ を掛けて積分する．最下点 $\theta = 0$ で $v = v_0$ として，得られたエネルギー保存則は

$$\frac{m}{2}(r\dot\theta)^2 + mgr(1-\cos\theta) - \frac{m}{2}(r\sin\theta)^2\omega^2 = \frac{m}{2}v_0^2. \tag{5.60}$$

この場合の位置エネルギーは

$$U(\theta) = mgr(1-\cos\theta) - \frac{m}{2}(r\sin\theta)^2\omega^2 \tag{5.61}$$

で，第 1 項が重力の位置エネルギーであるのにたいして，第 2 項は**遠心力ポテンシャル**を表している．

前節と同様に，運動方程式 (5.59) を相空間 $(\theta, \dot\theta)$ の点の移動の形で表すと

$$\frac{d}{dt}\begin{pmatrix}\theta\\\dot\theta\end{pmatrix} = \begin{pmatrix}\dot\theta\\-(g/r - \omega^2\cos\theta)\sin\theta\end{pmatrix}. \tag{5.62}$$

これからわかるように，ω が小さくて $\omega < \sqrt{g/r} = \omega_0$ の場合，つりあいは最下点 $(\theta = 0)$ と最高点 $(\theta = \pi)$，対応する相空間の不動点は $\dot\theta = 0, \theta = 0$ および $\dot\theta = 0, \theta = \pi$ で，前者は楕円型，後者は双曲型であり，運動の様子はリングの回転のない場合と大きくは異ならない．つまりこの場合には，遠心力の効果にくらべて重力の効果がつねに上まわり，P は $\theta = \pi$ 以外のどこにあっても最下点に引き戻されるのである．

他方で，$\omega > \sqrt{g/r} = \omega_0$ の場合，相空間の不動点は，$\dot\theta = 0, \theta = 0$ と $\dot\theta = 0, \theta = \pi$ のほかに $\dot\theta = 0$ で $\theta = \cos^{-1}(g/r\omega^2) \equiv \theta_1$ および $\theta = -\theta_1$ の 2 点 (Q_+ と Q_-) がある (図 5.12)．遠心力の効果が大きく，最下点から少しでも外れれば，P は遠心力で円周

にそって持ち上げられ，最下点から外れた点で重力の接線成分と遠心力の接線成分でつりあう点ができるのである．

実際この場合，$\theta = \theta_1$ の近傍では $\theta = \theta_1 + \eta$（ただし $|\eta| \ll 1$）として [1]，運動方程式 (5.59) と位置エネルギー (5.61) はそれぞれ

$$mr\ddot{\eta} = -mr(\omega \sin \theta_1)^2 \eta,$$
$$U(\theta_1 + \eta) = U(\theta_1) + \frac{m}{2}(r\omega \sin \theta_1)^2 \eta^2$$

となり，$\theta = \theta_1$ は位置エネルギーの極小で，つりあいは安定，相空間の対応する不動点は楕円型（図 5.12）．

ようするに，ω が大きくなると，もともとは原点にあった楕円型の不動点が両側の $\theta = \pm\theta_1$ に引き離されたのである．

それにたいして最下点 ($\theta = 0$) の近傍では，$|\theta| \ll 1$ として，位置エネルギーは

$$U(\theta) = -\frac{m}{2}\{(r\omega)^2 - gr\}\theta^2$$

となり，$\omega > \sqrt{g/r} = \omega_0$ では最下点は位置エネルギーの極大で不安定なつりあい，したがって相空間の原点は，この場合，双曲型の不動点になる．

実際，この場合の相空間の解曲線は図 5.12 で与えられる．

---

[1] 近似は

$$\cos(\theta_1 + \eta) = \cos\theta_1 \cos\eta - \sin\theta_1 \sin\eta$$
$$= \left(1 - \frac{\eta^2}{2}\right)\cos\theta_1 - \eta\sin\theta_1,$$
$$\sin(\theta_1 + \eta) = \sin\theta_1 \cos\eta + \cos\theta_1 \sin\eta$$
$$= \left(1 - \frac{\eta^2}{2}\right)\sin\theta_1 + \eta\cos\theta_1$$

として，η の最低次までとる．

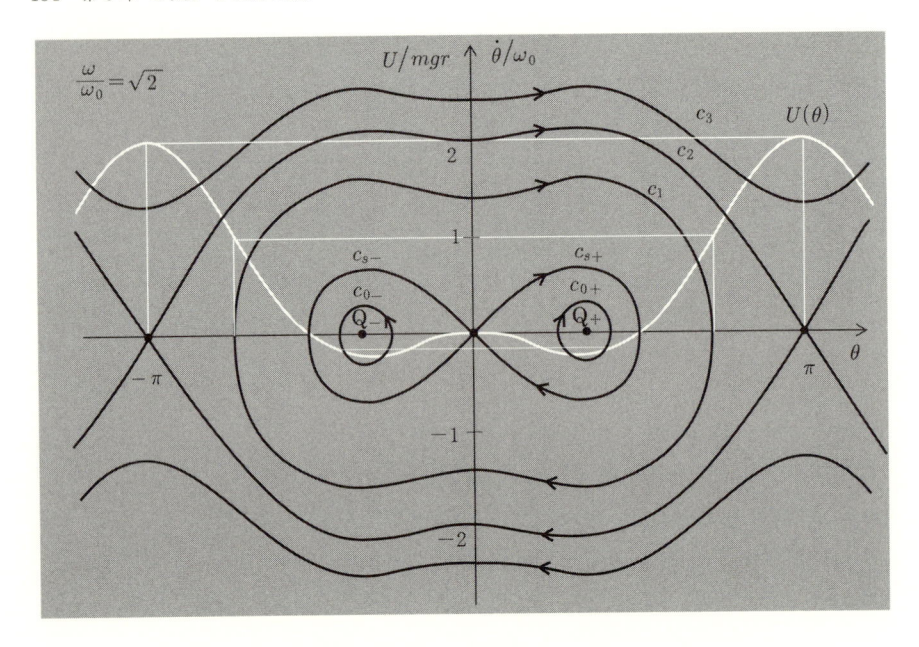

図 5.12　白線はポテンシャル $U(\theta)$. $c_{0\pm}, c_s, c_1, c_2, c_3$ は E/mgr がそれぞれ $-0.2, 0, 1, 2, 3$ の場合の解曲線.

5.7　電磁場中での荷電粒子の運動

5.7.1　一様な磁場中の運動

　電場と磁場は電荷に力を及ぼす空間の性質であり, それぞれ電場ベクトル $\vec{E}$, 磁束密度ベクトル $\vec{B}$ で表される (以下では「磁束密度ベクトル」の存在で表される空間の状態を簡単に「磁場」と呼び, 磁束密度ベクトルの向きを「磁場の向き」と言う).

　電気量 q を持つ荷電粒子は, 電場から $q\vec{E}$ の力を受ける. すなわち, 強さ $E = |\vec{E}|$ の電場からは, q が正であれば電場の向きに, q が負であれば電場と逆向きに, 大きさ $|q|E$ の力を受ける. この力の大きさと方向は粒子の運動状態に左右されない.

　他方, 磁場は動いている荷電粒子にのみ力を及ぼ

5.7 電磁場中での荷電粒子の運動

す．

　速度 $\vec{v}(t)$ (速さ $v(t) = |\vec{v}(t)|$) で動いている荷電粒子が磁束密度 $\vec{B}$ (その大きさ $B = |\vec{B}|$) の磁場から受ける力は，$\vec{v}(t)$ と $\vec{B}$ の張る平面に垂直で，$q\vec{v}(t)$ ベクトルから $\vec{B}$ ベクトルの向きにねじ回しをまわしてねじの進む向きで，その大きさは，$\vec{v}(t)$ と $\vec{B}$ のなす角度を $\theta(t) (0 \leq \theta(t) \leq \pi)$ として $|q|v(t)B\sin\theta(t)$ (図 5.13)．この力を**ローレンツ力**と言う*)．

　ここでは一様な磁場 (考えている空間内のどこでも $\vec{B}$ ベクトルが一定) のなかでの荷電粒子の運動を考える．その電荷は $q > 0$ とする．

　ローレンツ力はつねに速度に直交しているから仕事をしない．したがって磁場中での粒子の運動エネルギーは一定，それゆえ速さ $v(t) = |\vec{v}(t)|$ も一定で，以下では $v(t) = v(0) = v$ と記す．つまり磁場のなかでは速度は向きを変えるだけで，その大きさを変えることはない．

　またローレンツ力は磁束密度にも直交しているから，磁場に平行な力の成分はなく，したがって磁場に平行な速度成分は一定，つまり粒子は磁場に平行には等速度で動く．

　いま，磁場の方向を z 軸に，時刻 $t = 0$ の粒子の位置を原点に，そのときの速度 $\vec{v}(0)$ を yz 面内に，そしてそのときの速度 $\vec{v}(0)$ と z 軸つまり磁束密度 $\vec{B}$ のなす角度を θ とする (図 5.14)．

　その後，$\vec{v}(t)$ と $\vec{B}$ のなす角を $\theta(t)$ とすると，速さも速度の磁場方向成分つまり z 成分も変わらないから，$v_z(t) = v\cos\theta(t)$ は一定，したがって $\theta(t)$ も一定で，$\theta(t) = \theta(0) = \theta$ としてよく，それゆえ $z(t) = (v\cos\theta)t$．こうして磁場に平行な運動と磁場に垂直な運動を分離できる．

図 5.13 ローレンツ力

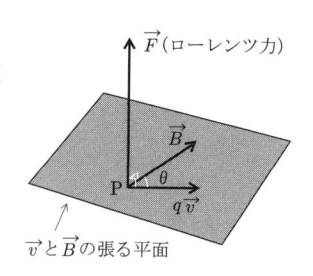

$\vec{v}$ と $\vec{B}$ の張る平面

*) ベクトルの外積を使えばローレンツ力 (電荷 q, 速度 $\vec{v}$ の粒子に磁束密度 $\vec{B}$ の及ぼす力) は $q\vec{v} \times \vec{B}$ と表される．ここにベクトル $\vec{a}$ と $\vec{b}$ の外積 $\vec{c} = \vec{a} \times \vec{b}$ は，ベクトル二つからベクトルを作る演算で，$\vec{c}$ は $\vec{a}$ と $\vec{b}$ の張る平面に垂直で，$\vec{a}$ から $\vec{b}$ にねじ回しを回したときにねじの進む向きで，その大きさは，$\vec{a}$ と $\vec{b}$ のなす角度を θ として $|\vec{a}||\vec{b}|\sin\theta$ で与えられる ($0 \leq \theta \leq \pi$)．これはベクトル $\vec{a}$ とベクトル $\vec{b}$ の作る平行四辺形の面積である．

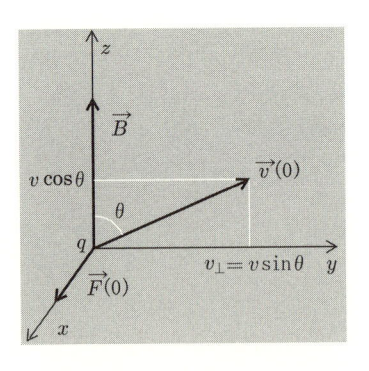

図 5.14　$t=0$ の状態

したがって，後は運動の xy 平面への射影だけを考えればよい．あるいは速度 $v\cos\theta$ で $+z$ 方向に動く座標系で見たと考えてもよい．$t=0$ の瞬間，ローレンツ力は $+x$ 方向で，その大きさは $F=qvB\sin\theta$. その後，速度が z 軸となす角度も θ で変わらないから，速度の磁場に垂直な成分 (つまり xy 平面内の速度 $\vec{v}_\perp(t)$) の大きさも一定で $v_\perp=v\sin\theta$, ローレンツ力もつねに $\vec{B}$ に垂直で xy 平面内にあり，その大きさは $F=qvB\sin\theta=qv_\perp B$ でやはり一定．それゆえ，その後の瞬間の速度と力は図 5.15 のようになっている．

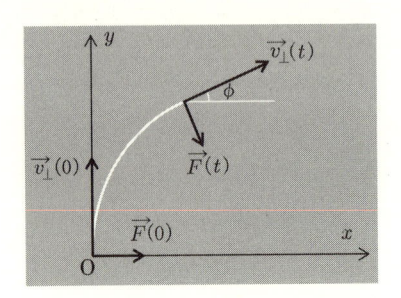

図 5.15　x,y 平面への射影

*) 明示的には書かないが ϕ は t の関数，それゆえ v_x, v_y, F_x, F_y も t の関数．

図 5.15 で $\vec{v}_\perp(t)$ と x 軸のなす角度を ϕ とすれば，そのときローレンツ力が x 軸となす角度は $\phi-\pi/2$ であり，速度と力の成分は *)

$$v_x = v_\perp \cos\phi, \quad v_y = v_\perp \sin\phi, \tag{5.63}$$

$$F_x = qv_\perp B \sin\phi = qBv_y,$$
$$F_y = -qv_\perp B \cos\phi = -qBv_x. \tag{5.64}$$

したがって運動方程式の x 成分と y 成分は

$$m\frac{dv_x}{dt} = qBv_y, \quad m\frac{dv_y}{dt} = -qBv_x. \tag{5.65}$$

この第 1 式より ($v_y = dy/dt$ に注意して)

$$\frac{d}{dt}(mv_x - qBy) = 0 \quad \therefore \quad mv_x - qBy = C.$$

ここで,初期条件 ($y(0) = 0$, $v_x(0) = 0$) を使うと,積分定数は $C = 0$ と決まり,したがって $v_x = (qB/m)y$, これを (5.65) の第 2 式に代入して,運動方程式の y 成分は

$$m\frac{dv_y}{dt} = -\frac{(qB)^2}{m}y. \tag{5.66}$$

これは調和振動の方程式で,初期条件が $y(0) = 0$, $v_y(0) = v_\perp = v\sin\theta$ の解は

$$y = \frac{v_\perp}{\omega}\sin\omega t, \quad v_y = v_\perp \cos\omega t$$
$$\text{ただし} \quad \omega = \frac{qB}{m}. \tag{5.67}$$

したがって,

$$v_x = \frac{qB}{m}y = \omega y = v_\perp \sin\omega t, \tag{5.68}$$

また $x(0) = 0$ であるから

$$x = \int_0^t v_x(s)ds = \int_0^t v_\perp \sin\omega s\, ds$$
$$= \frac{v_\perp}{\omega}(1 - \cos\omega t). \tag{5.69}$$

この x と y から t を消去することによって,軌道曲線

$$\left(x - \frac{v_\perp}{\omega}\right)^2 + y^2 = \left(\frac{v_\perp}{\omega}\right)^2 \tag{5.70}$$

が得られる．すなわち，運動の xy 平面への射影は

$$\text{半径}: r = \frac{v_\perp}{\omega} = \frac{mv\sin\theta}{qB}, \quad \text{中心}: (r, 0)$$

の円軌道であり，粒子はその上を等速で周回する．

　磁場方向の運動も含めた全体としては，粒子は円筒に蔓が巻付いたようならせん軌道を描く（図 5.16）．そのさい粒子は，一周する時間 $T = 2\pi/\omega = 2\pi m/qB$ に磁場の方向に

$$\Delta z = Tv\cos\theta = 2\pi \frac{mv\cos\theta}{qB} \tag{5.71}$$

進む．この距離をらせんのピッチと言う．

　この結果は，イオンビームの集束に使用される．

　イオン源から小さな穴をとおして $+z$ 方向に放出されるイオンは，すべてが厳密に z 方向を向いているのではなく，熱運動のため z に直交する速度成分をいくらかもち，わずかに広がって出てくる．したがってそのまま進んでゆくと，ビームは拡散してしまう．そこでビームを進めるべき方向 (z 方向) に一様な磁場を加えると，磁場にたいして角度をもって出てきた粒子もこの磁場に巻きつくよう進むので，ビームは大きく広がることなく $\vec{B}$ 方向に進む．それだけではなく，穴を出たときの速度が磁場となしている角度 θ が十分小さいとすれば，$\cos\theta = 1$ と近似しうるので，すべての粒子が $\Delta z \fallingdotseq 2\pi mv/qB$ 進むと，z 軸上に戻ってくる．こうして比較的簡単にビームを集束させることができる（図 5.17）．

　また各点でその点の磁束密度に接する曲線を考え，それを磁力線と呼ぶと，上の結果は磁場に斜めに突入

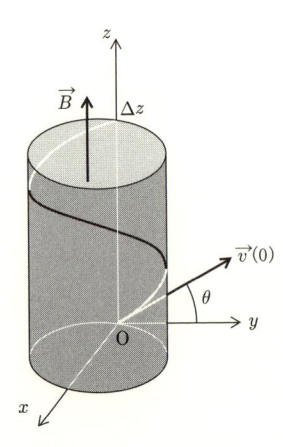

図 5.16　粒子の軌跡

した荷電粒子は磁力線に巻きつくようにして進んでゆくことを表している．

たとえば地球は巨大な磁石であり，北極と南極のあいだに何本も磁力線が走っている．太陽黒点から噴出し地球に接近したイオンなどの荷電粒子は，地球からかなりの距離の地点でこの地球磁場の磁力線に巻きつくことによって磁力線に案内されて両極に近づいてゆく．こうして極の近くで低空まで降りてきた荷電粒子はそこで空気分子と相互作用して光を出す．これが極光 (オーロラ) であり，極光が高緯度地方でしか見られない理由はここにある．

なお，xy 平面上の運動方程式は，複素数を使えばつぎのようにもっと簡単に解ける．(5.65) 式の第 2 式に虚数単位 i を掛けたものを第 1 式に足すと

$$m\frac{d}{dt}(v_x + iv_y) = -iqB(v_x + iv_y).$$

この方程式は (4.60) と同形で，$\omega = qB/m$ としてその一般解は，(4.61) より $v_x + iv_y = C\exp(-i\omega t)$．ただしこの場合，積分定数 C は実数になるとはかぎらない．実際，いまの場合，初期条件より $C = iv_\perp$，すなわち，

$$v_x + iv_y = iv_\perp \exp(-i\omega t).$$

ここで，$t = 0$ に粒子は原点にあったことを考慮して，これをもう一度積分すれば

$$\begin{aligned}x + iy &= \int_0^t iv_\perp \exp(-i\omega s)ds \\ &= \left[-\frac{v_\perp}{\omega}\exp(-i\omega s)\right]_0^t \\ &= \frac{v_\perp}{\omega}\{1 - \exp(-i\omega t)\}.\end{aligned}$$

オイラーの公式をもちいて

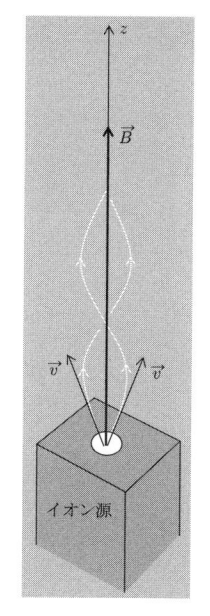

図 5.17 磁場によるイオンビームの集束

(5.65)
$$m\frac{dv_x}{dt} = qBv_y,$$
$$m\frac{dv_y}{dt} = -qBv_x.$$

(4.60)
$$\frac{dw}{dt} = i\omega w.$$

(4.61)
$$w = A\exp(i\omega t).$$

$$\exp(-i\omega t) = \cos\omega t - i\sin\omega t$$

として，この式の実数部分と虚数部分をそれぞれ別々に等しいとすれば，上に得たのと同じ速度成分と座標成分が得られる．複素数使用の便利さである．

5.7.2 直交する電場と磁場の中での運動

ここで磁場に垂直 (y 方向) に強さ E の電場をかけた場合を考えよう．磁場に平行な $+z$ 方向の運動はこの電場の影響を受けないから，以下では運動は xy 平面内として，$\theta = \pi/2$ かつ $v_\perp = v$ とする．

運動方程式は

$$m\frac{dv_x}{dt} = qBv_y, \\ m\frac{dv_y}{dt} = -qBv_x + qE = -qB\left(v_x - \frac{E}{B}\right). \tag{5.72}$$

$+x$ 方向に一定速度 $V = E/B$ で動いている座標系 (X, Y) に座標変換すると，

$$X = x - Vt = x - \frac{E}{B}t, \quad Y = y, \tag{5.73}$$

$$V_X = v_x - V = v_x - \frac{E}{B}, \quad V_Y = v_y, \tag{5.74}$$

したがって運動方程式 (5.72) は

$$m\frac{dV_X}{dt} = qBV_Y, \quad m\frac{dV_Y}{dt} = -qBV_X. \tag{5.75}$$

これは電場がなかった場合の (5.65) とおなじである．つまり磁場からの力 (ローレンツ力) は速度に依存しているので，座標変換により速度を変えることで電場の影響をうまく打ち消すことができたのである．それゆえ，前と同様にこの第 1 式より

$$\frac{d}{dt}(mV_X - qBY) = 0 \quad \therefore \quad mV_X - qBY = C'.$$

運動する座標系に移ることで運動方程式は電場のなかった場合と同型になったが，しかし初期条件は，

$$Y(0) = y(0) = 0, \qquad V_X(0) = v_x(0) - V = -V$$

としなければならない．これよりこの場合の積分定数は $C' = -mV$ と決まり，$qB/m = \omega$ として

$$V_X = \frac{qB}{m} Y - V = \omega \left(Y - \frac{V}{\omega} \right).$$

これを (5.75) の第 2 式に代入して

$$m \frac{dV_Y}{dt} = -m\omega^2 \left(Y - \frac{V}{\omega} \right). \qquad (5.76)$$

これは (4.67) の微分方程式と同型で，その一般解は

$$Y = \frac{V}{\omega} - A\cos(\omega t + \alpha), \quad V_Y = \omega A \sin(\omega t + \alpha).$$

(4.67)
$$m\ddot{x} = -kx + mg.$$

初期条件 $(Y(0) = 0, V_Y(0) = v_y(0) = v)$ より

$$A\cos\alpha = \frac{V}{\omega} \equiv R, \quad A\sin\alpha = \frac{v}{\omega} \equiv r,$$

したがって，

$$A = \sqrt{r^2 + R^2}, \qquad \tan\alpha = \frac{r}{R}$$

であり，解は

$$Y = R - A\cos(\omega t + \alpha)$$
$$= R - \sqrt{r^2 + R^2} \cos(\omega t + \alpha). \qquad (5.77)$$

これより $V_X = \omega Y - V = -\omega A \cos(\omega t + \alpha)$ ($R\omega - V = 0$ に注意)，したがって

$$X = \int_0^t V_X(s) ds = \int_0^t -\omega A \cos(\omega s + \alpha) ds$$
$$= A\{\sin\alpha - \sin(\omega t + \alpha)\}$$
$$= r - \sqrt{r^2 + R^2} \sin(\omega t + \alpha). \qquad (5.78)$$

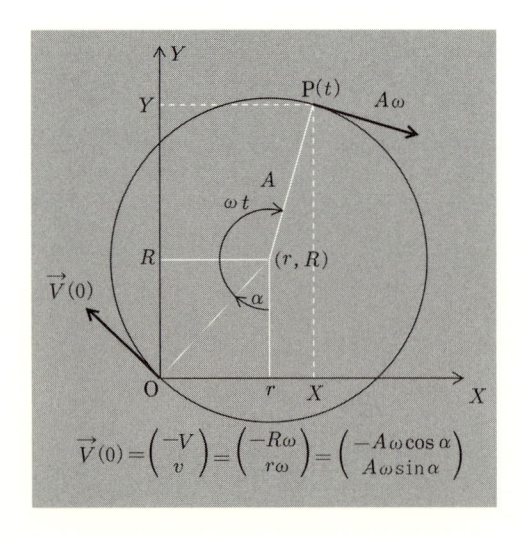

図 5.18 　(X, Y) 座標系で見た軌道

図中の式:
$$\vec{V}(0) = \begin{pmatrix} -V \\ v \end{pmatrix} = \begin{pmatrix} -R\omega \\ r\omega \end{pmatrix} = \begin{pmatrix} -A\omega\cos\alpha \\ A\omega\sin\alpha \end{pmatrix}$$

これは (X, Y) 座標系における，中心が (r, R)，半径が $A = \sqrt{r^2 + R^2}$ で，原点を通る円である．粒子はその円周上を，原点から角速度 $\omega = qB/m$ で時計回りに周回する (図 5.18)．もとの (x, y) 座標系に戻れば，$V = R\omega$ であるから

$$x = R\omega t + r - \sqrt{r^2 + R^2}\sin(\omega t + \alpha), \quad (5.79)$$

$$y = R - \sqrt{r^2 + R^2}\cos(\omega t + \alpha). \quad (5.80)$$

これは円運動の中心 C が直線 $y = R$ 上にあって $+x$ 方向に速度 $R\omega$ で移動してゆくことを示している．

　粒子の描く軌跡は，半径 $A = \sqrt{r^2 + R^2}$ の円盤に半径 R の小円盤を中心を合わせて貼り付け，その半径 R の小円盤が直線 (x 軸) 上を滑らずに転がるときに，半径 A の大きい円盤の円周上の点が描く軌跡に一致する (図 5.19)．

　とくにはじめ静止，つまり $v = 0$ であれば，$r = 0$, $\alpha = 0$ となり，

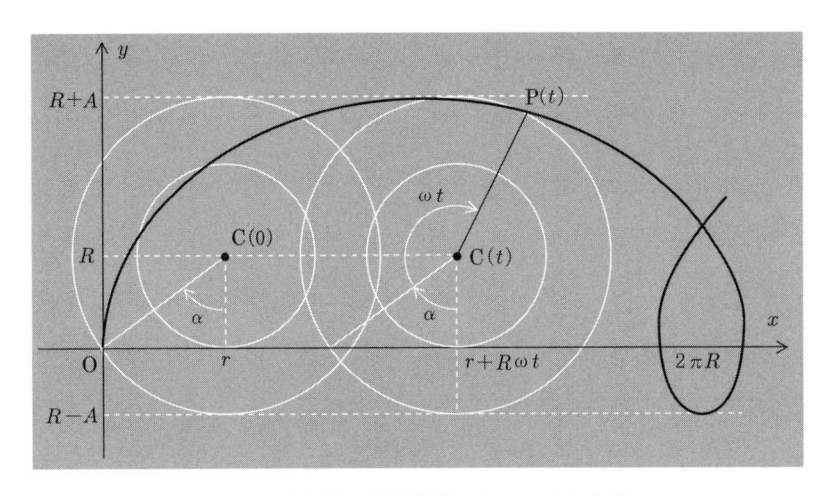

図 5.19 (x, y) 座標系で見た軌道：トロコイド曲線

$$P(t) = \begin{pmatrix} R\omega t + r - A\sin(\omega t + \alpha) \\ R - A\cos(\omega t + \alpha) \end{pmatrix}$$

ただし　$A : R = \sqrt{r^2 + R^2} : R = 7 : 4$

$$x = R\{\omega t - \sin(\omega t)\}, \quad y = R\{1 - \cos(\omega t)\} \tag{5.81}$$

であり，これは**サイクロイド曲線**である．直線 (今の場合は x 軸) 上をすべらずに転がる半径 R の円盤の円周上の点の描く軌跡である．

v が 0 でなく，そのため r も 0 でないときの曲線は**トロコイド曲線**と言われる．両方の曲線を図 5.20 に挙げておいた．

このように，磁場によって円運動している荷電粒子にたいして，磁場 ($\vec{B} : z$ 方向) に垂直に電場 ($\vec{E} : y$ 方向) をかけると，その両方に垂直な方向 (x 方向，$\vec{E} \times \vec{B}$ の方向) に円の中心が動いてゆく．それゆえ，この円の移動を $\vec{E} \times \vec{B}$ ドリフトと呼んでいる．粒子は電場の方向に力を受けるから，一見すると，円の中心は電場の方向に移動してゆくように思われるが，そうならないのが面白い．そのわけは，図 5.21 で電場か

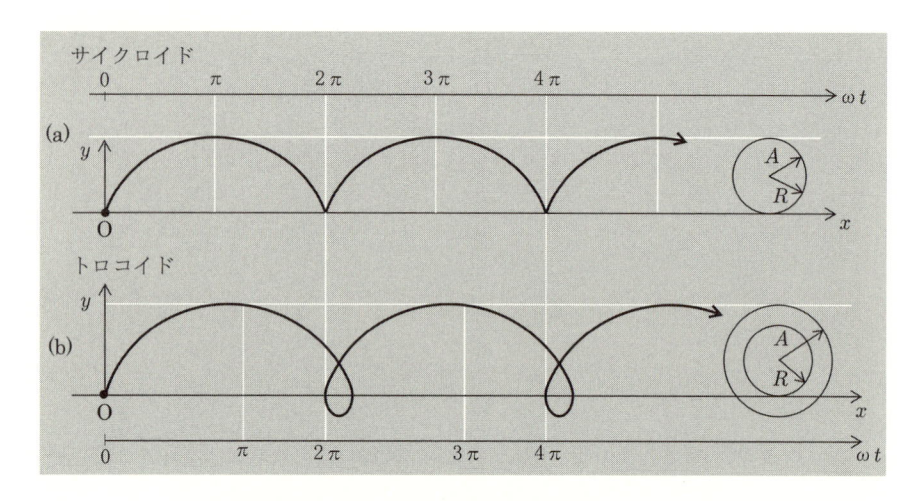

図 5.20 サイクロイドとトロコイド

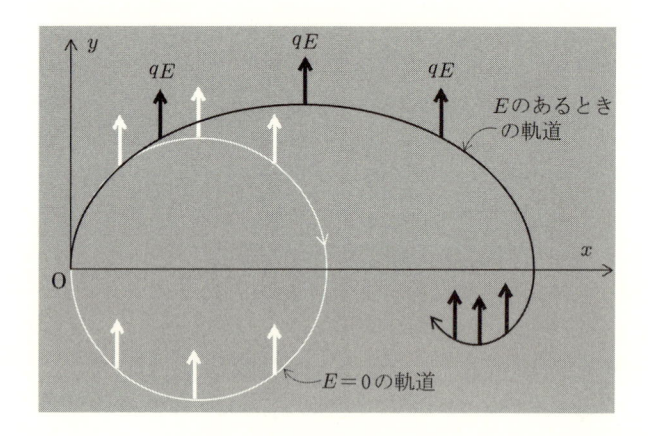

図 5.21 電場からの $+y$ 方向の力 (図の矢印) により, $y>0$ の領域では粒子は電場の方向に動くので電場から正の仕事をされ, 速さ, したがって軌道円の半径が大きくなり, $y<0$ の領域では粒子は電場と逆向きに動き, 電場から負の仕事をされ, 円の半径が小さくなり, その結果, 円の中心が $+x$ 方向に移ってゆく.

らの力は, $y>0$ の領域では軌道の曲率半径 (円の半径) を大きくする向き (円を広げる向き) に働き, $y<0$ の領域では曲率半径を小さくする向き (円を縮める向き) に働くので, 結果的に円の中心が電場と直交する方向に移動するのである.

第 6 章
ケプラー運動と等方調和振動

6.1 中心力のもとでの運動

6.1.1 角運動量とエネルギーの保存則

物体に働く力の大きさが定点からの距離だけで決まり，しかも，つねにその定点に向かう，ないし定点から遠ざかる方向を向いているとき，その力を**中心力**と言う．その場合，その力の中心となる定点を原点とすれば，$\vec{r}$ の位置での力は，$r = |\vec{r}|$ として

$$\vec{F}(\vec{r}) = f(r)\frac{\vec{r}}{r} \tag{6.1}$$

と表される．これが中心力の一般形であり，このことだけから，運動のいくつかの特徴が導かれる．

まず第一に，力が中心力の場合，物体の運動が力の中心 (原点にとる) をふくむ 1 平面上にあることがわかる．

実際，ある時刻に物体が位置ベクトル $\vec{r}_0$ の点にあり速度ベクトル $\vec{v}_0$ を有していたとする．

もしも $\vec{r}_0$ と $\vec{v}_0$ が平行であれば，つまり速度が原点 (力の中心) 方向あるいは原点から遠ざかる方向を向いていれば，その後，物体はその位置と力の中心を結ぶ線上を運動し，運動は 1 次元になる．

ベクトル $\vec{r}_0$ と $\vec{v}_0$ が平行でない場合，$\vec{r}_0$ と $\vec{v}_0$ が力の中心をふくむ平面を張る．微小時間 Δt のちに，物体はこの平面上で $\vec{r}_1 = \vec{r}_0 + \vec{v}_0 \Delta t$ に達する．その間に働く力はつねにこの平面上ゆえ，その間の速度増加 $\Delta \vec{v} = \vec{f} \Delta t / m$ もこの平面上，したがってそのときの速度 $\vec{v}_1 = \vec{v}_0 + \Delta \vec{v}$ もやはりこのおなじ平面上であり，こうして，物体は 1 平面上の運動を続ける．

それゆえ，この平面を xy 平面にとると，運動方程式の成分表示は

$$m\frac{dv_x}{dt} = f(r)\frac{x}{r}, \quad m\frac{dv_y}{dt} = f(r)\frac{y}{r}. \qquad (6.2)$$

この第 2 式に x をかけたものから第 1 式に y をかけたものを引くと

$$m\left(x\frac{dv_y}{dt} - y\frac{dv_x}{dt}\right) = 0.$$

ところが

$$\frac{d}{dt}(xv_y - yv_x) = x\frac{dv_y}{dt} - y\frac{dv_x}{dt} + v_x v_y - v_y v_x$$
$$= x\frac{dv_y}{dt} - y\frac{dv_x}{dt}$$

であるから，前式は

$$\frac{d}{dt}\{m(xv_y - yv_x)\} = 0$$
$$\therefore \quad m(xv_y - yv_x) = L\,(\text{const.}) \qquad (6.3)$$

この量は第 1 積分であり，**角運動量**と言われ，この式は**角運動量保存則**を表している．その意味は次のように考えられる．

位置ベクトルが x 軸となす角度を ϕ，位置ベクトルと速度ベクトルのなす角度を θ とすれば (図 6.1)，速度ベクトルの x 軸となす角度は $\phi + \theta$ で，各成分は

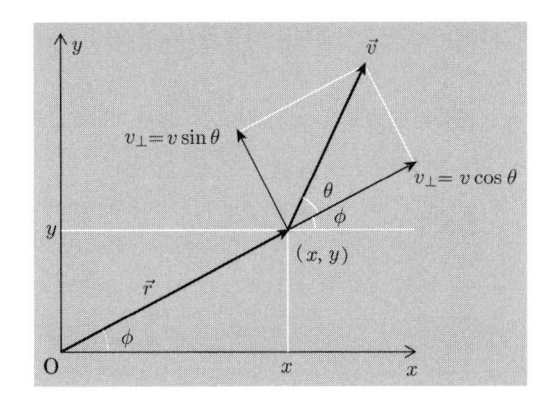

図 6.1 位置ベクトルと速度ベクトル

$$x = r\cos\phi, \quad v_x = v\cos(\phi+\theta) \qquad (6.4)$$
$$y = r\sin\phi, \quad v_y = v\sin(\phi+\theta), \qquad (6.5)$$

したがって
$$m(xv_y - yv_x) = mrv\{\cos\phi\sin(\phi+\theta) - \sin\phi\cos(\phi+\theta)\}$$
$$= mrv\sin\theta. \qquad (6.6)$$

ここで $v\sin\theta$ はベクトル $\vec{r}$ に直交する速度成分 $v_\perp$ であるから,角運動量は $r \times mv_\perp$ と表され,これは,物理的には原点まわりの回転運動の激しさを表す量と考えられる[1].

---

[1] 3 次元では,角運動量はベクトル $\vec{L} = m\vec{r} \times \vec{v}$ で定義される (掛け算はベクトルの外積). そのベクトルとしての保存は,向きの一定性が運動平面の一定性を,大きさの一定性がここで論じた 2 次元角運動量の保存を意味している.

運動が xy 平面上 ($\vec{r}$ と $\vec{v}$ が xy 成分のみ) のとき,$\vec{L}$ は z 成分のみを有し $L_z = m(xv_y - yv_x) = mrv\sin\theta$. つまり (6.3) 式で定義した 2 次元運動の角運動量は 3 次元角運動量ベクトルの z 成分 (運動面に垂直な成分) に相当する. そして z 軸のまわりの回転でこの値は変わらないから,2 次元の扱いでは (6.3) の L はスカラー量と見なしうるのである.

角運動量が $0\,(L=0)$ の場合は，$\vec{v}$ が $\vec{r}$ と平行，つまり力の中心にまっすぐに向かう，ないし力の中心からまっすぐに遠ざかる 1 直線上の運動に相当する．

さて，角運動量が 0 でない場合，物体の位置ベクトル $\vec{r}(t)$ が Δt 間に掃く面積 ΔS を考える．Δt が十分小さければ，その間，軌道は近似的に直線と見なすことができ，変位は $\vec{v}\Delta t$ と近似しうるから，図 6.2 より $\Delta S \fallingdotseq \dfrac{1}{2} rv\sin\theta\Delta t$，したがってベクトル $\vec{r}(t)$ が単位時間あたり掃く面積は

$$h = \lim_{\Delta t \to 0} \frac{\Delta S}{\Delta t} = \frac{1}{2} rv\sin\theta = \frac{1}{2} rv_{\perp} \qquad (6.7)$$

であり，この量を通常**面積速度**と言う．惑星運動にたいする**ケプラーの第 2 法則**はこの量が一定であることを主張している．ところが $L\,(角運動量) = 2mh$ であるから，ケプラーの第 2 法則は角運動量保存則に他ならない．つまりケプラーの第 2 法則は太陽が惑星に及ぼす力が中心力だから成り立つのであり，その強さが距離にどのように依存しているかは無関係である．

つぎに，中心力のもとでの運動で，エネルギー保存

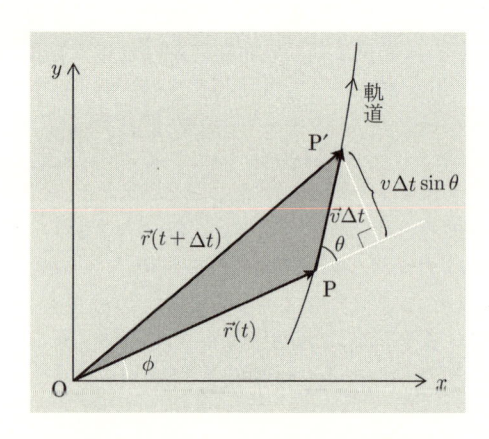

図 6.2 $\vec{r}(t)$ が Δt 間に掃く面積

則を導いておこう．角運動量保存則の意味をもう少し掘り下げるためにも，このことは必要である．

運動方程式 (6.2) の第 1 式に $v_x = dx/dt$ を掛け，第 2 式に $v_y = dy/dt$ を掛けて足し合わせる：

$$m\left(v_x \frac{dv_x}{dt} + v_y \frac{dv_y}{dt}\right) = f(r)\left(\frac{x}{r}\frac{dx}{dt} + \frac{y}{r}\frac{dy}{dt}\right).$$

この左辺は

$$\frac{d}{dt}\left\{\frac{m}{2}(v_x^2 + v_y^2)\right\} = \frac{d}{dt}\left(\frac{m}{2}v^2\right),$$

右辺は

$$f(r)\left(\frac{x}{r}\frac{dx}{dt} + \frac{y}{r}\frac{dy}{dt}\right) = f(r)\frac{1}{2r}\frac{d}{dt}(x^2 + y^2)$$
$$= f(r)\frac{1}{2r}\frac{dr^2}{dt} = f(r)\frac{dr}{dt}$$

と書き直される．さらに

$$\frac{d}{dt}\left(\int_c^r f(\rho)d\rho\right) = \frac{d}{dr}\left(\int_c^r f(\rho)d\rho\right)\frac{dr}{dt} = f(r)\frac{dr}{dt}$$

であることを考慮すれば，結局

$$\frac{d}{dt}\left(\frac{1}{2}mv^2 - \int_c^r f(\rho)d\rho\right) = 0,$$

したがって，エネルギー積分

$$\frac{1}{2}mv^2 - \int_c^r f(\rho)d\rho = E\,(\text{const.}) \qquad (6.8)$$

が得られる．ここに

$$-\int_c^r f(\rho)d\rho = U(r) \qquad (6.9)$$

は，中心力 (6.1) の位置エネルギー (ポテンシャル) である (積分の下限 c は基準点を $\vec{r}_c$ として $c = |\vec{r}_c|$ で

*⁾ 中心力では, (5.41) より
$$\vec{F} = -\frac{dU}{dr}\frac{\vec{r}}{r}.$$
これを (6.1) と見比べて
$$-\frac{dU}{dr} = f(r),$$
したがって
$$U(r) = -\int_c^r f(\rho)d\rho.$$

あるが，その点は任意に選ぶことができる). *⁾

このように中心力ではポテンシャルは力の中心からの距離 r だけの関数になる．実際，以前に語ったように，力は等ポテンシャル面 (2次元では等ポテンシャル線) に直交しているが，ポテンシャルが r だけの関数であれば等ポテンシャル面は原点を中心とする球 (等ポテンシャル線は原点を中心とする円) になり，これに直交する力は中心力であることがわかる．そのことは，物理的情況が中心からの距離 r だけで決まり，方向によらないこと，すなわち**空間の等方性** (3次元では点対称性，2次元では軸対称性) を示している．

その場合には，物体の位置を指定するのにデカルト座標よりも力の中心にとった原点からの距離と方向をもちいるのが便利であろう．そこで，中心力の問題に適した座標系として**極座標**を導入しよう．

6.1.2　2次元極座標の導入

2次元の極座標は座標平面上の点すなわち位置ベクトル $\vec{r} = (x, y)$ を，原点からの距離 $r = \sqrt{x^2 + y^2}$ および $\vec{r}$ が x 軸となす角度 ϕ で表すものである (図 6.1：角度 ϕ は x 軸から反時計まわりに測ったもの). そのさい，位置ベクトルと速度のデカルト座標成分は

$$x = r\cos\phi, \quad v_x = \dot{x} = \dot{r}\cos\phi - r\dot{\phi}\sin\phi, \quad (6.10)$$

$$y = r\sin\phi, \quad v_y = \dot{y} = \dot{r}\sin\phi + r\dot{\phi}\cos\phi, \quad (6.11)$$

と表される．これをもちいれば，

$$v^2 = v_x^2 + v_y^2 = \dot{r}^2 + (r\dot{\phi})^2$$

ゆえ，中心力を受けている物体にたいするエネルギー保存則は

$$\frac{1}{2}m\{\dot{r}^2 + (r\dot{\phi})^2\} + U(r) = E\,(\text{const.}), \quad (6.12)$$

同様に，$x\dot{y} - y\dot{x} = r^2\dot{\phi}$ ゆえ，角運動量保存則は

$$mr^2\dot{\phi} = L\,(\text{const.}). \tag{6.13}$$

さらに，加速度成分は

$$\ddot{x} = (\ddot{r} - r\dot{\phi}^2)\cos\phi - (2\dot{r}\dot{\phi} + r\ddot{\phi})\sin\phi, \tag{6.14}$$

$$\ddot{y} = (\ddot{r} - r\dot{\phi}^2)\sin\phi + (2\dot{r}\dot{\phi} + r\ddot{\phi})\cos\phi. \tag{6.15}$$

もちろん，力 (6.1) の成分は

$$F_x = f(r)\cos\phi, \qquad F_y = f(r)\sin\phi,$$

したがって，先の運動方程式の x, y 成分，すなわち (6.2) は

$$m\{(\ddot{r} - r\dot{\phi}^2)\cos\phi - (2\dot{r}\dot{\phi} + r\ddot{\phi})\sin\phi\} = f(r)\cos\phi, \tag{6.16}$$

$$m\{(\ddot{r} - r\dot{\phi}^2)\sin\phi + (2\dot{r}\dot{\phi} + r\ddot{\phi})\cos\phi\} = f(r)\sin\phi, \tag{6.17}$$

これより，中心力を受けている物体の**極座標**で表した**運動方程式**

$$m(\ddot{r} - r\dot{\phi}^2) = f(r), \quad m(2\dot{r}\dot{\phi} + r\ddot{\phi}) = 0. \tag{6.18}$$

が得られる[*]．前者は $\vec{r}$ 方向成分（「動径方向成分」とも言われる）で r の増す向き正，後者はそれに直交する成分で ϕ の増す向き正．この後者の式は，r をかければ

[*] それぞれ $(6.16) \times \cos\phi + (6.17) \times \sin\phi, (6.17) \times \cos\phi - (6.16) \times \sin\phi$ とすればよい．

$$\frac{d}{dt}(mr^2\dot{\phi}) = 0 \tag{6.19}$$

とまとめられ，角運動量の保存を直接与える式である．

いまかりに空間が等方的でなく，そのためポテンシャル U が r だけではなく ϕ にも依存しているとしよう．そのときには，$U(r, \phi) = \text{const.}$ で与えられる等ポテンシャル線は原点を中心とする円にはならず，

*) $f_r = -\dfrac{\partial U}{\partial r},$
   $f_\phi = -\dfrac{1}{r}\dfrac{\partial U}{\partial \phi}.$

#) この場合 (6.16)(6.17) はそれぞれ
$m\{(\ddot{r}-r\dot\phi^2)\cos\phi$
$\quad -(2\dot r\dot\phi + r\ddot\phi)\sin\phi\}$
$\quad = f_r\cos\phi - f_\phi\sin\phi,$
$m\{(\ddot{r}-r\dot\phi^2)\sin\phi$
$\quad +(2\dot r\dot\phi + r\ddot\phi)\cos\phi\}$
$\quad = f_r\sin\phi + f_\phi\cos\phi.$

したがって等ポテンシャル線に直交する力は $\vec{r}$ 方向成分 f_r だけではなく、$\vec{r}$ に直交する成分 f_ϕ (ϕ の増す向き正) をもち *)

$$F_x = f_r\cos\phi - f_\phi\sin\phi, \qquad F_y = f_r\sin\phi + f_\phi\cos\phi.$$

このとき、運動方程式 #) を極座標で表したものは

$$m(\ddot{r}-r\dot\phi^2)=f_r, \quad m(2\dot r\dot\phi+r\ddot\phi)=f_\phi. \quad (6.20)$$

この第 2 式は角運動量の変化

$$\frac{d}{dt}(mr^2\dot\phi)=rf_\phi \qquad (6.21)$$

を与え、$f_\phi \neq 0$ の場合、角運動量は保存しない。この式の右辺 rf_ϕ は「力 $\vec{F}$ の原点まわりのモーメント」と言われ、この式は力のモーメントが加えられたならば物体の角運動量が変化することを表している。

結局、働いている力が中心力で、それゆえポテンシャル U が原点からの距離 r のみの関数で角度 ϕ によらないときにのみ、角運動量が保存することがわかる。つまり、**角運動量の保存は空間の等方性 (回転対称性) の結果**である。

中心力の場合に戻ろう。

運動方程式の $\vec{r}$ 方向成分、つまり (6.18) 式の第 1 式は

$$m\ddot{r}=f(r)+mr\dot\phi^2 \qquad (6.22)$$

と書き直される。これは原点のまわりで物体とともに回転する座標で見たときに原点から遠ざかる向きの運動方程式であり、$f(r)$ は働いている中心力 (r の大きくなる向き正)、右辺第 2 項は回転系での遠心力を表している。角運動量保存を表す (6.13) をもちいて $\dot\phi$ を消去すれば、これは

$$m\frac{d^2r}{dt^2} = f(r) + \frac{L^2}{mr^3} \qquad (6.23)$$

となり，同様にエネルギー保存則 (6.12) も，

$$\frac{1}{2}m\dot{r}^2 + \frac{L^2}{2mr^2} + U(r) = E\,(\text{const.}), \qquad (6.24)$$

と表される．結局，中心力の問題は，角運動量保存則を考慮することによって，実効ポテンシャルと実効力が

$$U^*(r) = U(r) + \frac{L^2}{2mr^2}, \qquad (6.25)$$

$$f^*(r) = -\frac{dU^*(r)}{dr} = f(r) + \frac{L^2}{mr^3} \qquad (6.26)$$

で与えられる 1 次元運動 (r 軸上の運動) に還元されることがわかる．実効ポテンシャルの第 2 項 $L^2/2mr^2$ は遠心力ポテンシャルである．

最後に，中心力の場合の極座標表示での軌道の方程式，つまり r と ϕ の関係を直接与える方程式を導いておこう．$r = r(\phi)$ と考えて

$$\frac{dr}{dt} = \frac{dr}{d\phi}\frac{d\phi}{dt} = \frac{L}{mr^2}\frac{dr}{d\phi},$$

$$\frac{d^2r}{dt^2} = \frac{L}{mr^2}\frac{d}{d\phi}\left(\frac{L}{mr^2}\frac{dr}{d\phi}\right) = -\left(\frac{L}{mr}\right)^2 \frac{d^2}{d\phi^2}\left(\frac{1}{r}\right).$$

したがって (6.23) は**軌道の方程式**

$$\frac{d^2}{d\phi^2}\left(\frac{1}{r}\right) + \frac{1}{r} = -\frac{m}{L^2}r^2 f(r) \qquad (6.27)$$

を与える．この式は，形からわかるように距離の 2 乗に反比例する力 (具体的には球対称な質量分布の作る万有引力や点電荷によるクーロン力) の場合には，右辺が定数になるためきわめて有効である．そのことはケプラー運動を学ぶ後節 (6.3 節) で使うであろう．

6.2 2次元等方調和振動

　一番簡単な中心力の例として，力が中心からの距離に比例した引力になるケース，つまり力が $\vec{F} = -k\vec{r}$ で与えられる場合を考えよう．

　水平で滑らかな板に穴をあけ，一端に小さな小球P(質量 m)をつないだゴムひもの他端をこの穴にとおして穴よりゴムひもの自然長だけ低い点で固定し，小球Pを板の上で運動させたと考えればよい (図 6.3)．ゴムひもは伸びが Δl のときに伸びに比例した $k\Delta l$ の復元力が働くものとする (ゴムひもは，ばねと異なり，縮んでいる——正確には弛んでいる——ときには力を及ぼさない)．この水平な板のうえに，この穴を原点Oとする (x,y) 座標をとると，Pが (x,y) の位置にあるとき，ゴムひもの伸びは $r = \sqrt{x^2+y^2}$ で，Pには原点に向いた kr の力がかかる．したがって，Pの運動方程式を成分にわけて書くと

$$m\frac{d^2x}{dt^2} = -kx, \quad m\frac{d^2y}{dt^2} = -ky. \tag{6.28}$$

一般解は，$\omega = \sqrt{k/m}$ として

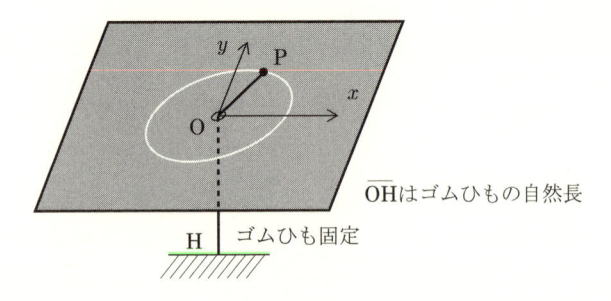

$$x = A\sin(\omega t + \alpha), \quad v_x = \omega A\cos(\omega t + \alpha), \tag{6.29}$$

図 6.3

$$y = B\sin(\omega t + \beta), \quad v_y = \omega B \cos(\omega t + \beta). \tag{6.30}$$

すなわち，小球は x 方向と y 方向に独立であるが同一振動数の調和振動 (単振動) をする．運動方程式をどの方向に成分分解してもおなじ型をし，同一振動数の振動をするので，この運動は**等方調和振動**と呼ばれる．

働く力が中心力であるから，エネルギーと角運動量が保存する．

位置エネルギーは，基準点を原点にとって

$$U(r) = -\int_0^r (-k\rho)d\rho = \frac{1}{2}kr^2. \tag{6.31}$$

これは物理的にはゴムひもの弾性エネルギーである．したがってエネルギー保存則

$$\frac{1}{2}mv^2 + \frac{1}{2}kr^2 = E \tag{6.32}$$

が成り立つ．実際，運動方程式の解 (6.29)(6.30) から，x 方向と y 方向のそれぞれにたいして

$$\begin{aligned}\frac{1}{2}mv_x^2 + \frac{1}{2}kx^2 &= \frac{1}{2}kA^2, \\ \frac{1}{2}mv_y^2 + \frac{1}{2}ky^2 &= \frac{1}{2}kB^2\end{aligned} \tag{6.33}$$

が成立し，これを足し合わせることで

$$E = \frac{m}{2}(v_x^2 + v_y^2) + \frac{k}{2}(x^2 + y^2) = \frac{k}{2}(A^2 + B^2). \tag{6.34}$$

角運動量の保存則も，角運動量の定義に先の一般解 (6.29)(6.30) を代入することで

$$\begin{aligned}L &= m(xv_y - yv_x) \\ &= m\omega\{A\sin(\omega t + \alpha)B\cos(\omega t + \beta) \\ &\quad - B\sin(\omega t + \beta)A\cos(\omega t + \alpha)\}\end{aligned}$$

$$= m\omega AB \sin(\alpha - \beta) \qquad (6.35)$$

として，直接導かれる．なお，$A^2 + B^2 \geqq 2|AB|$ ゆえ，$E \geqq k|AB| \geqq \omega|L|$．

一般解 (6.29)(6.30) は t をパラメータとするパラメータ表示で運動平面上の軌道曲線を表したものと考えることができる．それゆえそこから t を消去すれば，軌道曲線の明示的な式が得られる．実際

$$x = A\sin(\omega t + \alpha) = A\cos\alpha \sin\omega t + A\sin\alpha \cos\omega t,$$
$$y = B\sin(\omega t + \beta) = B\cos\beta \sin\omega t + B\sin\beta \cos\omega t.$$

から t を消去すれば [2]

$$B^2 x^2 + A^2 y^2 - 2AB\cos(\alpha - \beta)xy$$
$$= (AB)^2 \sin^2(\alpha - \beta). \qquad (6.36)$$

これは $\alpha = \beta$ ないし $AB = 0$ (A or B が 0) の場合は $L = 0$ で直線であり，それ以外では楕円で (とくに $A = B$ で $\alpha = \beta \pm \pi/2$ では円)，軌道曲線は閉じている (図 6.4)．以下では $L > 0$ とする [*]．

一般に 2 次元の振動において，その軌道が閉じるのは，2 方向の振動周期 $T_x = 2\pi/\omega_x$ と $T_y = 2\pi/\omega_y$ が有理数比をなすときであるが，等方振動では二つの周期が等しい ($T_x = T_y = 2\pi/\omega$) ので，1 回転で軌道は閉じる．

楕円軌道の場合には，座標軸を回転させることによって，標準形にすることができる (以下では $A^2 \geqq B^2$ としよう)．

[*] $L < 0$ では (6.13) より $\dot{\phi} < 0$ で，軌道上の運動が逆まわりになるが，本質的な相違はない．

---

[2] この 2 式より
$$AB\sin(\alpha - \beta)\sin\omega t = Ay\sin\alpha - Bx\sin\beta,$$
$$AB\sin(\alpha - \beta)\cos\omega t = Bx\cos\beta - Ay\cos\alpha.$$
これから $\sin^2\omega t + \cos^2\omega t = 1$ を使って t を消去する．

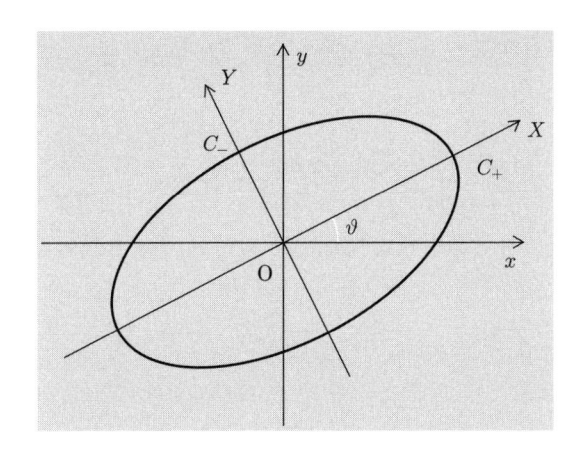

図 6.4　2 次元等方調和振動の軌道

もとの座標軸 (x,y) と角度 ϑ 回転させた座標軸 (X,Y) を考える．座標変換の公式 (5.17)(5.18)

$$x = X\cos\vartheta - Y\sin\vartheta, \quad y = X\sin\vartheta + Y\cos\vartheta$$

を上式に代入して，計算は少々面倒であるが，クロスターム (XY の項) が消えるように，回転角 ϑ を

$$\tan 2\vartheta = \frac{2AB}{A^2 - B^2}\cos(\alpha - \beta)$$

と選ぶ ($A^2 = B^2$ の場合は $\vartheta = \pi/4$ と選ぶ)．

得られた軌道の標準形は

$$\frac{X^2}{C_+^2} + \frac{Y^2}{C_-^2} = 1. \tag{6.37}$$

ここに，E と L を (6.34)(6.35) に記した力学的エネルギーと角運動量として

$$\begin{aligned}C_\pm^2 &= \frac{1}{2}\left\{A^2 + B^2 \pm \sqrt{(A^2+B^2)^2 - 4(AB)^2\sin^2(\alpha-\beta)}\right\} \\ &= \frac{1}{k}(E \pm \sqrt{E^2 - (\omega L)^2}),\end{aligned} \tag{6.38}$$

運動範囲は

$$C_- \leqq r = \sqrt{x^2 + y^2} \leqq C_+. \quad (6.39)$$

この結果は極座標の運動方程式からも導くことができる．角運動量 L が与えられているとして，運動方程式の $\vec{r}$ 方向成分は (6.23) に $f(r) = -kr$ を代入して

$$m\frac{d^2 r}{dt^2} = \frac{L^2}{mr^3} - kr. \quad (6.40)$$

この式の両辺に $\dot{r} = dr/dt$ を掛けて整理すると，エネルギー保存則

$$\frac{m}{2}\dot{r}^2 + \frac{L^2}{2mr^2} + \frac{k}{2}r^2 = E\,(\text{const.}) \quad (6.41)$$

が得られる．もちろんこの式は，一般の中心力の場合のエネルギー保存則 (6.24) に今の場合のポテンシャル・エネルギー (6.31) を代入したものである．

こうして問題は，実効ポテンシャルが

$$U^*(r) = \frac{L^2}{2mr^2} + \frac{k}{2}r^2 \quad (6.42)$$

の 1 次元 (r 軸上；ただし $r > 0$) の運動に還元される．相空間 $(r, \dot{r})$[*] における解曲線は (6.41) で与えられ，実効ポテンシャルをふくめて図 6.5 にあげておいた．図より明らかなように，与えられた $E\,(\geqq \omega L)$ にたいして運動範囲は

$$\frac{m}{2}\dot{r}^2 = E - U^*(r) = E - \frac{L^2}{2mr^2} - \frac{k}{2}r^2 \geqq 0 \quad (6.43)$$

で決められるが，その結果はもちろん先に与えたもの同一になる．

実際，この右辺は $k(C_+^2 - r^2)(r^2 - C_-^2)/2r^2$ と因数分解され，r の範囲として (6.39) とおなじものが得られる．またこれより上式は

[*] もともとは 2 次元平面上の運動ゆえ，相空間は $(r, \theta, \dot{r}, \dot{\theta})$ の 4 次元．しかし (6.41) により r 方向の 1 次元運動に還元されるので，相空間も $(r, \dot{r})$ に簡約される．

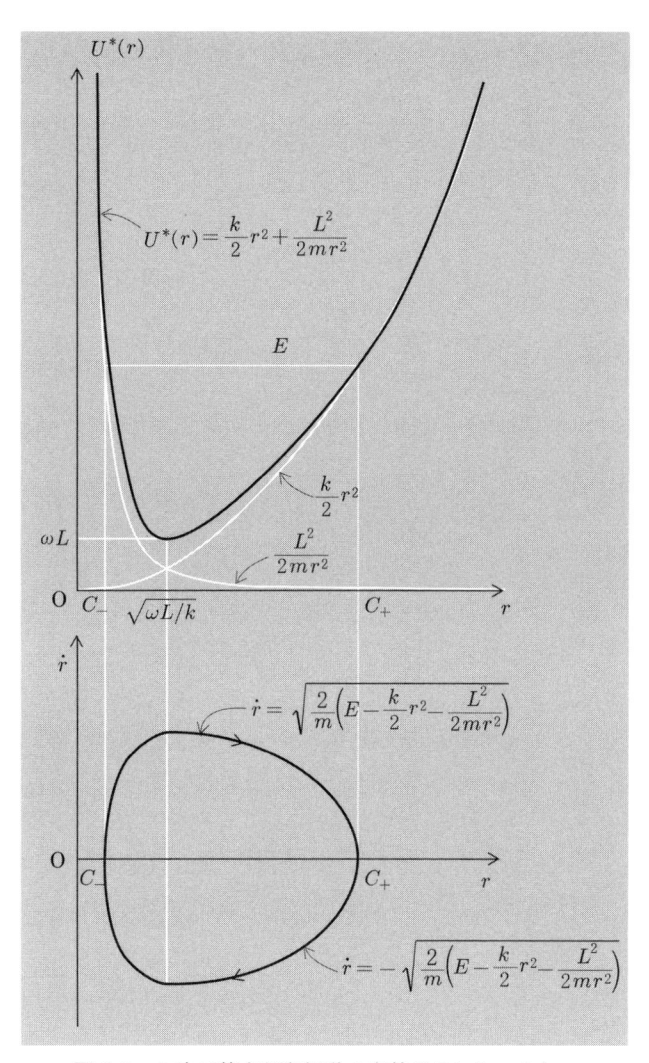

図 6.5　2 次元等方調和振動の実効ポテンシャルと相空間の解曲線

$$\frac{dr}{dt} = \pm \frac{\omega}{r}\sqrt{(C_+^2 - r^2)(r^2 - C_-^2)}$$

$$\text{i.e.} \quad \frac{dr^2}{dt} = \pm 2\omega\sqrt{(C_+^2 - r^2)(r^2 - C_-^2)}$$

と書き直される．これは変数分離形の微分方程式ゆえ

$$\int \frac{dr^2}{\sqrt{(C_+^2 - r^2)(r^2 - C_-^2)}} = \pm 2\omega t + C \quad (6.44)$$

とすることができる．左辺の積分は

$$r^2 = \frac{C_+^2 + C_-^2}{2} + \frac{C_+^2 - C_-^2}{2} \sin \Theta$$
$$= \frac{1}{k}(E + \sqrt{E^2 - (\omega L)^2} \sin \Theta) \quad (6.45)$$

と変数変換すれば，$\int d\Theta = \Theta + C'$ と求まり [3]，結局

$$r^2 = \frac{1}{k}\{E + \sqrt{E^2 - (\omega L)^2} \sin(2\omega t + \delta)\}. \quad (6.46)^{*}$$

*) (6.46) で $r = r(t)$ が求まれば，(6.13) すなわち
$$\frac{d\phi}{dt} = \frac{L}{mr^2}$$
を積分して $\phi = \phi(t)$ が得られる．

$E > \omega|L|$ のとき r の振動の角振動数は 2ω．この振動周期が x 方向と y 方向の振動の振動周期の半分になっているのは，位置ベクトル $\vec{r}$ の先端が楕円軌道上を 1 周する (ϕ が 2π 増す) あいだに，$r = |\vec{r}|$ は最大 → 最小 → 最大 → 最小と 2 回振動するからである．

$E = \omega|L|$ ((6.29)(6.30) で $A = B$, $\alpha - \beta = \pm \pi/2$) のときは，$r = \sqrt{E/k} = \sqrt{\omega|L|/k}$ の円運動．そして $\phi = \omega t + \beta$．

---

[3] (6.45) の変数変換により

$$\sqrt{(C_+^2 - r^2)(r^2 - C_-^2)} = \frac{C_+^2 - C_-^2}{2} \cos \Theta,$$
$$\frac{dr^2}{d\Theta} = \frac{C_+^2 - C_-^2}{2} \cos \Theta.$$

$$\therefore \int \frac{dr^2}{\sqrt{(C_+^2 - r^2)(r^2 - C_-^2)}} = \int \frac{dr^2/d\Theta}{\sqrt{(C_+^2 - r^2)(r^2 - C_-^2)}} d\Theta$$
$$= \int d\Theta = \Theta + C'.$$

それゆえ (6.44) は $\Theta = \pm 2\omega t + C - C'$．ここで + 符号のときは $C - C' = \delta$ とおき，− 符号のときは $C - C' = \pi - \delta$ とおけば，いずれの場合も $\sin \Theta = \sin(2\omega t + \delta)$．

6.3 ケプラー運動

惑星に及ぼされる太陽の重力は,中心力で距離の2乗に反比例し相互の質量 (正確には重力質量) に比例することが知られている.この力は質量を有するすべての物体間に働くので,通常,**万有引力**と言われている.そしてこの引力は相互的である.つまり一般に位置 $\vec{r}_1$ にある質量 m_1 の物体と位置 $\vec{r}_2$ にある質量 m_2 の物体は,大きさ

$$|\vec{f}(|\vec{r}_1-\vec{r}_2|)| = G\frac{m_1 m_2}{|\vec{r}_1-\vec{r}_2|^2} = G\frac{m_1 m_2}{|\vec{r}|^2} \quad (6.47)$$

の力でたがいに相手をおのれの方向に引き寄せる.ここに $\vec{r} \equiv \vec{r}_1 - \vec{r}_2$ は相対ベクトル,G は万有引力定数[*].それゆえ,$|\vec{r}_1-\vec{r}_2| = |\vec{r}| = r$ と記して,それぞれの運動方程式は

[*] G の値は p.59 参照.

$$\begin{aligned} m_1 \frac{d\vec{v}_1}{dt} &= -G\frac{m_1 m_2}{|\vec{r}_1-\vec{r}_2|^2}\frac{\vec{r}_1-\vec{r}_2}{|\vec{r}_1-\vec{r}_2|} \\ &= -G\frac{m_1 m_2}{r^2}\frac{\vec{r}}{r}, \end{aligned} \quad (6.48)$$

$$\begin{aligned} m_2 \frac{d\vec{v}_2}{dt} &= -G\frac{m_1 m_2}{|\vec{r}_1-\vec{r}_2|^2}\frac{\vec{r}_2-\vec{r}_1}{|\vec{r}_1-\vec{r}_2|} \\ &= +G\frac{m_1 m_2}{r^2}\frac{\vec{r}}{r}. \end{aligned} \quad (6.49)$$

これより

$$\frac{d}{dt}(m_1\vec{v}_1 + m_2\vec{v}_2) = \vec{0}$$

$$\therefore \vec{V}_{\mathrm{CM}} = \frac{m_1\vec{v}_1 + m_2\vec{v}_2}{m_1 + m_2} = 定ベクトル. \quad (6.50)$$

すなわち,重心は等速度運動.それゆえ,重心とともに動いている座標系は慣性座標系である.そこで,重心とともに動いている座標系に移ると,重心は静止し

$$\vec{R}_{\text{CM}} = \frac{m_1\vec{r}_1 + m_2\vec{r}_2}{m_1 + m_2} = 定ベクトル. \quad (6.51)$$

以下では重心にたいする運動を考える．重心から見たそれぞれの位置は，

$$\vec{\rho}_1 = \vec{r}_1 - \vec{R}_{\text{CM}} = \frac{m_2}{m_1 + m_2}(\vec{r}_1 - \vec{r}_2) = \frac{m_2}{m_1 + m_2}\vec{r}, \quad (6.52)$$

$$\vec{\rho}_2 = \vec{r}_2 - \vec{R}_{\text{CM}} = \frac{m_1}{m_1 + m_2}(\vec{r}_2 - \vec{r}_1) = -\frac{m_1}{m_1 + m_2}\vec{r}. \quad (6.53)$$

この座標系でのそれぞれの運動方程式は

$$m_1\frac{d^2\vec{\rho}_1}{dt^2} = \frac{m_1 m_2}{m_1 + m_2}\frac{d^2\vec{r}}{dt^2} = -G\frac{m_1 m_2}{r^2}\frac{\vec{r}}{r}, \quad (6.54)$$

$$m_2\frac{d^2\vec{\rho}_2}{dt^2} = -\frac{m_1 m_2}{m_1 + m_2}\frac{d^2\vec{r}}{dt^2} = G\frac{m_1 m_2}{r^2}\frac{\vec{r}}{r}. \quad (6.55)$$

したがって，万有引力で引きあっている2物体の運動を求めるためには，1個の方程式

$$m\frac{d^2\vec{r}}{dt^2} = -\frac{\mu}{r^2}\frac{\vec{r}}{r}. \quad (6.56)$$

を解けばよい．これを**ケプラー問題**という．ただし

$$\frac{m_1 m_2}{m_1 + m_2} \equiv m, \quad Gm_1 m_2 \equiv \mu. \quad (6.57)^{*)}$$

*) この m を**換算質量**，方程式 (6.56) を**相対運動の方程式**と言う．

これは原点に固定された力の中心から右辺で表される力で引かれている質量 m の1個の物体の運動方程式と見なしうる．こうして，2体問題は1体問題に還元されたことになる．

太陽と惑星の場合，このように太陽も惑星に引かれて加速されるが，太陽の質量が圧倒的に大きく重心にたいする太陽の運動はきわめて小さいので，近似的には，太陽を静止扱いしうる．それは太陽と惑星の重心を事実上太陽の中心にとったことに相当する #)．

#) 太陽の質量：

$M_\odot = 2 \times 10^{30}$ kg，

地球の質量：

$m_\text{E} = 6 \times 10^{24}$ kg，

木星 (最大惑星) の質量：

$m_\text{J} = 2 \times 10^{27}$ kg．

以下では，この還元された 1 体問題の運動を見てゆくことにしよう．働く力が中心力ゆえ，運動は 1 平面上でおこなわれる．これを**ケプラーの第 0 法則**というむきもある．その平面を xy 平面にとろう．運動方程式 (6.56) を成分にわけて書けば，相対速度ベクトルを $\dot{\vec{r}} = (v_x, v_y)$ として，

$$m\frac{dv_x}{dt} = -\frac{\mu}{r^2}\frac{x}{r}, \quad m\frac{dv_y}{dt} = -\frac{\mu}{r^2}\frac{y}{r}. \qquad (6.58)$$

これより，すぐさま角運動量保存則

$$m(xv_y - yv_x) = L\,(\text{const.}) \qquad (6.59)^{4)}$$

が導かれるのは，中心力の一般論で見たとおりである．

重力の位置エネルギー (この場合は**万有引力の相互作用エネルギー**) は，中心力の場合の一般式にのっとって

$$U(r) = -\int_c^r \left(-\frac{\mu}{\rho^2} d\rho\right) = -\mu\left(\frac{1}{r} - \frac{1}{c}\right).$$

位置エネルギーは実際には 2 点の差だけが問題になり，基準点については，それがどこかは実質的な意味をもたないので，どこでもよい．それゆえ，余分なものをなくして見通しをよくするため，基準点を無限遠にとり $c \to \infty$ としよう：

$$U(r) = -\frac{\mu}{r}. \qquad (6.60)$$

---

[4] 還元された 1 体問題を扱っているが，もとの座標で表せば，全質量を $M = m_1 + m_2$，重心を $\vec{R}_{\text{CM}} = (X, Y)$，重心速度を $\vec{V}_{\text{CM}} = (V_X, V_Y)$ として

$$m_1(x_1 v_{y1} - y_1 v_{x1}) + m_2(x_2 v_{y2} - y_2 v_{x2})$$
$$= m(xv_y - yv_x) + M(XV_Y - YV_X)$$

が成り立つ．つまり 2 物体の角運動量の和は相対運動の角運動量 L (6.59) と重心運動の角運動量の和になり，中心力の相互作用ではそのそれぞれが保存する．

こうしてエネルギー保存則

$$\frac{m}{2}v^2 - \frac{\mu}{r} = E\,(\text{const.}) \qquad (6.61)$$

が得られる[5]．

極座標表示では，運動方程式の $\vec{r}$ 方向成分 (動径方向成分) とエネルギー保存則は，(6.23)(6.24) の一般式に今の場合の $f(r)$ と $U(r)$ を代入することによって，それぞれ

$$m\frac{d^2r}{dt^2} = \frac{L^2}{mr^3} - \frac{\mu}{r^2}, \qquad (6.62)$$

および

$$\frac{m}{2}\dot{r}^2 + \frac{L^2}{2mr^2} - \frac{\mu}{r} = E\,(\text{const.}) \qquad (6.63)$$

となり，運動は実効ポテンシャル

$$U^*(r) = \frac{L^2}{2mr^2} - \frac{\mu}{r} \qquad (6.64)$$

のもとでの 1 次元の運動 (r 軸上の運動) に還元される．

とりうるエネルギー E と運動の範囲は

$$\frac{m}{2}\dot{r}^2 = E - U^*(r) = E - \frac{L^2}{2mr^2} + \frac{\mu}{r} \geqq 0 \quad (6.65)$$

---

[5] つぎの恒等式が成り立つ：

$$\frac{m_1}{2}v_1^2 + \frac{m_2}{2}v_2^2 = \frac{m_1+m_2}{2}\left|\frac{m_1\vec{v}_1 + m_2\vec{v}_2}{m_1+m_2}\right|^2 \\ + \frac{1}{2}\frac{m_1 m_2}{m_1+m_2}|\vec{v}_1 - \vec{v}_2|^2.$$

それゆえエネルギー保存則 (6.61) は，もとの座標系では，一定の重心速度 V_CM をもちいて

$$\frac{m_1}{2}v_1^2 + \frac{m_2}{2}v_2^2 - G\frac{m_1 m_2}{|\vec{r}_1 - \vec{r}_2|} = \frac{m_1+m_2}{2}V_\text{CM}^2 + E$$

と表される．右辺第 1 項は重心運動のエネルギーで，それ自体で保存している．なお $U(|\vec{r}_1 - \vec{r}_2|) = -Gm_1m_2/|\vec{r}_1 - \vec{r}_2| = -\mu/r$ は，通常，万有引力の相互作用エネルギーと言われる．

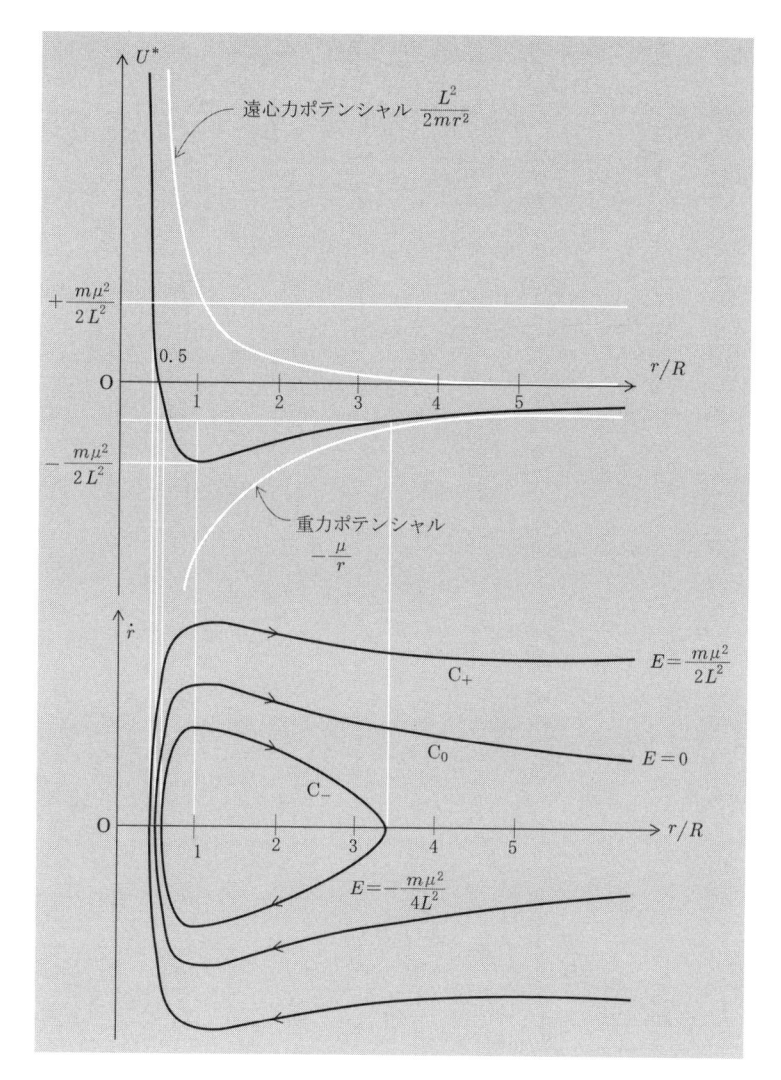

図 6.6 ケプラー問題の実効ポテンシャルと相空間の解曲線

より求まる．$L=0$ は二つの天体がたがいの方向に直進する (惑星がまっすぐ太陽にむかって落ち込む) ケースだから除外する．図 6.6 において，$U^*(r)$ は $r = L^2/m\mu \equiv R$ で最小値 $U^*_{\min} = -m\mu^2/2L^2$ をと

る．したがって E のとりうる範囲は

$$E \geqq -\frac{m}{2}\left(\frac{\mu}{L}\right)^2 = -\frac{\mu}{2R} = E_{\min}. \qquad (6.66)$$

運動範囲は，$E_{\min} \leqq E < 0$ の場合には，上下に有界で $r_{\min} \leqq r \leqq r_{\max}$，ただし

$$\begin{aligned} r_{\min} &= \frac{\mu}{-2E}\left\{1 - \sqrt{1 + 2\frac{E}{m}\left(\frac{L}{\mu}\right)^2}\right\} \\ &= \frac{R}{1 + \sqrt{1 + E/|E_{\min}|}}, \end{aligned} \qquad (6.67)$$

$$\begin{aligned} r_{\max} &= \frac{\mu}{-2E}\left\{1 + \sqrt{1 + 2\frac{E}{m}\left(\frac{L}{\mu}\right)^2}\right\} \\ &= \frac{R}{1 - \sqrt{1 + E/|E_{\min}|}}. \end{aligned} \qquad (6.68)$$

とくに $E = E_{\min}$ では，$r_{\min} = r_{\max} = R$ となり，軌道は半径 $R = L^2/m\mu$ の円になる．

他方 $E = 0$ では，運動範囲は

$$\frac{L^2}{2\mu m} = \frac{R}{2} \leqq r. \qquad (6.69)$$

そして $E > 0$ では

$$\frac{\mu}{2E}\left\{\sqrt{1 + 2\frac{E}{m}\left(\frac{L}{\mu}\right)^2} - 1\right\} = \frac{R}{1 + \sqrt{1 + E/|E_{\min}|}}$$
$$\leqq r. \qquad (6.70)$$

$E < 0$ は惑星や彗星が太陽の引力に束縛され，太陽のまわりを周回し続ける場合 (ケプラー運動)，$E \geqq 0$ は無限遠からやってきた物体が太陽のまわりをまわって無限遠に飛び去る場合である．これらを動径方向の運動の相空間，つまり $(r, \dot r)$ 平面で表せば，それぞれ図 6.6 の C_-, C_0, C_+ のようになる．

軌道形を求めるには，軌道の方程式 (6.27) が便利

(6.27)
$$\frac{d^2}{d\phi^2}\left(\frac{1}{r}\right) + \frac{1}{r}$$
$$= -\frac{m}{L^2}r^2 f(r).$$

である．実際，(6.27) 式に $f(r) = -\mu/r^2$ を代入すると，

$$\frac{d^2}{d\phi^2}\left(\frac{1}{r}\right) = -\frac{1}{r} + \frac{1}{R}. \qquad (6.71)$$

これは

$$\frac{1}{r} - \frac{1}{R} = u \quad \text{とおけば} \quad \frac{d^2 u}{d\phi^2} = -u,$$

すなわち，調和振動の方程式と同じ型であり，一般解は $u = C\cos(\phi - \delta)$, つまり

$$\frac{1}{r} = \frac{1}{R} + C\cos(\phi - \delta), \quad C \text{ と } \delta \text{ は積分定数}, $$

書き直して

$$r = \frac{1}{1/R + C\cos(\phi - \delta)} = \frac{R}{1 + e\cos(\phi - \delta)}$$

$$\text{ただし} \quad e \equiv CR. \qquad (6.72)$$

惑星軌道の場合，惑星が太陽にもっとも近づいた点を**近日点** (地球のまわりの人工衛星の場合は「近地点」) と言う．この点で $\cos(\phi - \delta) = 1$ すなわち $\phi = \delta$ で，

$$r = r_{\min} = \frac{R}{1 + e}. \qquad (6.73)$$

これを，先に求めた $r_{\min}$ の表式 (6.67) と見比べて

$$e = \sqrt{1 + \frac{E}{|E_{\min}|}} = \sqrt{1 + 2\frac{E}{m}\left(\frac{L}{\mu}\right)^2}. \qquad (6.74)$$

この近日点方向を x 軸にとる．それは $\delta = 0$ としたことであり，軌道の方程式 (6.72) は

$$r + er\cos\phi = R \quad \text{i.e.} \quad \sqrt{x^2 + y^2} + ex = R, \qquad (6.75)$$

整理すれば直交座標での軌道の方程式

$$(1-e^2)x^2 + 2eRx + y^2 = R^2 \tag{6.76}$$

が得られる．

さて (6.75) を $\sqrt{x^2+y^2} = e\left(\dfrac{R}{e} - x\right)$ と書き直す．これは，軌道上の点を P(x,y)，また y 軸に平行な直線 $x = \dfrac{R}{e}$ (準線と言う) に P からおろした垂線の足を H として，

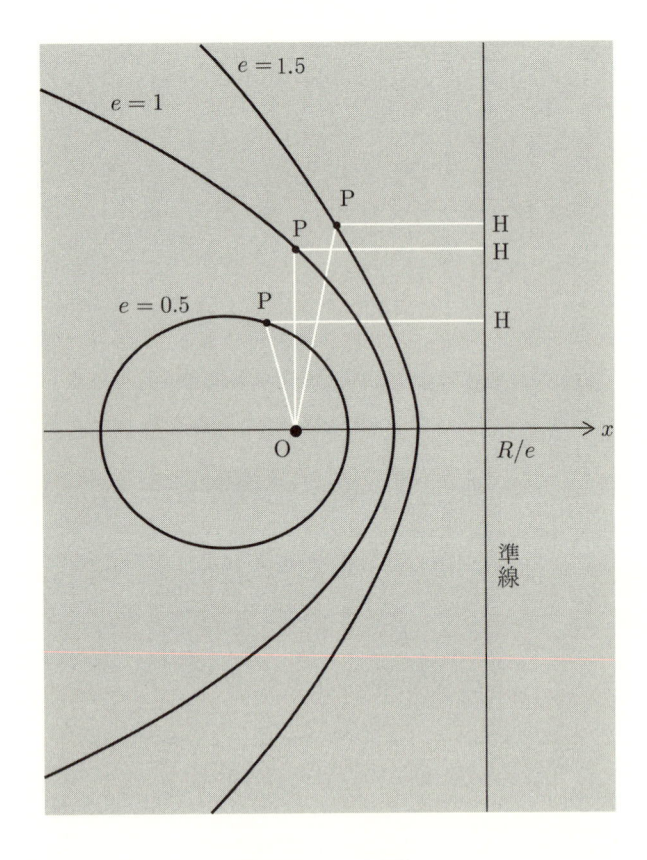

$$\overline{\text{OP}} = e\overline{\text{PH}}$$

図 6.7　円錐曲線

を表している (図 6.7). このような点の軌跡を**円錐曲線**と言う.

円錐曲線はパラメータ e の値により, 次のように分類される：

$$e < 1 : 楕円\ (e = 0 : 円),$$
$$e = 1 : 放物線, \qquad (6.77)$$
$$e > 1 : 双曲線$$

したがって物理的には, 軌道が

$$E < 0 : 楕円,$$
$$E = 0 : 放物線, \qquad (6.78)$$
$$E > 0 : 双曲線$$

に分類される. $e < 1$ の場合がケプラー運動である.

ここで定義した円錐曲線の一部としての楕円が, 以前に例 2.3 で定義した, 円を一方向に拡大・縮小した図形としての楕円という定義 (2.41) に一致していることは, 次のように示される.

$e < 1$, つまり $E < 0$ のとき, (6.76) の 2 次式を標準形に直せば

$$\frac{\{x + eR/(1-e^2)\}^2}{\{R/(1-e^2)\}^2} + \frac{y^2}{\{R/\sqrt{1-e^2}\}^2} = 1. \quad (6.79)$$

これは, 例 2.3 の定義では

$$長半径: a = \frac{R}{1-e^2} = -\frac{\mu}{2E}, \quad 短半径: b = \frac{R}{\sqrt{1-e^2}}$$
$$(6.80)$$

で, 中心が $(-ea, 0)$, 一方の焦点が原点 O すなわち力の中心にあり, 他方の焦点が $\mathrm{O}'(-2ae, 0)$ にある楕円にほかならない (図 6.8). $\pm R = \pm(1-e^2)a$ は軌道が y 軸をきる点の y 座標 ($2R$ は「主通径」と言わ

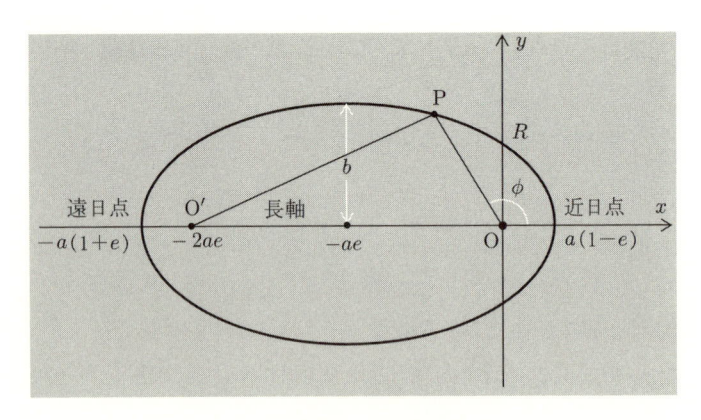

図 6.8　楕円軌道 [6]

れる），また $e\,(<1)$ を**離心率**と言う．これらのパラメータを使えば，軌道の標準形は，直交座標で

$$\left(\frac{x+ea}{a}\right)^2 + \left(\frac{y}{b}\right)^2 = 1, \qquad (6.81)$$

極座標で

$$r = \frac{a(1-e^2)}{1+e\cos\phi}. \qquad (6.82)$$

もちろんこれは相対運動，つまり $\vec{r} = \vec{r}_1 - \vec{r}_2$ の先端の描く軌跡であり，実際には 2 物体が，重心位置を

---

[6] 図 6.8 で，$\overline{\mathrm{OP}} = r$，また余弦定理をもちいて
$$\overline{\mathrm{O'P}} = \sqrt{\overline{\mathrm{OP}}^2 + \overline{\mathrm{OO'}}^2 - 2\,\overline{\mathrm{OO'}} \cdot \overline{\mathrm{OP}}\cos(\pi-\phi)}$$
$$= \sqrt{r^2 + 4(ae)^2 + 4aer\cos\phi}.$$

(6.75)(6.80) を使って $r\cos\phi$ を書き直すと
$$\overline{\mathrm{O'P}} = \sqrt{r^2 - 4ar + 4a^2} = |r - 2a|.$$

$e < 1$ では $r \leqq r_{\max} = a(1+e) < 2a$ ゆえ $\overline{\mathrm{O'P}} = 2a - r$，したがって
$$\overline{\mathrm{OP}} + \overline{\mathrm{O'P}} = 2a.$$

すなわち，楕円は二つの焦点からの距離の和が一定の点の軌跡である．

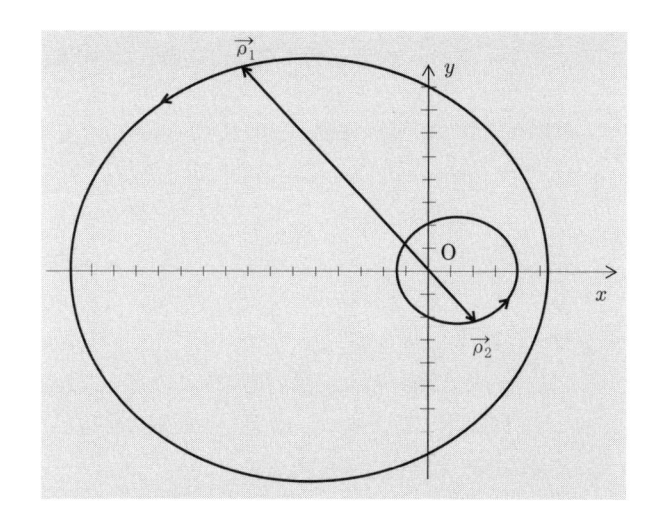

図 6.9　$m_1 : m_2 = 1 : 4$　原点が質量中心

共通の焦点とするそれぞれの楕円軌道を描く．

重心を原点にとったときの 2 物体の描く楕円軌道 (つまりベクトル $\vec{\rho}_1$ と $\vec{\rho}_2$ の先端の描く軌跡) を $e = 0.5$, $m_1 : m_2 = 1 : 4$ の場合に図 6.9 に記しておいた．

なお，例 2.3 (2.42) より楕円の面積は $S = \pi ab$，他方で，(6.7) で定義した面積速度は

$$h = \frac{L}{2m} = \frac{1}{2}\sqrt{\frac{\mu R}{m}} = \frac{1}{2}\sqrt{G(m_1+m_2)R}, \quad (6.57)$$

$$\begin{cases} \mu = Gm_1 m_2, \\ m = \dfrac{m_1 m_2}{m_1 + m_2}. \end{cases}$$

したがって，公転周期は ($\sqrt{R} = b/\sqrt{a}$ に注意して)

$$T = \frac{S}{h} = \frac{2\pi}{\sqrt{G(m_1+m_2)}}\frac{ab}{\sqrt{R}} = \frac{2\pi}{\sqrt{G(m_1+m_2)}}a^{3/2}. \tag{6.83}$$

太陽 (質量 $M_\odot$) のまわりをまわる惑星 (質量 m_P) の場合，$M_\odot \gg m_\mathrm{P}$ で $\mu/m = G(M_\odot + m_\mathrm{P}) \fallingdotseq GM_\odot$ と近似できるので，

$$\frac{T^2}{a^3} \fallingdotseq \frac{4\pi^2}{GM_\odot} = 惑星によらない定数. \quad (6.84)$$

これが**ケプラーの第 3 法則**と言われているものである (ケプラーが見いだしたのはこの近似形).

そしてこの近似の場合，太陽と惑星の質量中心はほとんど太陽の中心と一致しているので，惑星は太陽を一方の焦点とする楕円軌道を描くと言える．これが**ケプラーの第 1 法則**である．

古典力学と解析学は，惑星の運動をこのように数学的に解明することによって，17 世紀に最初の勝利とそして最大の成果を得たのである．

なお，(6.80) よりケプラー運動のエネルギーは

$$E = -\frac{\mu}{2a} = -\frac{Gm_1m_2}{2a}. \quad (6.85)$$

エネルギーと公転周期が長半径だけで決まり，短半径によらない (長半径がおなじなら楕円のひしゃげ具合によらない) のは，距離の 2 乗に反比例する力の特色である．このことはクーロン引力の場合も同様で，エネルギーが長半径だけによるというこの事実は，ニールス・ボーアが簡単なモデルで水素原子のスペクトルを説明することに成功した背景である．実際，このことは，量子力学では水素原子のエネルギーが主量子数だけに依存するという事実に対応している．

6.4 双曲線軌道について

前節の議論で，$e > 1$，$E > 0$ で，軌道が双曲線になる場合を簡単に見ておこう．この場合，(6.79)(6.81) に対応する軌道の標準形は，(6.75) より

$$\frac{\{x - eR/(e^2-1)\}^2}{\{R/(e^2-1)\}^2} - \frac{y^2}{\{R/\sqrt{e^2-1}\}^2} = 1. \quad (6.86)$$

(6.80)
$$a = \frac{R}{1-e^2} = -\frac{\mu}{2E}.$$

(6.75)
$$r + er\cos\phi = R,$$
$$\sqrt{x^2+y^2} + ex = R.$$

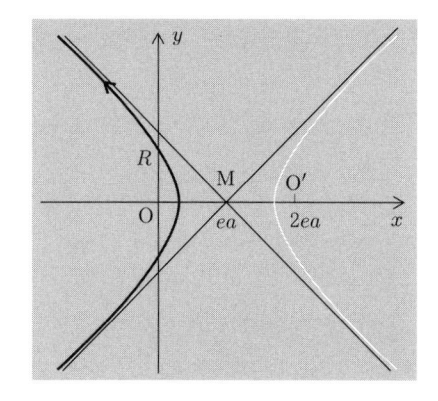

図 6.10 逆 2 乗引力のもとでの双曲線軌道

ないし，$a = R/(e^2-1)$, $b = R/\sqrt{e^2-1}$ として

$$\left(\frac{x-ea}{a}\right)^2 - \left(\frac{y}{b}\right)^2 = 1. \qquad (6.87)$$

これは中心を $M(ea,0)$，焦点を原点 O と $O'(2ea,0)$，漸近線を $ay = \pm b(x-ea)$ とする双曲線である．これは二つの分枝 (branch) よりなるが，(6.75) より

$$ex = R - \sqrt{x^2+y^2} \leqq R - x$$

$$\therefore \quad x \leqq \frac{R}{e+1} = (e-1)a \qquad (6.88)$$

ゆえ，原点の焦点をまわる分枝のみが実際の軌道である (図 6.10 の黒線)[7]．そのことは (6.75) 式で，r が

---

[7] なお，この場合，この分枝 (図 6.10 の黒線) 上の点 $P(x,y)$ にたいして $\overline{OP} = r$, 他方

$$\overline{O'P} = \sqrt{\overline{OP}^2 + \overline{OO'}^2 - 2\overline{OP}\cdot\overline{OO'}\cos\phi}$$
$$= \sqrt{r^2 + 4(ae)^2 - 4aer\cos\phi}$$
$$= r + 2a,$$

したがって $\overline{O'P} - \overline{OP} = 2a$. すなわち，双曲線は 2 定点からの距離の差が一定の点の軌跡である．

無限大になる角度が $\cos\phi = -1/e < 0$, すなわち第 2 象限と第 3 象限であることからもわかる.

もうひとつの分枝 (図 6.10 の白線) は $1/r^2$ に比例した斥力の場合の軌道に対応する.

以前 (4.2 節) に見た, アルファ粒子 (質量 m, 電荷 $q(>0)$)[*] を標的原子核に衝突させる問題を考えよう. 原子核は十分重く, また十分に小さいので, その電荷の広がりも無視し, 原点 O に点電荷 $Q(>0)$ が固定されているとする. 4.2 節の議論では, アルファ粒子は原子核の中心に正面衝突するとしたが, それは角運動量 $L=0$ の場合に相当する.

ここではゼロではない角運動量の場合を考える.

原点にある標的原子核から r の距離でアルファ粒子がうける力は $f(r) = \mu/r^2$ のクーロン斥力になる. ただし $\mu = k_0qQ$. これを (6.27) に代入すると, 軌道形の方程式は (6.71) で R を $-R$ にしたものになり, 軌道は (6.72) のかわりに [#]

$$r = \frac{1}{-1/R + C\cos(\phi-\delta)} = \frac{R}{e\cos(\phi-\delta)-1}$$

ただし $e \equiv CR$. (6.89)

ここでもアルファ粒子が標的原子核にもっとも接近した方向を x 軸にとると $\delta = 0$ で, 軌道の方程式は

$$er\cos\phi - r = R \quad \text{i.e.} \quad ex - \sqrt{x^2+y^2} = R.$$
(6.90)

これを標準形に書き直すと, (6.86)(6.87) 式と同型の双曲線になる. しかしこの場合は

$$ex = R + \sqrt{x^2+y^2} \geq R + x$$

$$\therefore \quad x \geq \frac{R}{e-1} = (e+1)a \quad (6.91)$$

であり, 軌道はもう一方の焦点 $O'(2ea, 0)$ を回る分枝

---

[*] アルファ粒子はヘリウム原子核で, アルファ線とも言われる.

[#] この場合, エネルギーは
$$E = \frac{m}{2}\dot{r}^2 + \frac{L^2}{2mr^2} + \frac{\mu}{r}$$
で $E > 0$. アルファ粒子の運動範囲は $\dot{r}^2 \geq 0$ より
$$r \geq \frac{\mu + \sqrt{\mu^2 + 2\frac{E}{m}L^2}}{2E}$$
$$= \frac{R}{\sqrt{1+2\frac{E}{m}\left(\frac{L}{\mu}\right)^2}-1}$$
$$\left(\text{ただし } R = \frac{L^2}{\mu m}\right).$$
$$e = \sqrt{1+2\frac{E}{m}\left(\frac{L}{\mu}\right)^2} > 1.$$

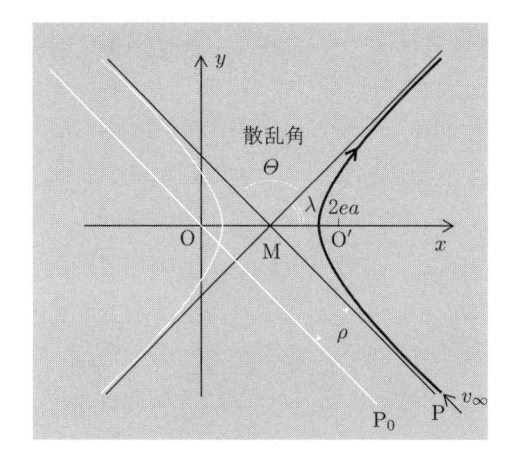

図 6.11 逆 2 乗斥力のもとでの双曲線軌道

になる (図 6.11 の黒線). 実際, r が無限大になるのは $\cos\phi = 1/e > 0$ ゆえ, 第 1 象限と第 4 象限である[*].

結局, アルファ粒子は無限遠 (原子核のクーロン力が事実上無視しうる点) から漸近線 $ay = -b(x-ea)$ にそって原子核に接近し, クーロン斥力で軌道を曲げられて, やがて漸近線 $ay = +b(x-ae)$ にそって無限遠に遠ざかってゆく. それによって進行方向を, 図の $\Theta = \pi - 2\lambda$ の角度 (ただし $\tan\lambda = b/a = \sqrt{e^2-1}$) だけ曲げられたことになる[#].

入射するアルファ粒子の無限遠での速さを v_∞, また, 無限遠でアルファ粒子の軌道の直線 (図の漸近線 $ay = -b(x-ea)$ すなわち PM) と力の中心までの距離を ρ とする. つまりこのアルファ粒子はまがらずに直進したならば原子核に正面衝突する軌道 (図 6.11 の P_0O) から距離 ρ はなれたところで原子核に向かっている (この ρ を「衝突係数」と言う). このとき, E (エネルギー) $= mv_\infty^2/2$, L(角運動量) $= m\rho v_\infty$ で,

[*] この分枝上の点 P にたいしては
$$\overline{\mathrm{PO}} - \overline{\mathrm{P'O}} = 2a.$$

[#] これをラザフォード散乱と言う.

$$\cot\frac{\Theta}{2} = \tan\lambda = \sqrt{e^2-1} = \sqrt{2\frac{E}{m}\left(\frac{L}{\mu}\right)^2} = \frac{mv_\infty^2}{\mu}\rho. \tag{6.92}$$

これは

$$\rho^2 = \frac{\mu^2}{m^2 v_\infty^4}(\sin^{-2}\frac{\Theta}{2} - 1)$$

と書くこともできる．これより

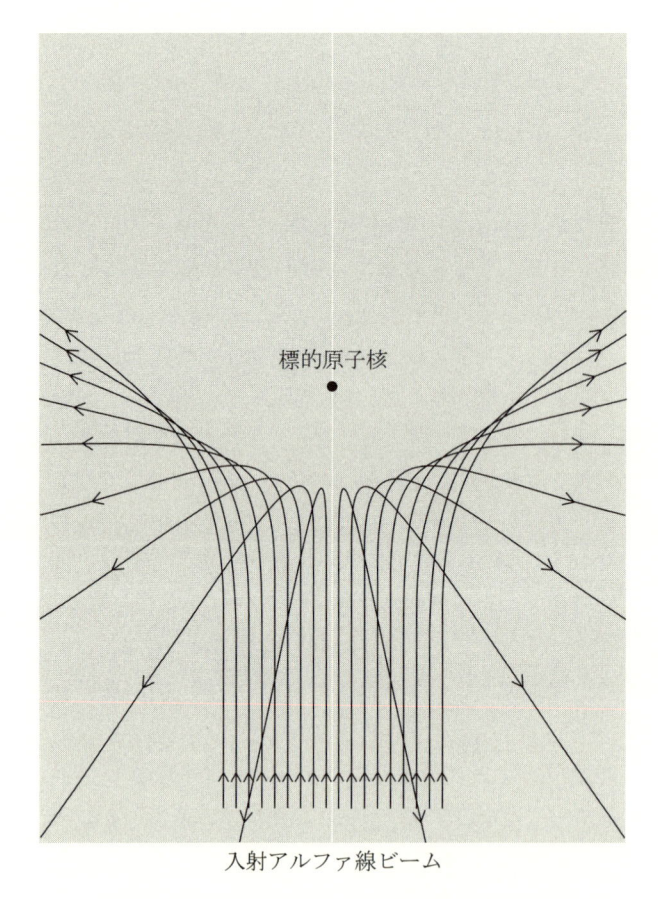

図 6.12 アルファ線ビームの原子核による散乱

$$2\rho\frac{d\rho}{d\Theta} = \frac{\mu^2}{m^2 v_\infty^4}\left(-\frac{\cos(\Theta/2)}{\sin^3(\Theta/2)}\right).$$

これをもちいれば ρ をわずかに変えたときの散乱角 Θ の変化は $\Delta\Theta = (d\Theta/d\rho)\Delta\rho$ として得られる.

実際の実験では，ひとつひとつのアルファ粒子の軌道を追跡することは不可能で，速度のそろったアルファ粒子の広がりのあるビームを原子核の存在する領域をめざして打ち込み，散乱されて出てくるアルファ粒子の角度分布を測定する (図 6.12).

入射アルファ粒子の進行方向 (図 6.11 の直線 P_0O の方向) に垂直な面をとり，その単位断面積あたり n 個のアルファ粒子ビームを打ち込んだとしよう．散乱角が Θ と $\Theta + \Delta\Theta$ の間に散乱される数は

$$\Delta N = 2\pi n\rho\Delta\rho = 2\pi n\rho\left|\frac{d\rho}{d\Theta}\right|\Delta\Theta$$
$$= \frac{n\pi\mu^2}{m^2 v_\infty^4}\left(\frac{\cos(\Theta/2)}{\sin^3(\Theta/2)}\right)\Delta\Theta. \quad (6.93)$$

ラザフォードの実験では，この角度分布 $dN/d\Theta = \Delta N/\Delta\Theta$ を測定することで，原子核がアルファ粒子に及ぼす力の様子を知ることができたのである [*].

ケプラーの法則が古典力学の幕を上げたように，ラザフォードの実験が原子・原子核物理学の扉を開いたと言えよう．

6.5 2次元等方調和振動とケプラー運動をめぐる不思議な物語

以上で，基本的な話は終ったのであるが，もう少し楽しみたい読者のために，ないしもう少しがんばりたい読者のために，2次元等方調和振動とケプラー運動の間の興味深い関係を最後に記しておこう．

[*] 実際には，原子核によるアルファ粒子の散乱は量子力学よって扱われるべき現象であり，古典力学がそのままあてはまるわけではない．しかしこの問題では，きわめて幸運なことに，古典力学の結果が量子力学によるものに一致していた．

ケプラー運動と 2 次元等方調和振動は，ともに軌道が閉じていることで特徴づけられる．

実際，ケプラー運動 (つまり逆 2 乗引力のもとでの楕円運動) では位置ベクトル $\vec{r}$ が力の中心のまわりに 1 回転する (ϕ が 2π 増える) ときに $r = |\vec{r}|$ が最小値 → 最大値 → 最小値の 1 往復をおこない，したがってもとの位置に戻ってくる．つまり ϕ の回転周期と r の振動周期が一致している．同様に 2 次元等方調和振動では，ϕ が 2π 増えて $\vec{r}$ が 1 回転する間に r が最小値 → 最大値 → 最小値 → 最大値 → 最小値の 2 往復おこない，やはりもとの位置にもどってくる．つまり，r の振動周期が ϕ の回転周期のちょうど半分になっている．そんなわけでどちらの場合でも軌道が閉じる．

しかし，中心力だからといって，つねにこうなるわけではない．

たとえば万有引力 $f(r) = -\mu/r^2$ に r の 3 乗に反比例する小さな引力 $\Delta f(r) = -\alpha/r^3$ が加わった場合を考えよう．(6.27) に代入すると，

$$\frac{d^2}{d\phi^2}\left(\frac{1}{r}\right) = -\left(1 - \frac{m\alpha}{L^2}\right)\frac{1}{r} + \frac{1}{R}$$

となり ($R = L^2/m\mu$)，解は

$$\frac{1}{r} = \frac{1}{R} + C\cos\left(\sqrt{1 - \frac{m\alpha}{L^2}}\phi - \delta\right), \quad C\ \text{と}\ \delta\ \text{は積分定数}.$$

この場合，惑星が近日点を通過してから次に近日点を通過するまでに角度 ϕ は $2\pi/\sqrt{1 - m\alpha/L^2} \fallingdotseq 2\pi + \pi m\alpha/L^2$ 増加し，位置ベクトルは太陽のまわりを 1 回転以上回転し，そのため軌道は閉じないで図 6.13 のようになる (図で $\Delta\phi = \pi m\alpha/L^2$)．物理的に言うと，近日点付近での引力が強くなるため，軌道の曲がりが大きくなり，楕円の長軸が回転してゆくのである．

6.5 2次元等方調和振動とケプラー運動をめぐる不思議な物語

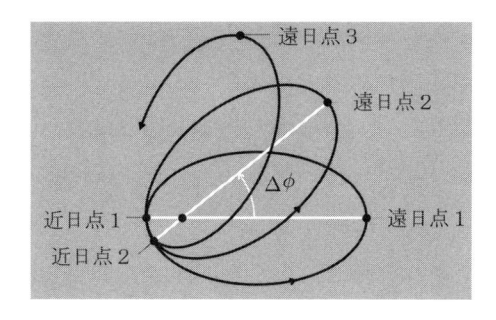

図 6.13 近日点・遠日点の移動

実際，証明はここでは端折るが，中心力による運動で軌道が閉じるのは $f(r) \propto r$ の場合 (調和振動) と $f(r) \propto r^{-2}$ の場合 (ケプラー運動) に限られる．これをベルトランの定理と言う[*]．

[*] 証明は江沢洋・中村孔一・山本義隆著『演習詳解力学』(東京図書) 問題 2-13 参照．

このように，2次元等方調和振動とケプラー運動は，中心力のもとでの運動でも，特異な位置を占めている．

等方調和振動から見てゆこう．等方調和振動はその等方性ゆえに軌道が閉じるという特色を有していたが，保存則の面から見ても，特異な性質を有している．

実際，この運動では成分ごとにエネルギー保存が成り立つので，(6.33) 式より

$$\frac{1}{2}m(v_x^2 - v_y^2) + \frac{1}{2}k(x^2 - y^2) = \frac{1}{2}k(A^2 - B^2) \quad (6.94)$$

という保存則が成り立つことがわかる．そればかりか，(6.35) 式からの類推により

$$m\omega^2 AB \cos(\alpha - \beta)$$
$$= m\{\omega A \cos(\omega t + \alpha)\omega B \cos(\omega t + \beta)$$
$$\quad + \omega^2 A \sin(\omega t + \alpha) B \sin(\omega t + \beta)\}$$
$$= m(v_x v_y + \omega^2 xy) = m v_x v_y + kxy \quad (6.95)$$

という保存量も見いだされる．

(6.33)
$$\frac{m}{2}v_x^2 + \frac{k}{2}x^2 = \frac{k}{2}A^2,$$
$$\frac{m}{2}v_y^2 + \frac{k}{2}y^2 = \frac{k}{2}B^2.$$

(6.35)
$$m(xv_y - yv_x)$$
$$= m\omega AB \sin(\alpha - \beta).$$

これらの保存法則を運動方程式から直接導くには，複素数 $z = x + iy$, $v_z = \dot{z} = v_x + iv_y$ をもちいると便利である．これにより運動方程式 (6.28) は

(6.28)
$$m\dot{v}_x = -kx,$$
$$m\dot{v}_y = -ky.$$

$$m\frac{dv_z}{dt} = -kz \tag{6.96}$$

とひとまとめに表され，この両辺に $v_z = \dot{z}$ をかけると

$$mv_z\frac{dv_z}{dt} = -kz\frac{dz}{dt} \iff \frac{d}{dt}\left(\frac{m}{2}v_z^2 + \frac{k}{2}z^2\right) = 0.$$

これより

$$\frac{m}{2}v_z^2 + \frac{k}{2}z^2 = \frac{m}{2}(v_x + iv_y)^2 + \frac{k}{2}(x+iy)^2$$
$$= \frac{m}{2}(v_x^2 - v_y^2) + \frac{k}{2}(x^2 - y^2)$$
$$+ i(mv_xv_y + kxy) = \text{const..} \tag{6.97}$$

この実数部分と虚数部分のそれぞれが上記の二つの第 1 積分を与える．

以前に見たように，角運動量の保存則は空間の等方性，つまり回転対称性の結果であった．とすれば，これらの新しい第 1 積分 (保存量) の存在もなにかの対称性によるのではないかと考えられる．そこでこれらの保存則がなにに由来するのかを見るために，相空間で考えることにしよう．ただし，ここでは現実の運動空間が 2 次元で座標と速度がそれぞれ 2 成分持つので，相空間は 4 次元になり，その点は (x, y, v_x, v_y) で指定される．なお，ここでも見やすくするために，速度成分のかわりに $u_x \equiv v_x/\omega$, $u_y \equiv v_y/\omega$ を使うことにしよう．運動方程式は

$$\begin{aligned}\frac{dx}{dt} &= \omega u_x, & \frac{dy}{dt} &= \omega u_y, \\ \frac{du_x}{dt} &= -\omega x, & \frac{du_y}{dt} &= -\omega y.\end{aligned} \tag{6.98}$$

この方程式は非常に対称性がよく，座標成分と速度成分を混ぜるような変換によっても形を変えない．すなわち

$$q = \frac{x - u_y}{\sqrt{2}}, \quad p = \frac{y - u_x}{\sqrt{2}},$$
$$u_q = \frac{y + u_x}{\sqrt{2}}, \quad u_p = \frac{x + u_y}{\sqrt{2}} \tag{6.99}$$

の変換によって，運動方程式は

$$\frac{dq}{dt} = \omega u_q, \quad \frac{dp}{dt} = \omega u_p,$$
$$\frac{du_q}{dt} = -\omega q, \quad \frac{du_p}{dt} = -\omega p \tag{6.100}$$

に変換されるが，これはもとの方程式と同型である．したがって，この場合も，もとの方程式で角運動量の保存が導かれたのと同様の保存則が得られるはずである．それは，実際に作ってみると

$$m(qu_p - pu_q) = \frac{m}{2}(x^2 - y^2 + u_x^2 - u_y^2)$$
$$= \frac{m}{k}\left\{\frac{k}{2}(x^2 - y^2) + \frac{m}{2}(v_x^2 - v_y^2)\right\}. \tag{6.101}$$

これは定数係数をのぞいて (6.94) に他ならない．

同様に

$$\eta = \frac{x + u_y}{\sqrt{2}}, \quad \zeta = \frac{x - u_y}{\sqrt{2}},$$
$$u_\eta = \frac{-y + u_x}{\sqrt{2}}, \quad u_\zeta = \frac{y + u_x}{\sqrt{2}} \tag{6.102}$$

の変換によって，運動方程式は

$$\frac{d\eta}{dt} = \omega u_\eta, \quad \frac{d\zeta}{dt} = \omega u_\zeta,$$
$$\frac{du_\eta}{dt} = -\omega \eta, \quad \frac{du_\zeta}{dt} = -\omega \zeta \tag{6.103}$$

に変わり，これもまたもとの方程式と同型である．こ

の場合の角運動量に相当するものは

$$m(\eta u_\zeta - \zeta u_\eta) = m(xy + u_x u_y)$$
$$= \frac{m}{k}(mv_x v_y + kxy) \quad (6.104)$$

で，これも定数係数をのぞき (6.95) に他ならない．

結局，2次元等方調和振動は，現実の運動空間においてだけではなく，相空間にまたがる大きな対称性を持っているために，多くの保存量 (第1積分) を有しているのである．

ところが，ケプラー運動でも同様に，エネルギーと角運動量以外の保存量 (第1積分) が存在する．

それを求めるために，少々技巧的な計算をしよう．もとの運動方程式 (6.58) の第1式 (x 成分) の両辺に定数 $L/\mu m = (x\dot{y} - y\dot{x})/\mu$ を掛ける：

(6.58)
$$m\frac{dv_x}{dt} = -\frac{\mu x}{r^3},$$
$$m\frac{dv_y}{dt} = -\frac{\mu y}{r^3}.$$

$$\frac{L}{\mu}\frac{dv_x}{dt} = -\frac{Lx}{mr^3} = -\frac{x^2\dot{y} - xy\dot{x}}{r^3}$$
$$= -\frac{(x^2 + y^2)\dot{y} - y(x\dot{x} + y\dot{y})}{r^3}.$$

ここで，$r^2 = x^2 + y^2$，およびそれを微分して得られる $r\dot{r} = x\dot{x} + y\dot{y}$ をもちいると

$$\text{右辺} = -\frac{r^2\dot{y} - yr\dot{r}}{r^3} = -\frac{\dot{y}r - y\dot{r}}{r^2} = -\frac{d}{dt}\left(\frac{y}{r}\right).$$

それゆえ，

$$\frac{L}{\mu}\frac{dv_x}{dt} = -\frac{d}{dt}\left(\frac{y}{r}\right) \quad \therefore \quad -\frac{y}{r} - \frac{L}{\mu}v_x = C_y.$$
(6.105)

まったく同様に，運動方程式 (6.58) の第2式 (y 成分) より

$$\frac{L}{\mu}\frac{dv_y}{dt} = +\frac{d}{dt}\left(\frac{x}{r}\right) \quad \therefore \quad -\frac{x}{r} + \frac{L}{\mu}v_y = C_x.$$
(6.106)

こうして，二つの新しい第1積分 C_x と C_y が得られた．直接の計算によって

$$C_x^2 + C_y^2 = 1 + \frac{2}{m}\left(\frac{m}{2}v^2 - \frac{\mu}{r}\right)\left(\frac{L}{\mu}\right)^2$$
$$= 1 + 2\frac{E}{m}\left(\frac{L}{\mu}\right)^2 = e^2. \quad (6.107)$$

(6.74)

$$e = \sqrt{1 + 2\frac{E}{m}\left(\frac{L}{\mu}\right)^2}.$$

このことより，C_x と C_y は大きさ (絶対値) が e のユークリッド・ベクトルの成分と推測される．

あるいは (6.105)(6.106) から v_x と v_y を x と y および C_x や C_y で表して角運動量保存則の表現 (6.59) に代入すれば，x と y の関係，すなわち軌道の式

(6.59)

$$m(xv_y - yv_x) = L.$$

$$m\mu(r + C_x x + C_y y) = L^2 \quad (6.108)$$

が得られる．しかるに，r も L^2 もスカラー量，すなわち座標軸の回転 (5.4)(5.5) で値を変えない量であるから，$C_x x + C_y y$ もスカラー量でなければならないが，そのことはこの量がベクトル $\vec{r} = (x, y)$ とベクトル (C_x, C_y) の内積であることを示唆している．

(5.4)(5.5)

$$X = +x\cos\vartheta + y\sin\vartheta,$$
$$Y = -x\sin\vartheta + y\cos\vartheta.$$

二つの数の組 (C_x, C_y) が 2 次元ユークリッド・ベクトルの成分であるための条件は，(x, y) 軸から (X, Y) 軸への角度 ϑ の座標回転のさいに (5.4)(5.5) で表される変換規則に従うことであった．たとえばこの変換によって速度成分は $(v_x, v_y) = (\dot{x}, \dot{y})$ から $(V_X, V_Y) = (\dot{X}, \dot{Y})$ に座標成分と同一の規則で変換され，したがって速度 $\vec{v} = \dot{\vec{r}}$ はベクトルなのである．そこで (C_x, C_y) の変換規則を調べると

$$C_X = -\frac{X}{r} + \frac{L}{\mu}V_Y$$
$$= -\frac{x\cos\vartheta + y\sin\vartheta}{r} + \frac{L}{\mu}(-v_x\sin\vartheta + v_y\cos\vartheta)$$
$$= C_x\cos\vartheta + C_y\sin\vartheta,$$

$$C_Y = -\frac{Y}{r} - \frac{L}{\mu}V_X$$
$$= -\frac{-x\sin\vartheta + y\cos\vartheta}{r} + \frac{L}{\mu}(-v_x\cos\vartheta - v_y\sin\vartheta)$$
$$= -C_x\sin\vartheta + C_y\cos\vartheta.$$

これは変換規則 (5.4)(5.5) に他ならず，それゆえ，(C_x, C_y) はたしかに 2 次元ユークリッド・ベクトルである．その絶対値が e であることはすでにわかっているから，このベクトルの x 軸となす角度を δ とすると，$C_x = e\cos\delta$, $C_y = e\sin\delta$ と表される．これらと $x = r\cos\phi$, $y = r\sin\phi$ を (6.108) 式に代入すれば

$$r = \frac{L^2/m\mu}{1 + e\cos(\phi - \delta)} = \frac{R}{1 + e\cos(\phi - \delta)}.$$

こうして，極座標をもちいて得たものと同一の結果がえられる．そしてこの式より，$\phi = \delta$ で $r = r_{\min}$, すなわちベクトル (C_x, C_y) は近日点の方向を向いていることがわかる．

大きさが離心率 e に等しく近日点方向を向いたこのベクトルを**離心ベクトル**ないし**レンツ・ベクトル**と言う[*]．エネルギーおよび角運動量とは別個のベクトルの保存量である．

ケプラー問題において離心ベクトルが保存することの根拠は，ケプラー運動と 2 次元等方調和振動の以下に見るような特異な関係から説明することができる．

いま少々天下りだが

$$x = X^2 - Y^2, \quad y = 2XY, \qquad (6.109)$$

と座標変換をおこなう[#]．この見なれない変換は複素数 $z = x + iy$, $Z = X + iY$ を使って $z = Z^2$, したがって $|z|^2 = x^2 + y^2 = (X^2 + Y^2)^2 = |Z|^4$ と変

[*] 離心ベクトルは，3 次元では
$$\vec{e} = \frac{\dot{\vec{r}}}{\mu} \times (m\vec{r} \times \dot{\vec{r}}) - \frac{\vec{r}}{r}$$
$$= \frac{1}{\mu}\vec{v} \times \vec{L} - \frac{\vec{r}}{r}$$
で定義される．これは軌道平面上にあるので，2 次元の扱いでもベクトルと見なすことができた．角運動量も 3 次元ではベクトルであるが，軌道平面に直交しているので，2 次元の扱いではスカラーのように見なされる．

[#] ここの (X, Y) は，C_x, C_y の変換規則 (5.4)(5.5) を表すために上でもちいた (X, Y) とは無関係．

換したことになる.

以下では $X+iY=Z$ の複素共役を $X-iY=Z^*$ で表す.$|Z|^2 = ZZ^*$ である.

さらに,時間変数 t を

$$t = \int (X^2+Y^2)d\tau \quad \text{i.e.} \quad \frac{dt}{d\tau} = X^2+Y^2 = |Z|^2 \tag{6.110}$$

と定義される τ に変換する.そして τ による導関数を $dZ/d\tau = Z'$ のように記す.

このとき,複素数 z で表した運動方程式 ((6.58) の第 1 式に第 2 式の i 倍を足したもの)

$$m\frac{d^2z}{dt^2} = -\mu\frac{z}{|z|^3} \tag{6.111}$$

がどのように書き直されるか,見てみよう.

速度成分の変換は

$$\frac{dz}{dt} = \frac{1}{|Z|^2}\frac{dZ^2}{d\tau} = \frac{2ZZ'}{|Z|^2} = 2\frac{Z'}{Z^*},$$

したがって $v^2 = \dot{x}^2 + \dot{y}^2 = |\dot{z}|^2 = 4|Z'/Z|^2$ であり,エネルギーの表式は

$$\frac{m}{2}v^2 - \frac{\mu}{r} = 2m\frac{|Z'|^2}{|Z|^2} - \frac{\mu}{|Z|^2}.$$

したがって,エネルギー保存則 (6.61) より

$$2m|Z'|^2 - \mu = E|Z|^2 \tag{6.112}$$

の関係が得られる.

他方で,加速度は

$$\frac{d^2z}{dt^2} = \frac{1}{|Z|^2}\frac{d}{d\tau}\left(2\frac{Z'}{Z^*}\right) = 2Z\frac{|Z|^2Z'' - Z|Z'|^2}{|Z|^6} \tag{6.113}$$

ゆえ,複素数表示での運動方程式 (6.111) は,新しい

座標と時間変数で

$$2mZ\frac{|Z|^2 Z'' - Z|Z'|^2}{|Z|^6} = -\mu \frac{Z^2}{|Z|^6}. \quad (6.114)$$

ここにエネルギー保存則から得られた関係 (6.112) を利用すれば，楕円軌道の場合 $E < 0$ ゆえ

$$2mZ'' = -|E|Z, \quad (6.115)$$

すなわち成分で表して

$$m\frac{d^2 X}{d\tau^2} = -\frac{|E|}{2}X, \quad m\frac{d^2 Y}{d\tau^2} = -\frac{|E|}{2}Y. \quad (6.116)$$

これは角振動数が $\Omega = \sqrt{|E|/2m}$ の 2 次元等方調和振動の方程式 (6.28) と同型である．ケプラー運動と 2 次元等方調和振動がこのように対応づけられることは，大変に興味深い．

したがってまた，2 次元等方調和振動の場合の，相空間の対称性から得られた二つの第 1 積分が，ケプラー運動においても保存量として存在するはずであると考えられる．

実際，(6.94)(6.95) に対応するこの場合の量，

$$\frac{m}{2}\{X'^2 - Y'^2 + \Omega^2(X^2 - Y^2)\}$$

および

$$m(X'Y' + \Omega^2 XY)$$

をもとの座標 x, y で表すと，

$$\frac{m}{2}\{X'^2 - Y'^2 + \Omega^2(X^2 - Y^2)\} = \frac{\mu}{4}\left(-\frac{L}{\mu}\dot{y} + \frac{x}{r}\right), \quad (6.117)$$

$$m\{X'Y' + \Omega^2 XY\} = \frac{\mu}{4}\left(\frac{L}{\mu}\dot{x} + \frac{y}{r}\right). \quad (6.118)$$

これは (定数係数をのぞいて) 離心ベクトル (レンツ・ベクトル) の成分に他ならない [8].

したがってケプラー問題における離心ベクトル (レンツ・ベクトル) の保存も，現実の運動空間の対称性ではなく，このような座標変換ではじめてあきらかになる相空間まで広げた空間における対称性の結果であろうと想像される．それがどういうものかは本書では語りえないが，この背後には奥深いなにかが潜んでいることは推察されるであろう．

というわけで「古典力学も奥が深いなー」と感じた諸君が何人かいれば，それで本書の目的は達成されたことになる．そのような諸君は，自力でより深く，より高く学習を進めてもらいたい．遠慮は要らない．**見栄をはって背伸びすることも，若者のひとつの特権**なのだ．つまるところ，**学習とはすぐれて主体的な行為**なのである．(END)

---

[8] 計算はつぎのようにする．(6.97) 式より
$$\frac{m}{2}(Z'^2 + \Omega^2 Z^2) = \frac{m}{2}\{X'^2 - Y'^2 + \Omega^2(X^2 - Y^2)\} + im(X'Y' + \Omega^2 XY)$$

他方，$z = x + iy = Z^2, \dot{z} = \dot{x} + i\dot{y} = 2ZZ'/|Z|^2$ より
$$L = m(x\dot{y} - y\dot{x}) = \frac{m}{2i}(z^*\dot{z} - z\dot{z}^*) = \frac{m}{i}(Z^*Z' - ZZ'^*),$$
$$L\dot{z} = \frac{2m}{i}\left(Z'^2 - \frac{|Z'|^2}{|Z|^2}Z^2\right). \quad \therefore \quad Z'^2 = \frac{iL\dot{z}}{2m} + \frac{|Z'|^2}{|Z|^2}Z^2.$$

および，
$$\Omega^2 Z^2 = -\frac{E}{2m}Z^2 = \frac{\mu Z^2}{2mr} - \frac{\dot{x}^2 + \dot{y}^2}{4}Z^2$$
$$= \frac{\mu z}{2mr} - \frac{|\dot{z}|^2}{4}Z^2 = \frac{\mu z}{2mr} - \frac{|Z'|^2}{|Z|^2}Z^2.$$

したがって，
$$\frac{m}{2}(Z'^2 + \Omega^2 Z^2) = \frac{\mu}{4}\left(\frac{z}{r} + i\frac{L\dot{z}}{\mu}\right).$$

この実数部分と虚数部分を最初の式のものと等値すればよい．

索引

●アルファベット
$\vec{E} \times \vec{B}$ ドリフト　193.
MKS 単位系　34, 56.

●ア行
アルファ粒子・アルファ線　111, 224.
鞍点　107.
位置エネルギー　81, 168.
　クーロン斥力の—　112.
　重力の—　82, 213.
　中心力の—　199.
　ばね振動の—　93.
位置ベクトル　144.
一様連続　14.
一般解
　1 階の微分方程式の—　75.
　2 階の微分方程式の—　101.
　調和振動の方程式の—　100f..
　非同次方程式の—　137.
因果法則　57, 159.
運動エネルギー　78, 166.
運動の第 1 法則　160.
運動の第 2 法則　161.
運動の第 3 法則　163.
運動方程式 (1 次元の場合)　56.
運動方程式 (2 次元・3 次元の場合)　159.
　— (2 次元調和振動の)　204.
　— ($\vec{r}$ 方向成分)　202.
　— (円運動の)　172.
　— (強制振動の)　133.

— (極座標で表した)　201f..
— (空気抵抗を考慮した)　65.
— (ケプラー問題の)　212.
— (減衰振動の)　119.
— (質量中心の)　165.
— (自由落下の)　61.
— (相空間で表した)　86f..
— (相対運動の)　212.
— (地上物体の)　61.
— (ばね振動の)　92, 96.
— (万有引力のもとでの)　211.
運動量 (1 次元の場合)　56, 59.
運動量 (3 次元の場合)　159.
　— の和の保存　163, 166.
エネルギー積分　85.
　中心力の—　199.
エネルギー保存則　81, 168.
　円運動の—　175.
　ケプラー問題の—　214.
　自由落下の—　82.
　中心力の—　200, 203.
　調和振動の—　94, 205, 208.
円運動　170.
　—の速度と加速度　171.
　—の方程式　172.
円周率　44.
遠心力　172f., 181, 202.
遠心力ポテンシャル　182, 203.
円錐曲線　219.
円の面積　53f..

239

オイラーの公式　　127f., 130f..
オイラーの差分法　　68.

● カ行

解曲線　　86.
回転系・回転座標系　　173, 181.
回転対称性　　202.
ガウス平面　　131.
角運動量 (2 次元の場合)　　196.
角運動量 (3 次元の場合)　　197.
　　—保存則　　196, 201f., 205f., 213.
角振動数　　100.
加速度 (1 次元の場合)　　18f..
加速度 (2 次元・3 次元の場合)　　152.
　　円運動の—　　171.
渦点　　103.
ガリレオの規則　　21.
換算質量　　212.
関数　　2.
慣性　　56.
慣性座標系・慣性系　　160f..
慣性質量　　56, 60.
慣性の法則　　160f..
慣性力　　162, 173.
軌道の方程式　　203, 216f..
強制振動　　141.
共鳴　　141.
極座標　　200.
　　—で表した運動方程式　　201f..
曲線の長さ　　44.
極大・極小　　26, 28.
近日点・近地点　　217, 228.
空間の等方性　　200, 202.
空気抵抗　　65, 84f., 119.
区分求積法　　15.
グラディエント　　156.

クーロン斥力　　111, 224f..
ケプラー運動　　216, 219.
　　—のエネルギー　　222.
　　—の公転周期　　221.
ケプラーの第 0 法則　　213.
ケプラーの第 1 法則　　222.
ケプラーの第 2 法則　　198.
ケプラーの第 3 法則　　222.
ケプラー問題　　212.
原始関数　　47.
減衰振動　　126.
高位の無限小　　10.
向心力　　172.
拘束力　　174.
勾配ベクトル　　156.
抗力，垂直抗力　　83, 174f..
弧度法　　43f..

● サ行

サイクロイド曲線　　193f..
座標系の変換規則　　145, 155, 207.
作用・反作用の法則　　163.
三角関数　　43.
　　—のテーラー展開　　130.
　　—の導関数　　45f..
　　—の不定積分　　50.
次元 (物理量のもつ)　　33.
仕事 (1 次元の場合)　　78.
仕事 (2 次元・3 次元の場合)　　168.
仕事率 (1 次元の場合)　　79.
仕事率 (2 次元・3 次元の場合)　　167.
指数関数　　33.
　　—のテーラー展開　　130.
　　—の導関数　　41.
　　—の不定積分　　50.
指数法則　　35, 131.

自然対数　　41.
実効ポテンシャル　　203, 208f., 214f..
実数　　5.
質量　　56, 60.
　　(太陽・地球・木星の) ―　　212.
質量中心・重心　　164, 211.
周期運動　　100.
重心運動のエネルギー　　214.
重心速度　　164.
従属変数　　2.
終端速度　　73.
自由落下　　61, 87.
重力 (地球の)　　59f..
　　―の位置エネルギー　　82, 175.
重力加速度　　61.
重力質量　　60.
ジュール (仕事とエネルギーの単位)　　79.
瞬間速度　　4, 6.
衝突係数　　225.
常微分方程式　　66.
初期条件　　62.
初期値　　20.
初期値問題　　67.
垂直抗力　　83.
スカラー・スカラー量　　147.
スカラー積　　147.
正弦関数　　43.
　　―の加法公式　　102, 132.
静止衛星　　172f..
積分定数　　48.
積分変数　　16.
接線　　7.
双曲型 (不動点)　　107.
双曲線　　105, 219, 223.
双曲線関数　　105.
双曲線軌道　　222f..

相空間　　86.
　　―にまたがる大きな対称性　　232.
相対運動の方程式　　212.
相対ベクトル　　211.
速度 (1 次元の場合)　　4, 8.
速度 (2 次元の場合)　　150.
速度 (3 次元の場合)　　151.
　　円運動の―　　171.

●タ行
第 1 積分　　85.
対数　　36.
　　自然対数　　41.
対数関数　　40f., 52.
　　―の導関数　　43.
　　―の不定積分　　51.
対数法則　　37, 52.
楕円　　54, 219.
　　―の主通径　　219.
　　―の焦点　　54, 219.
　　―の長半径・短半径　　54, 219.
　　―の方程式　　54.
　　―の面積　　54.
　　―の離心率　　220.
楕円軌道 (ケプラー運動の)　　219f..
楕円軌道 (等方調和振動の)　　206f..
楕円型 (不動点)　　103.
単振動 → 調和振動
弾性エネルギー　　94, 205.
単調増加・単調減少　　26.
単ふり子の周期　　179.
置換積分　　49f..
中心力　　170, 195.
　　―の位置エネルギー　　199.
調和振動　　92.
　　―の方程式　　92.

つりあい点　　102.
つりあいは安定　　103.
つりあいは不安定　　104.
定義域　　3.
定常解　　95.
定数変化法　　134.
定積分　　12.
デカルト座標　　144.
テーラー展開　　130.
等圧線　　157f..
同位の無限小　　10.
等エネルギー曲線　　88.
等加速度運動　　21.
導関数　　7, 23.
　　関数の逆数の—　　30.
　　関数の商の—　　30.
　　関数の積の—　　30.
　　合成関数の—　　31.
　　三角関数の—　　45f., 50.
　　指数関数の—　　41, 50.
　　対数関数の—　　43, 50.
　　冪関数の—　　33, 50.
等高線　　157.
同次方程式　　134.
等方調和振動　　205.
等ポテンシャル面　　169.
動摩擦係数　　83.
動摩擦力・すべり摩擦力　　83.
特性方程式　　123.
独立変数　　2.
ド・モアブルの公式　　132.
トロコイド曲線　　193f..

●ナ行
内積　　146.
ナブラ　　156.

ニュートン (力の単位)　　56.
ニュートンの運動方程式　　56.
ニュートンの表記法　　7.
ネピア数　　40.

●ハ行
ばね振動　　91.
　　—の弾性エネルギー　　94.
　　—の等時性　　100.
速さ (1次元の場合)　　9.
速さ (2次元・3次元の場合)　　152.
万有引力　　211.
　　—の相互作用エネルギー　　213f..
万有引力定数　　59, 211.
非慣性系　　161.
非周期的減衰　　125.
被積分関数　　12.
微積分の基本公式　　46.
非同次方程式　　134.
微分　　7f..
微分可能　　7.
微分係数　　7.
微分商　　7.
微分方程式・常微分方程式　　66.
　　1階の—　　66.
　　2階の—　　76.
複素共役　　131.
複素振幅　　133.
複素数　　131.
　　—の絶対値　　131.
フックの法則　　91.
不定積分　　48.
　　三角関数の—　　50.
　　指数関数の—　　50.
　　対数関数の—　　50f..
　　冪関数の—　　50.

不動点　102.
部分積分　51.
分離線　107.
平均速度　3f., 6.
平均値の定理　24.
平均変化率　4.
閉区間　14.
平衡解　95.
冪関数　32.
　——の導関数　33.
　——の不定積分　50.
冪指数　32.
ベクトル　87, 145.
　——成分の変換規則　145, 155.
　——の長さ・絶対値　147.
　ユークリッド・——　148.
ベクトル場　87.
ベルトランの定理　229.
変位　3, 9, 150.
変数分離法　71.
偏導関数　154.
偏微分係数　153.
方向微分　158.
放物線　62, 219.
保存量　85.
保存力　80, 168.
ポテンシャル　85, 168.
　中心力の——　199.
ポテンシャル・エネルギー　81, 168.

●マ行
マクローリン展開　130.
マクローリンの定理　128.
摩擦力　83.
無限小量　10.
無理数　5.

面積　12.
　円と楕円の——　53f..
面積速度　198, 221.

●ヤ行
ユークリッド空間　144.
ユークリッド・ベクトル　148.
有理数　5.
余弦関数　43.
　——の加法公式　102, 132.
余弦定理　149.

●ラ行
ライプニッツの表記法　7.
ラザフォード散乱　225.
ラザフォードの実験　113f., 227.
ランダウの記号　10.
力学的エネルギー　81.
力学の基礎方程式　56.
力積 (1 次元の場合)　59.
力積 (2 次元・3 次元の場合)　160.
離心ベクトル　234.
離心率　220.
リャプノフ関数　121.
累乗関数 → 冪関数
連続　5.
連続関数　5f., 14.
レンツ・ベクトル　234.
ロルの定理　23.
ローレンツ力　185.

●ワ行
ワット (仕事率の単位)　79.

山本義隆
やまもと・よしたか

1941年　大阪生まれ．
1964年　東京大学理学部物理学科卒業．
同大学院博士課程中退．学校法人駿河台予備学校勤務．

著書
『知性の叛乱』(前衛社，1969)
『重力と力学的世界——古典としての古典力学』(現代数学社，1981)
『熱学思想の史的展開——熱とエントロピー』(現代数学社，1987: 筑摩書房，2008-2009)
『古典力学の形成——ニュートンからラグランジュへ』(日本評論社，1997)
『解析力学I・II』(共著，朝倉書店，1998)
『磁力と重力の発見1,2,3』(みすず書房，2003，韓国語訳，2005，英訳 The Pull of History, World Scientific, 2017)．パピルス賞，毎日出版文化賞，大佛次郎賞を受賞．
『一六世紀文化革命1,2』(みすず書房，2007，韓国語訳，2010)
『福島の原発事故をめぐって——いくつか学び考えたこと』(みすず書房，2011，韓国語訳，2011)
『世界の見方の転換1,2,3』(みすず書房，2014)
『幾何光学の正準理論』(数学書房，2014)
『原子・原子核・原子力——私が講義で伝えたかったこと』(岩波書店，2015)
『私の1960年代』(金曜日，2015，韓国語訳，2017)
『近代日本一五〇年——科学技術総力体制の破綻』(岩波新書，2018)
『小数と対数の発見』(日本評論社，2018)　ほか．

訳書
カッシーラー『アインシュタインの相対性理論』(河出書房新社，1976: 改訂版，1996)
　　　　　『実体概念と関数概念』(みすず書房，1979)
　　　　　『現代物理学における決定論と非決定論』(学術書房，1994)
　　　　　『認識問題(4)ヘーゲルの死から現代まで』(共訳，みすず書房，1996)
ボーア『ニールス・ボーア論文集1　因果性と相補性』(岩波書店，1999)
　　　『ニールス・ボーア論文集2　量子力学の誕生』(岩波書店，2000)

監修
デヴレーゼ／ファンデン・ベルヘ『科学革命の先駆者シモン・ステヴィン——不思議にして不思議にあらず』中澤聡訳(朝倉書店，2009)　ほか．

数学書房選書 1
力学と微分方程式

2008年10月30日　第1版第1刷発行
2018年10月15日　第1版第4刷発行

著者	山本義隆
発行者	横山 伸
発行	有限会社　数学書房
	〒101-0051　千代田区神田神保町1-32-2
	TEL　03-5281-1777
	FAX　03-5281-1778
	mathmath@sugakushobo.co.jp
	振替口座　00100-0-372475
印刷製本	モリモト印刷
組版	永石晶子
装幀	岩崎寿文

ⓒYoshitaka Yamamoto 2008　Printed in Japan
ISBN 978-4-903342-21-4

数学書房選書　桂利行・栗原将人・堤誉志雄・深谷賢治　編集

1. 力学と微分方程式　山本義隆◆著　A5判・pp.256
2. 背理法　桂・栗原・堤・深谷◆著　A5判・pp.144
3. 実験・発見・数学体験　小池正夫◆著　A5判・pp.240
4. 確率と乱数　杉田洋◆著　A5判・pp.160
5. コンピュータ幾何　阿原一志◆著　A5判・pp.192
6. ガウスの数論世界をゆく
　　──正多角形の作図から相互法則・数論幾何へ──　栗原将人◆著　A5判・pp.224

以下続刊

- 複素数と四元数　橋本義武◆著
- 微分方程式入門
　　──その解法──　大山陽介◆著
- フーリエ解析と拡散方程式　栄伸一郎◆著
- 多面体の幾何
　　──微分幾何と離散幾何の双方の視点から──　伊藤仁一◆著
- p進数入門
　　──もう一つの世界の広がり──　都築暢夫◆著
- ゼータ関数の値について　金子昌信◆著
- ユークリッドの互除法から見えてくる現代代数学　木村俊一◆著

（企画続行中）